KB267361

CATIA V5
PartDesign
기본서

이 재 한 저

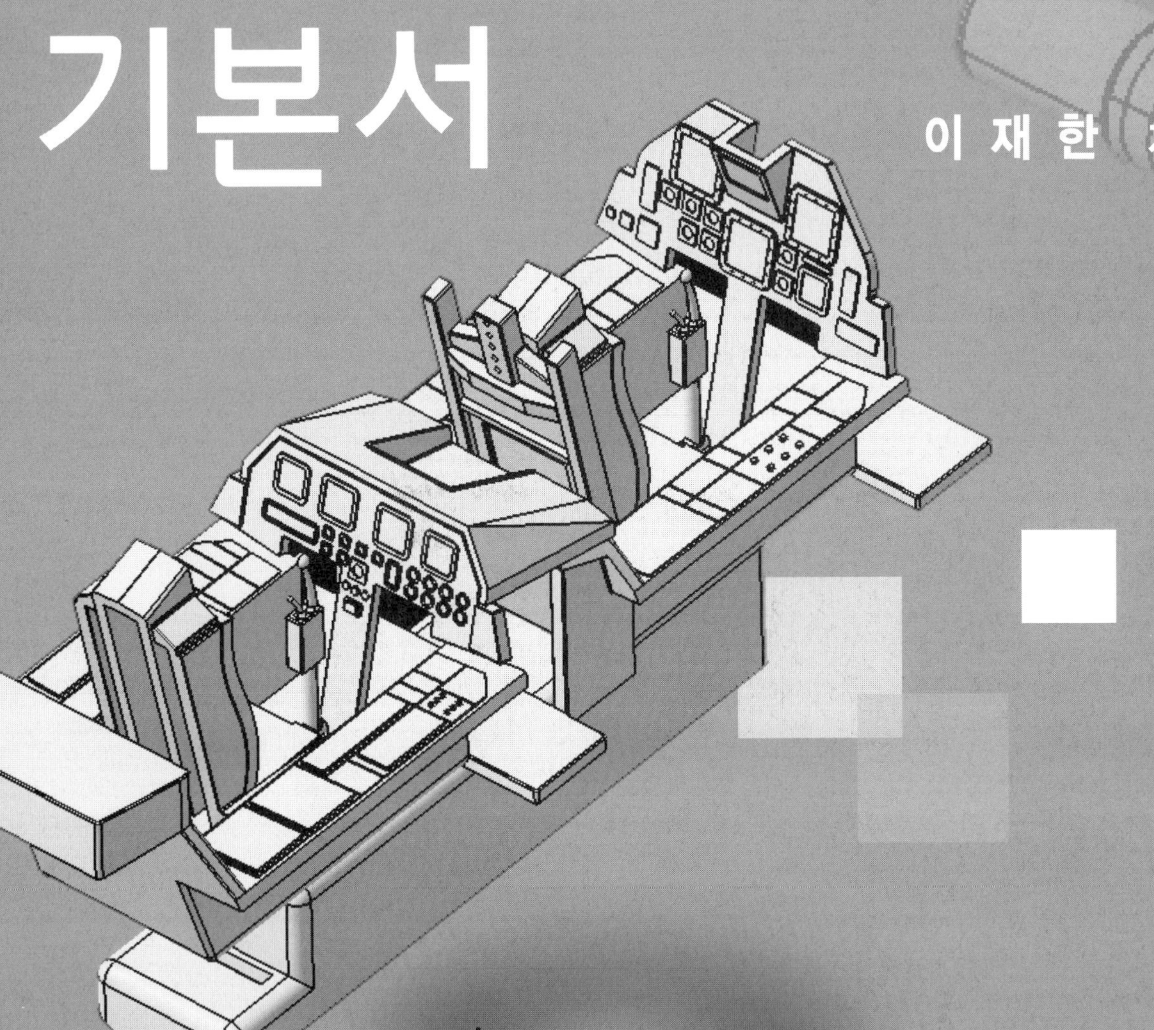

기전연구사

머리말

1998년에 Unix와 Window NT 플래폼용으로 CATIA V5 출시되고 많은 시간이 지났다. 그러나 당장 CATIA V5가 국내에 전반적으로 보급되지는 못하고 있었으나, 2006년도부터 국내 자동차 메이커를 중심으로 급속히 확산되기 시작하였다. 그 동안 제조현장의 설계에서 생산현장까지 개발 기간을 대폭 줄일 수 있는 중요한 요소로서 CATIA가 기여한 것은 사실이다.

지금 현재까지 CATIA V5의 경우에는 2010년 3월에 Release20이 출시되어 있는 상태이며 CATIA V6도 출시되어 있다.

그런데 상위 버전으로 CATIA가 개발되고 출시되고 있는 상황이지만, 모델링을 하는 기본은 전반적인 흐름에서 개선되고 향상되고 있지만 변함이 없다. 이런 점을 감안하여 CATIA를 정복하려면 항상 기본에 충실한 상태에서 배우는 것이 필요하다.

본 저서는 이런 기본기를 갖출 수 있도록 하기 위하여 CATIA의 기본적인 설치에서부터 환경설정에 대한 이해, CATIA 모델링의 가장 기초적인 지식이 되고 있는 스케치에 대한 이해와 각 툴에 대한 설명을 하고 있다. 또한, 기본적인 툴에 대한 설명과 더불어 쉬운 예제에서 각 툴에 대한 기능을 확인할 수 있도록 따라하기 실습 예제가 있다. 알고 있는 내용을 더 깊이 있게 확인하고 부족한 점을 발견하고 보충하는 것이 배움에 많은 진척을 이루는 데 도움이 될 것이라고 본다.

기본적인 기능에 대한 설명과 더불어 실질적으로 제품을 모델링하고 적용할 때 도움이 될 수 있기를 바라는 저자의 바램이 본 저서에 담겨 있다.

더불어, 본 저서로 학습을 한다면 더욱 복잡한 Surface 모델링을 배우려는 독자에게도 도움이 될 것이다. 왜냐하면, CATIA의 기본적인 기능과 모델링의 출발은 CATIA PartDesign이다.

PartDesign에 대한 배움이 곡면 모델링의 Surface 기능을 익히는데 분명히 도움이 될 것이다. 더 높이 날개짓을 하고 창공으로 비상을 하려고 하면 그 기초가 되는 본 저서의 각 기능을 충실히 익힘으로써, 목표에 도달할 수 있을 것이라고 본다. 또한, 더 복잡해지고 기능이 추가되더라도 흔들림없이 CATIA를 익히고 활용할 수 있을 것이다.

마지막으로, PartDesign에 의한 Solid 모델링을 하든, Generative Shape Design의 Surface 복잡한 모델링을 하든, 가장 중요하며 기본적인 것은 스케치에 대한 이해임을 본 저자는 강조하고자 한다.

왜냐하면, CATIA는 수 많은 기능이 있다. 이 모든 것을 알고 익히는 것은 실제로 쉽지 않다. 스케치를 잘 활용한다면 수 많은 기능을 다 알지 못하는 현실적인 상황에서도 해결책을 찾을 수 있을 것이다.

아무쪼록 본 저서를 통하여 이제 CATIA를 시작하는 모든 분들에게 도움이 되길 바라며, 본 저서의 출판에 도움을 주신 기전연구사 사장님을 비롯한 관계자 여러분께 감사를 드린다.

차　례

Chapter 1

Windows에 CATIA 파일을 설치하고 제거하는 방법 (Windows XP) ■ 11

Chapter 2

CATIA V5 기본 메뉴와 환경 설정에 대한 이해 ■ 31

Chapter 3

PartDesign과 Generative Shape Design에 대한 이해 ■ 83

Chapter 4

모델링의 기반이 되는 스케치에 대한 이해 ■ 91

PartDesign 연습과제 및 풀이 ■ 223

Windows에 CATIA 파일을 설치하고 제거하는 방법 (Windows XP)

1. CATIA 파일을 설치하는 방법

(본 저서에서는 Release20을 설치 예로 함. 다른 Release도 동일하게 적용하면 됨.)

CATIA 설치 폴더를 만든다. 이 책에서는 폴더를 C:\ 아래에 CATIA-R20 폴더를 만들었다.(설치할 폴더 이름은 각 개인별로 사용하기 편리한 영문의 이름을 사용하여도 된다.)

CD 드라이버에 설치 프로그램을 넣고 실행을 하면 다음과 같은 창이 나온다.
위의 창에서 setup 파일을 더블클릭한다.
그러면 다음과 같은 시작 화면이 나타난다. 화면의 다음을 클릭한다.

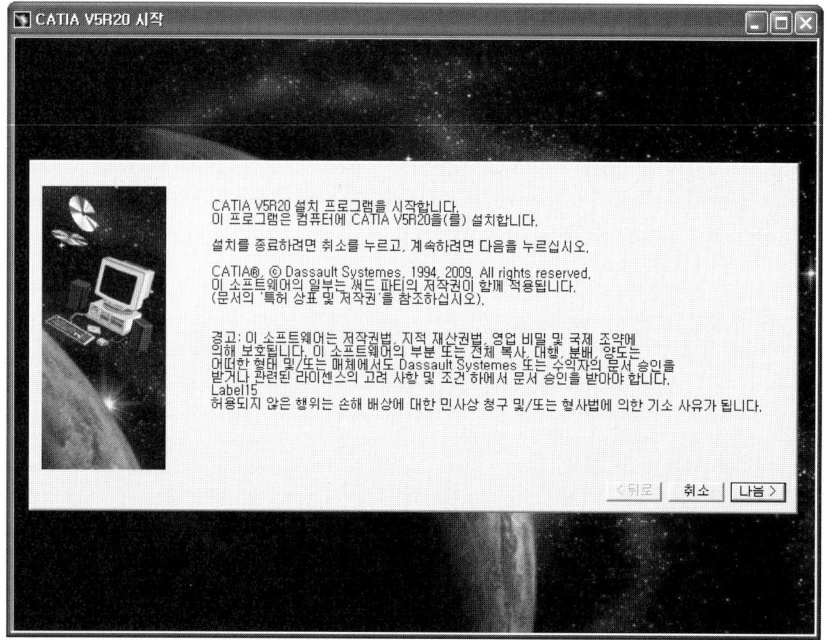

다음을 클릭한다.

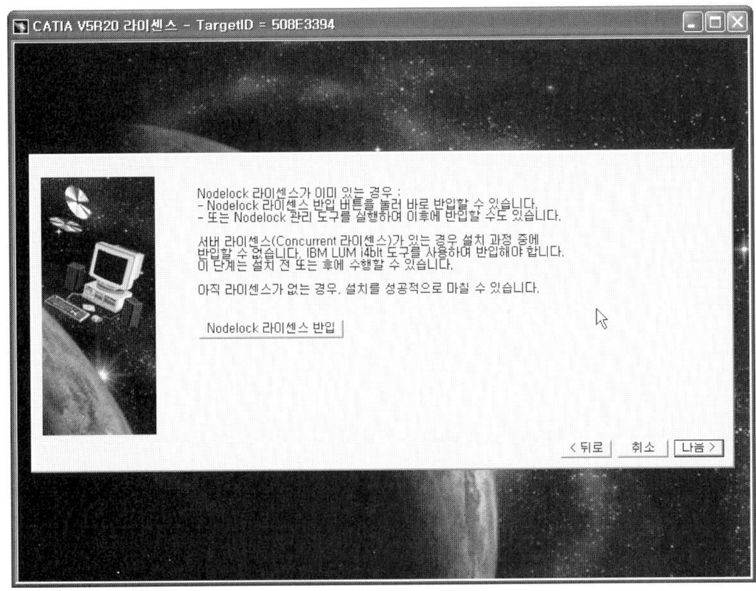

설치할 위치의 폴더에 설치를 하기 위해서 찾아보기 버튼을 클릭한다.

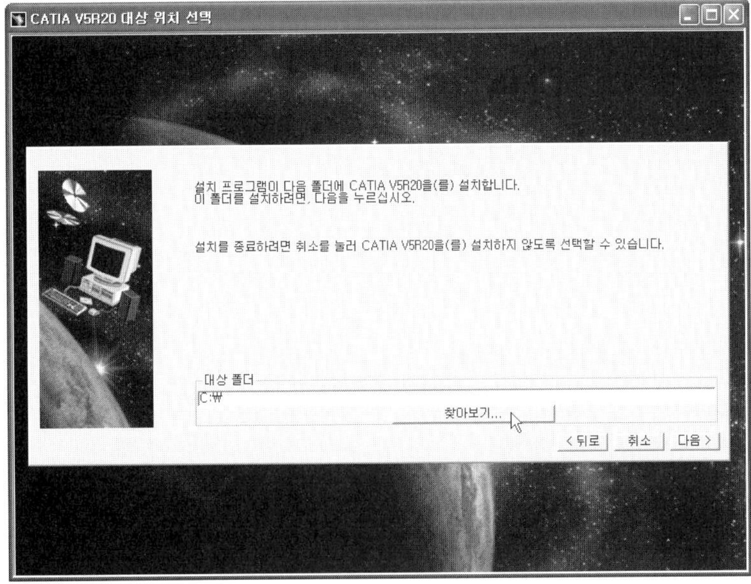

설치할 폴더인 CATIA-R20이라는 폴더를 선택한다. 그리고 확인 버튼을 클릭한다.

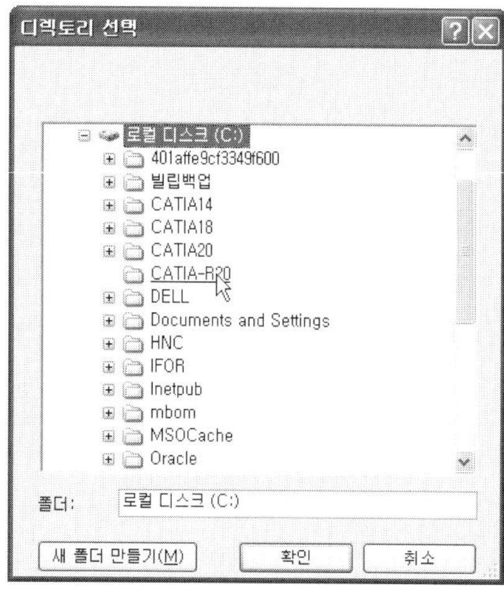

그리고 다음 버튼을 클릭한다.

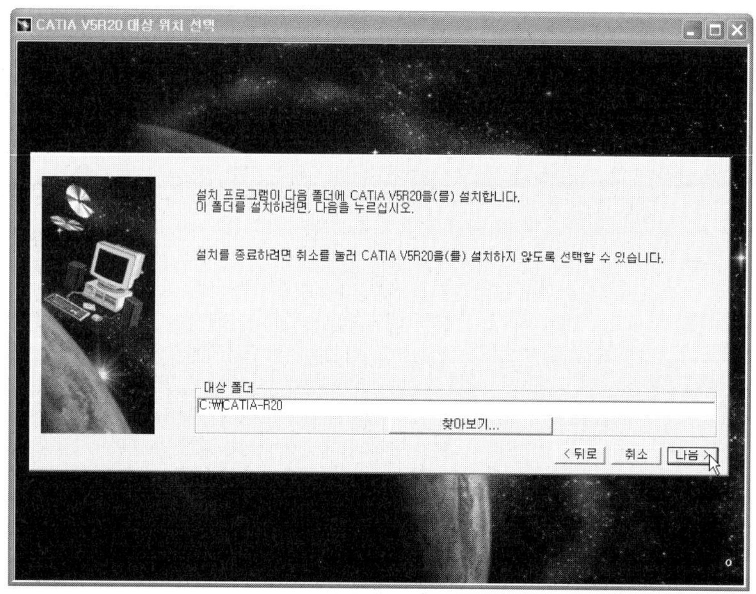

아래의 ID 입력은 하지 않고 다음 버튼을 클릭한다.(다만, 동일한 Release가 설치되어 있는 경우에는 별도의 숫자나 영문으로 구분자를 넣어주어야 한다.)

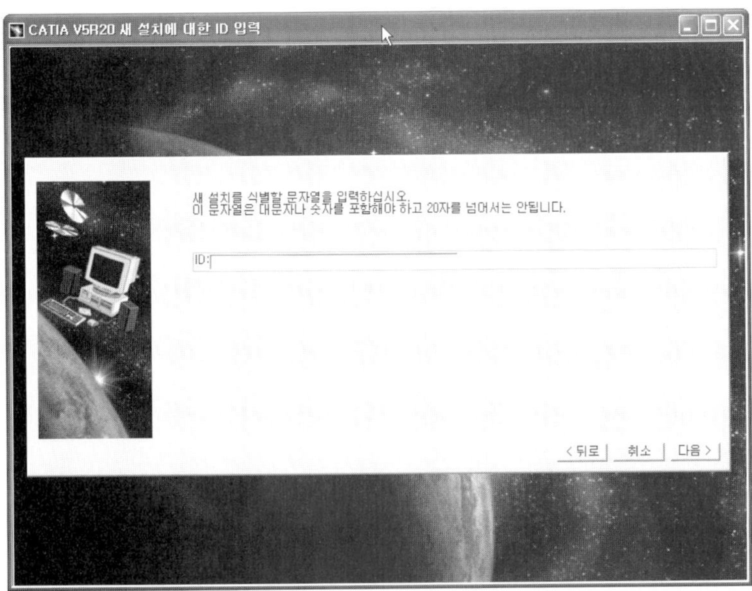

CATIA 환경 파일이 설치될 위치를 선택하는 창이 나타난다.

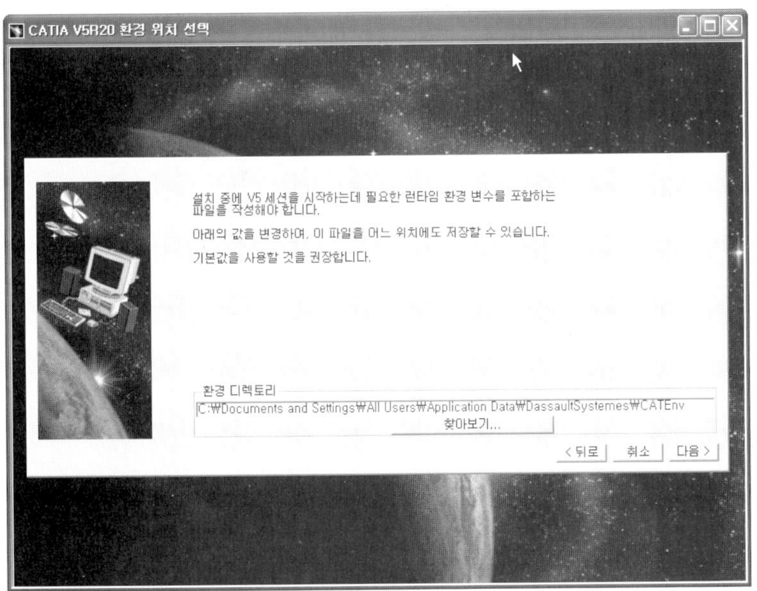

설치하려는 폴더로 환경변수를 저장할 위치로 선택한다. 찾아보기를 한다..

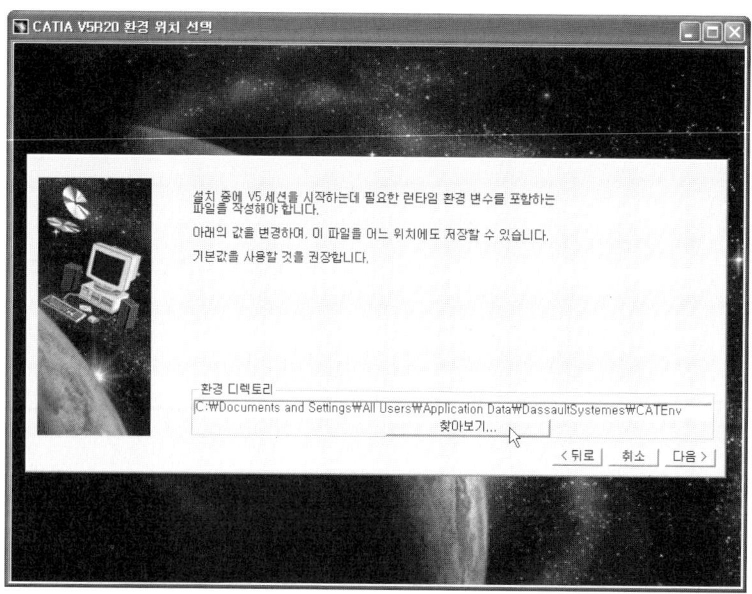

설치할 폴더를 선택한다.

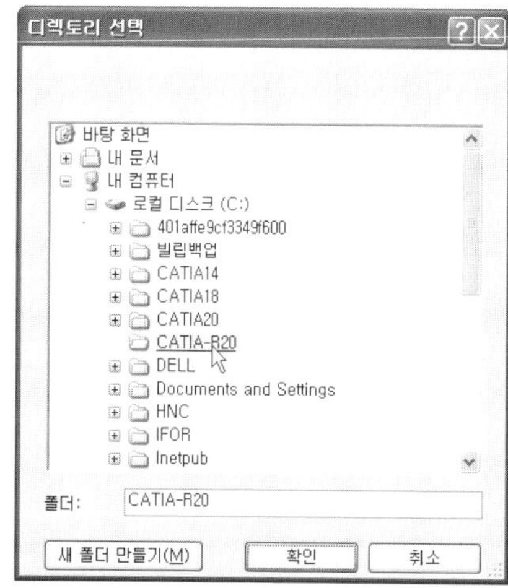

다음을 클릭한다.

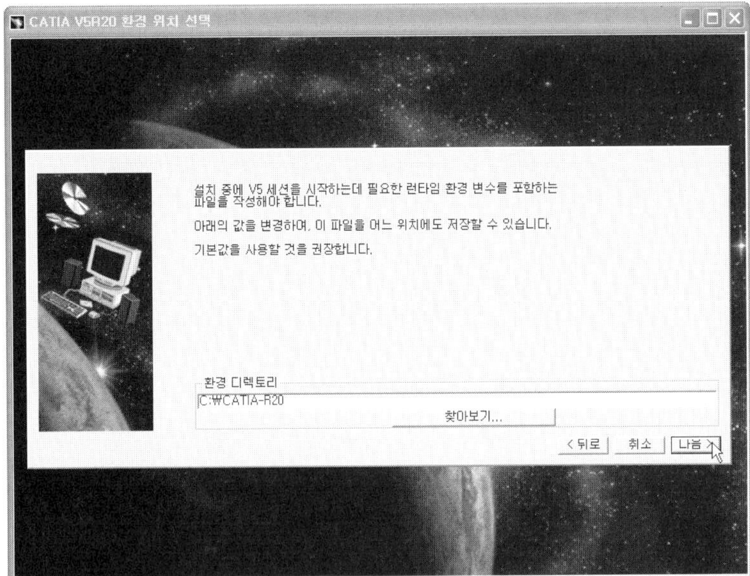

다음을 클릭한다.

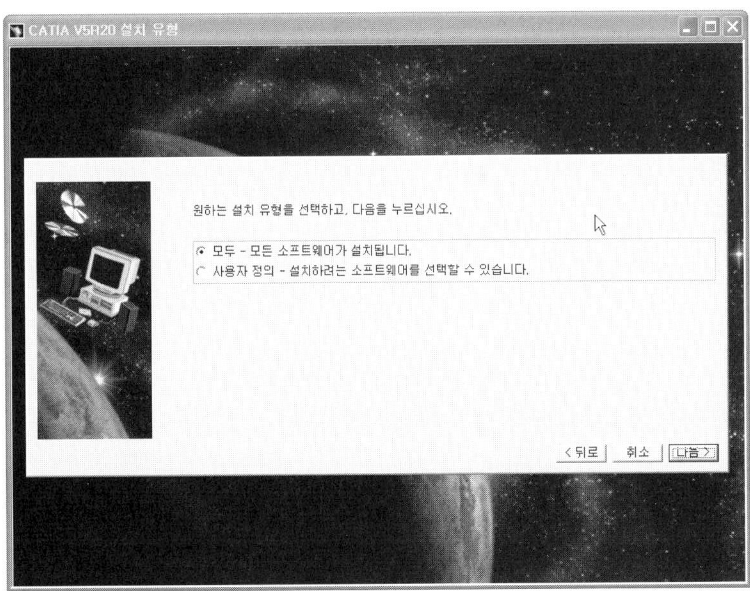

다음을 클릭한다.

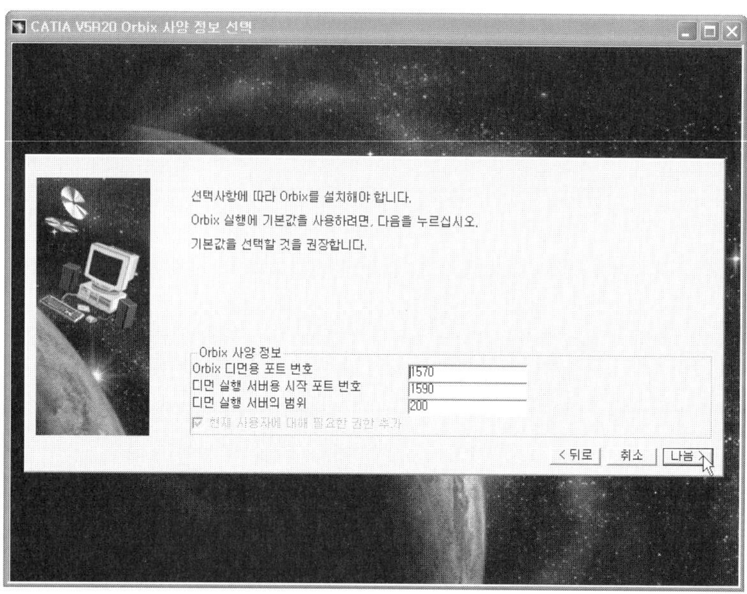

다음을 클릭한다.

다음을 클릭한다.

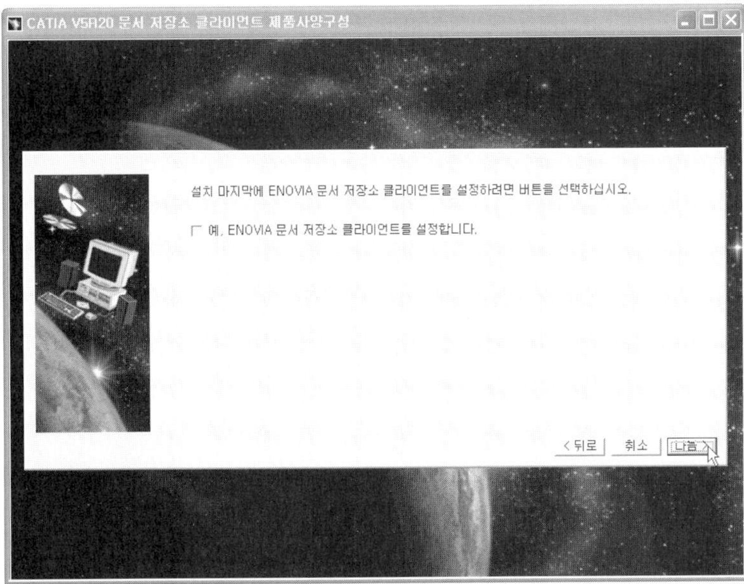

다음을 클릭한다.

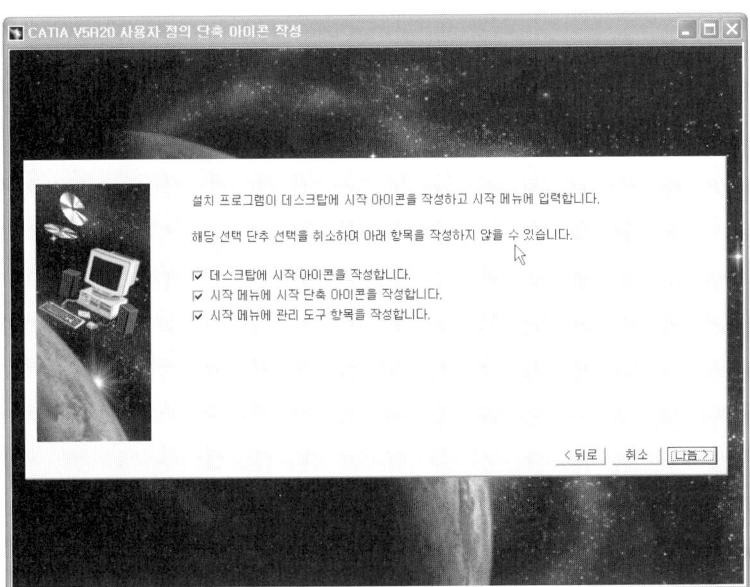

다음을 클릭한다.

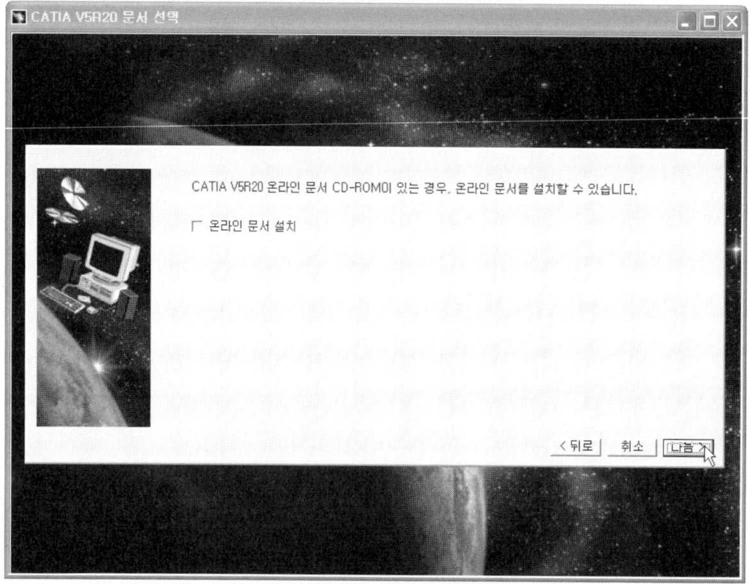

설치 버튼을 클릭한다.

다음과 같이 설치되는 창이 나타난다.

30% 정도 설치가 되면 2번 CD를 넣어야 된다. 1번 CD를 꺼내고 2번 CD를 넣고 확인 버튼을 클릭한다.

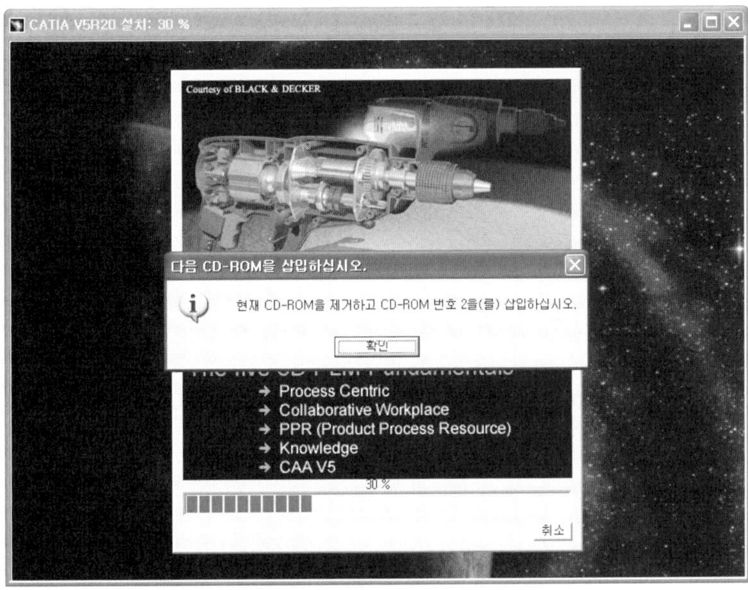

69% 정도가 설치가 되면 3번 CD를 넣어야 한다. CD를 넣고 확인 버튼을 클릭한다.

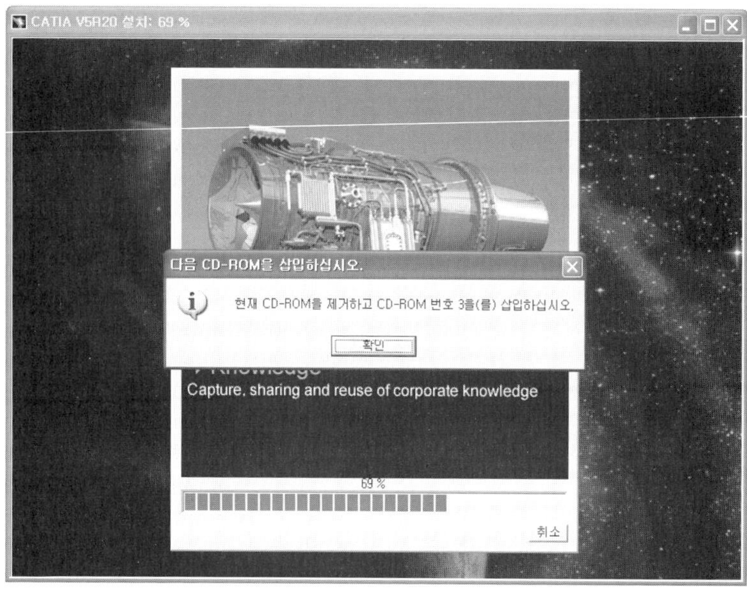

설치가 완료되었다. 완료 버튼을 클릭하면 바로 실행된다.

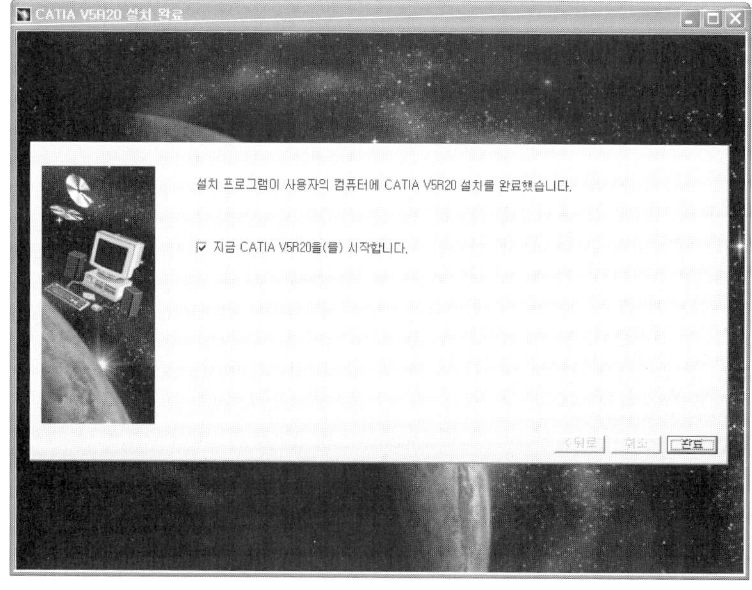

설치된 폴더는 다음과 같다.

프로그램을 설치하고 난 이후에 실행을 하면, 실행 상태가 한글로 나타난다.

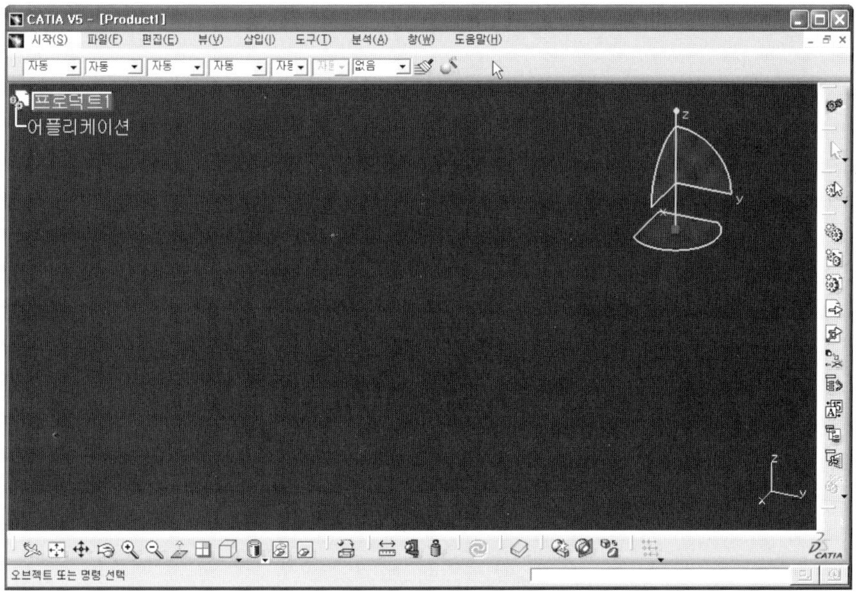

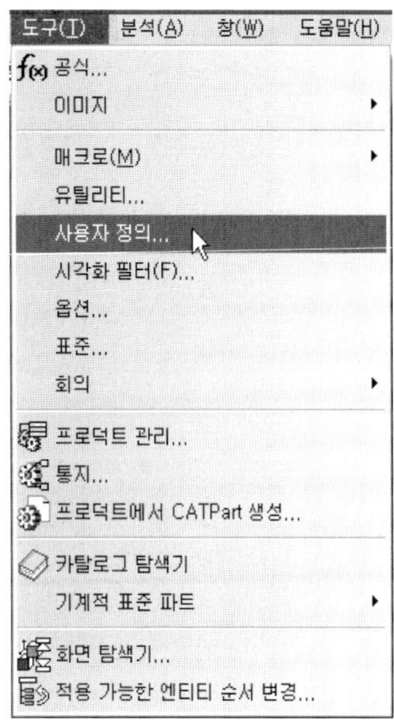

한글로 나타나는 경우는 한글 윈도우 프로그램인 경우에 나타나는 현상이다. 이것을 영어로 변경하려면 다음과 같이 하면 된다. 도구에서 사용자 정의를 선택한다.

사용자 정의 창에서 맨 마지막 탭인 옵션을 선택한다.

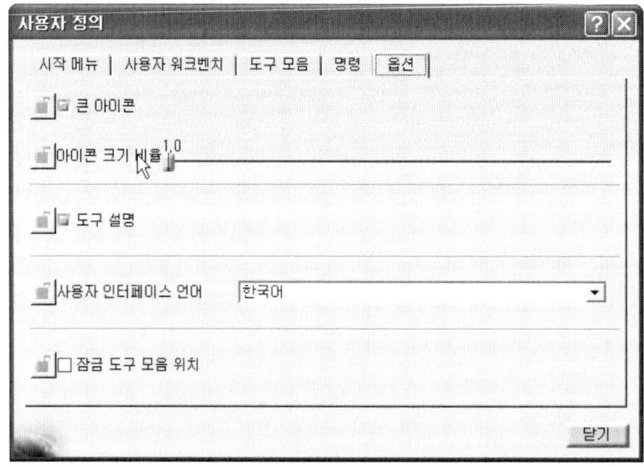

그 다음에 사용자 인터페이스 언어를 영어로 변경하고 CATIA 프로그램을 종료하고, 다시 실행을 하면 된다.

2. CATIA 설치프로그램을 삭제하기

설치된 CATIA 파일을 삭제하려면 CATIA가 설치된 폴더로 들어가서 DSUninstall 파일을 사용하여 삭제하여야 한다. 다른 일반 프로그램처럼 제어판의 프로그램 추가/제거에서 삭제하는 것이 아니고, DSUninstall을 더블클릭하여 삭제를 하여야 한다. 그리고 삭제 중에는 절대 삭제를 중단하면 안 된다. 잘못하면 윈도우 전체를 포맷하는 상황이 발생할 수 있다.

Uninstall이라는 명령어가 나타나며 삭제가 진행된다.

삭제가 다 되면 설치가 되었던 폴더 안은 아무런 내용물이 없다.

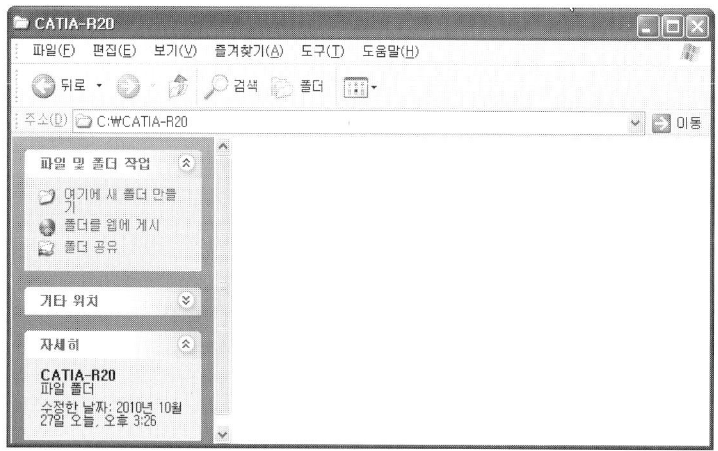

삭제가 되었으면 해당 폴더도 삭제한다. 그리고 바탕화면에 있는 아이콘도 삭제한다.

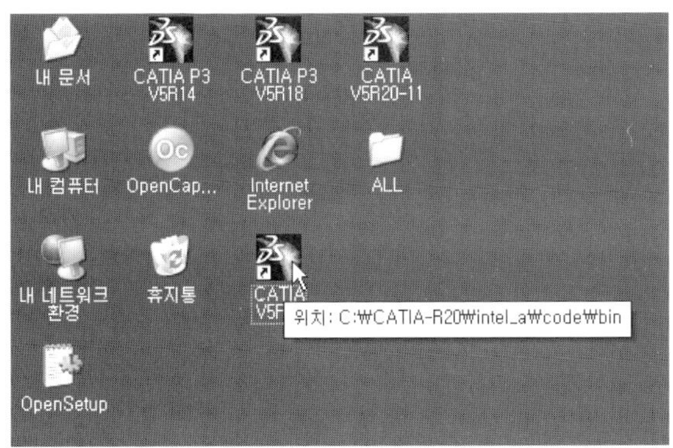

해당 아이콘을 삭제한다.

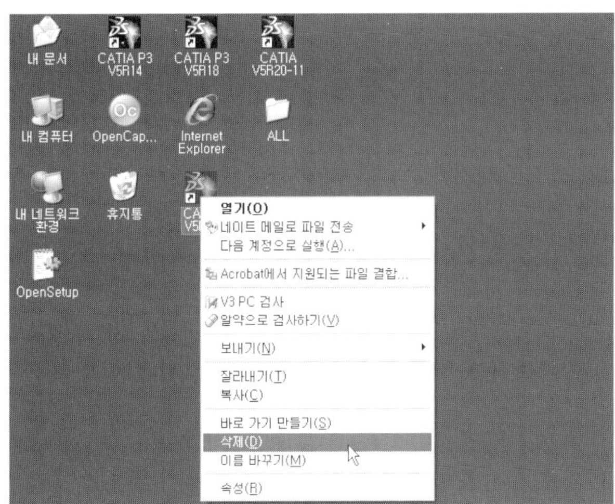

3.   **CATIA 프로그램 실행하기**

CATIA를 설치하고 난 이후에 프로그램을 실행하려고 하면 바탕화면에 있는 CATIA 아이콘을 더블클릭하면 된다. 그런데 CATIA 프로그램이 대용량이기 때문에 더블클릭하여 실행을 시키더라도, 길게는 5분 정도의 시간이 걸릴 수도 있다. 그러면 CATIA가 실행되고 있는지 의아심을 가지게 된다. 따라서, 가능하면 더블클릭하는 것보다는 아이콘을 선택하고 오른쪽 마우스를 클릭하여 그림과 같이 열기를 선택하여 실행하는 것이 더 좋은 방법이다.

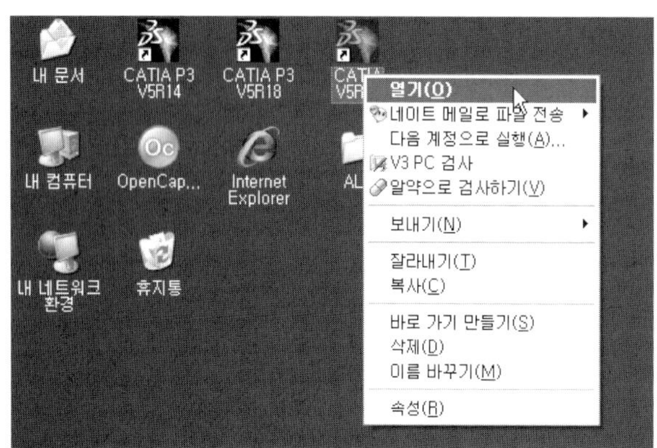

CATIA 프로그램이 실행되고 있는지를 확인하려면 자판의 Ctrl키 + Alt키 + Delete 키를 누르면 Windows 작업 관리자 창이 나온다. 프로세스 탭의 이미지 이름에 CNEXT.exe가 나타나고 있으면 실행중인 상태임을 알 수 있다.

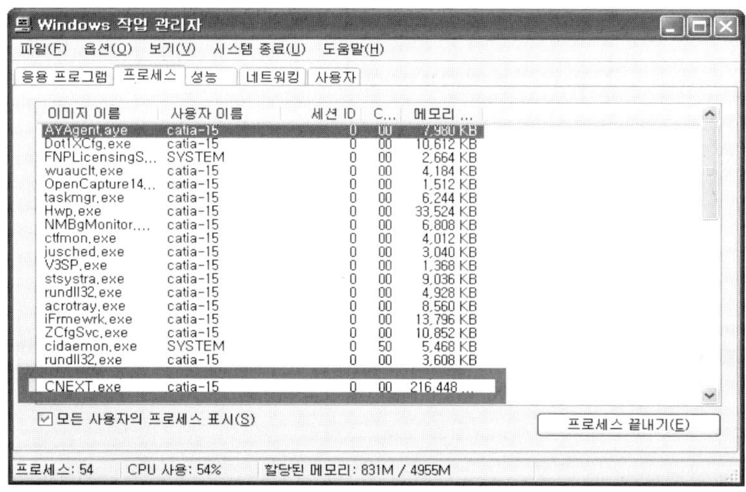

CATIA V5 기본 메뉴와 환경 설정에 대한 이해

CATIA V5 기본 메뉴와 환경 설정에 대한 이해

1. 기본 메뉴에 대한 이해

1.1 기본 메뉴란 무엇인가?

CATIA V5를 사용하고 활용한다는 것은 기본 메뉴(Menu), 툴 바(Tool Bar), 아이콘 (Icon)에 대하여 알고 사용하는 것을 말한다. 그 중에 기본 메뉴는 수 많은 CATIA WorkBench에 거의 공통적으로 사용하는 부분을 말한다. 따라서, 기본 메뉴에 대한 이해를 하고 있다면 툴 바와 아이콘을 쉽게 이해할 수 있고, 쉽게 사용을 할 수 있을 것이다.

특히, 기본 메뉴는 반드시 알아야 할 구성 요소 위주로 프로그래머가 조합하여 둔 것이다. 기본 메뉴는 추가로 생성하거나 삭제가 되지 않는 선택 사항이 아니라 필수 사항이다. 이와 달리 툴 바와 아이콘은 추가로 생성하거나 조합하여 별도의 구성으로 바꿀 수 있다. 사용자가 필요에 따라 선택하는 것이다. CATIA는 메뉴와 툴 바 및 아이콘의 수가 상당히 많아 이를 다 이해한다는 것은 엄청난 시간이 소요되는 일이다. 따라서, 몇 개의 중요한 내용을 숙지한 후에 점진적으로 이해를 하는 것이 올바른 학습 방법이다.

그 중에 반드시 기본적으로 알아야 하는 기본 메뉴도 그 양이 상당히 많지만, 결국 기본 메뉴가 툴 바와 아이콘으로 구성되어 있기 때문에 기본 메뉴를 학습하는 것은 툴 바와 아이콘에 대한 이해에도 많은 관련이 있음을 알 수 있다. 그럼, 기본 메뉴에서 그 중요도가 높은 것 위주로 각 기능을 소개해 보고자 한다.

1) 기본 메뉴 구성

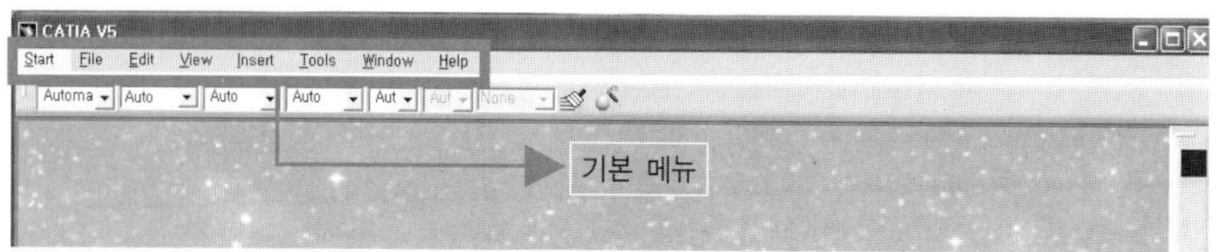

2) 툴 바와 아이콘 구성

3) 기본 메뉴 배우고 익히기

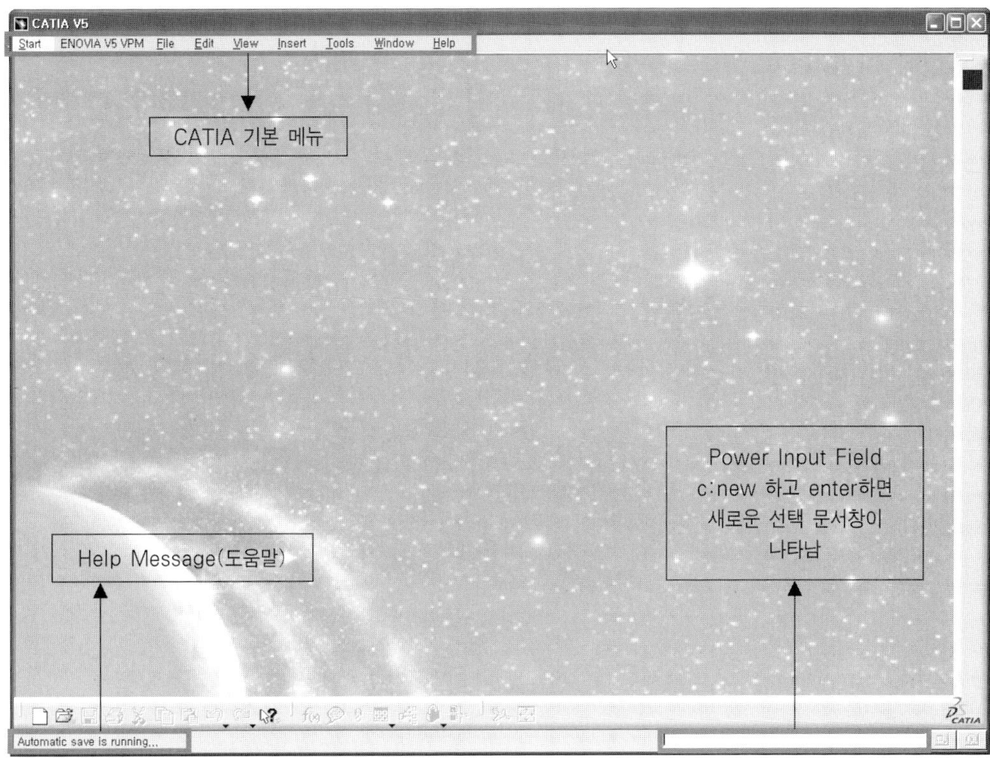

4) 윈도우 환경에서 CATIA 시작하기

방법 1 바탕화면에 있는 아이콘을 더블클릭한다.

방법 2 시작의 프로그램 메뉴에서 선택한다.

방법 3 시작의 Command 창에 실행프로그램을 입력하여 시작하기(cnext or cnext.exe)

방법 4 MS-DOS로 설치경로에서 cnext 실행파일로 시작하기

방법 5 MS-DOS로 설치 경로에서 catstart-run cnext 실행파일로 시작하기

CATIA는 다른 프로그램보다 열리는 데 소요되는 시간이 상대적으로 길다. 처음 CATIA를 실행하는 초보자의 경우에는 바탕화면의 아이콘을 더블클릭하고 바로 열리지 않아 다시 아이콘을 더블클릭하는 경우가 있다. 이 경우에 CATIA가 열리는 중이기 때문에 결국 두 번 CATIA가 열리는 경우가 발생할 수 있다. 따라서 가장 좋은 방법은 아이콘을 클릭하고 오른쪽 마우스로 열기 메뉴를 클릭하는 것이다.

5) 기본 메뉴와 아이콘 배우고 익히기

■ | Start   시작하기 : 새로운 문서나 모듈을 선택하기

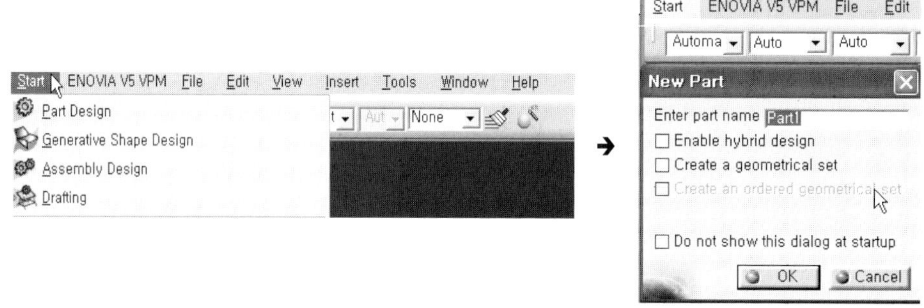

위에서 PartDesign을 선택하면 새로운 문서를 여는 메뉴창이 나온다. 이름을 선택하고 들어가면
해당 PartDesign 문서가 열린다. Enable hybrid design의 체크를 해제한다.(체크를 하는 경우에는
현대자동차에서 사용한다. 쌍용자동차와 르노삼성자동차는 체크를 하지 않은 상태로 사용한다.)

■ New : 새로운 빈 문서를 만들기

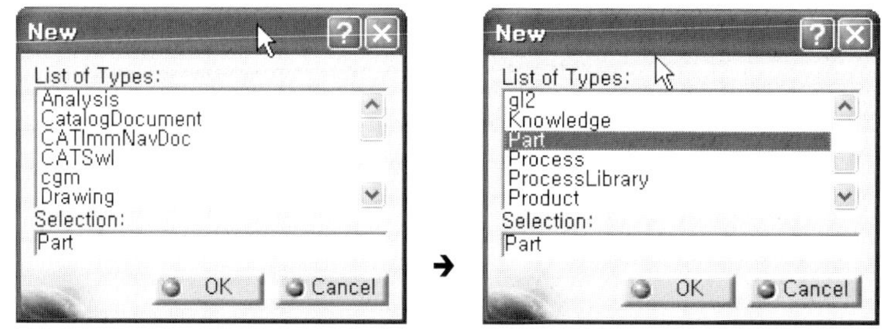

새로운 문서를 여는 것인데 "Part"를 선택하여 PartDesign의 새로운 문서를 여는 경우임.

- New From : 어떤 경로에 존재하는 파일을 선택하여 열기

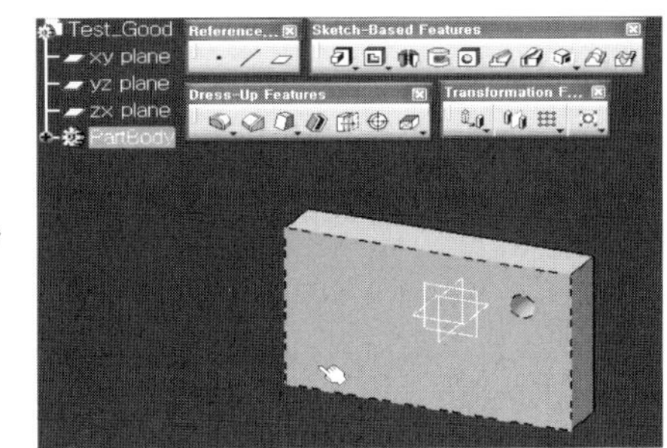

저장되어 있는 어떤 경로에 만들어져 있는 파일을 열어 작업하기 위해서 여는 것임.

- Open : 생성된 외부 파일을 불러오기

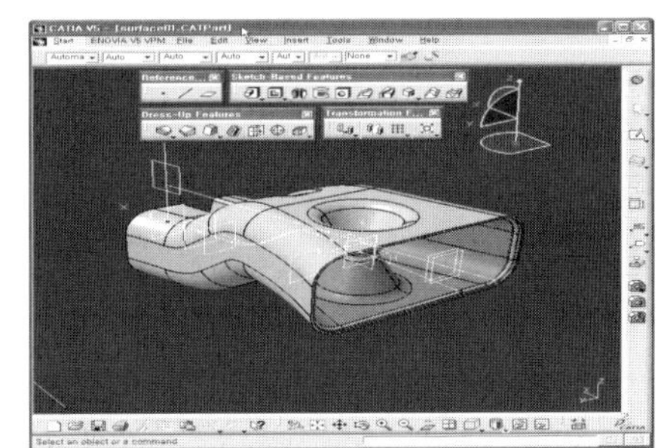

저장되어 있는 외부 파일을 불러오기

- Save : 저장하기

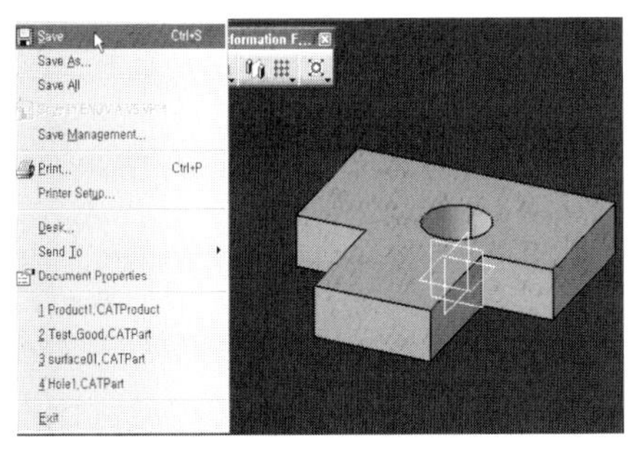
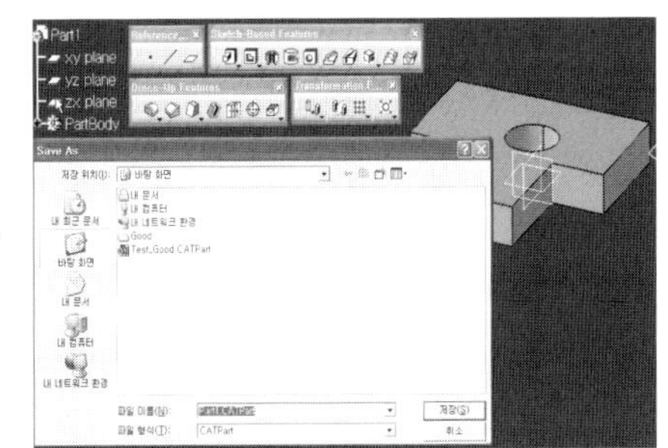

처음 CATIA로 문서를 만든 경우에는 Save를 클릭하면 오른쪽 그림처럼 Save As의 창이 나온다.
그러면 파일 이름을 입력하고 원하는 경로에 문서를 저장한다. 한번 저장되어 있는 경우에는 아무런 창
도 열리지 않고 그냥 저장을 하는 기능을 한다.

■ Save as : 다른 이름으로 저장하기

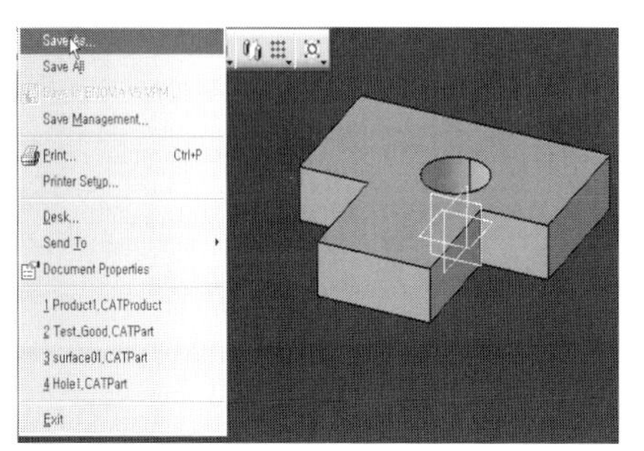 

저장되어 있는 파일을 열어 놓은 상태에서 추가로 작업을 하거나, 열려 있는 파일의 경로와 이름을 다른
이름으로 저장하는 기능을 한다.

■ Save all : 열려 있는 파일 모두 저장하기

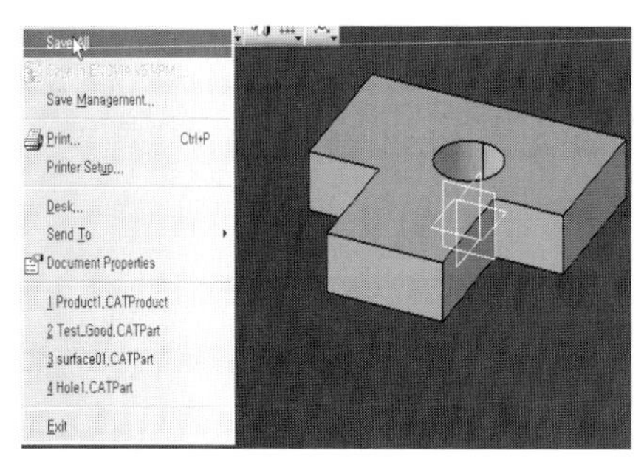 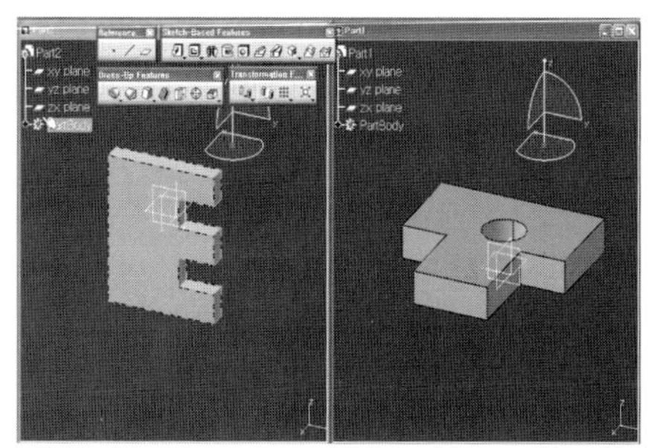

여러 개의 파일이 열려 있거나, 여러 개의 파일을 새로 생성한 경우에 다수의 파일을 모두 한꺼번에 저
장하는 것이다.

■ Save Management : 저장을 관리하기

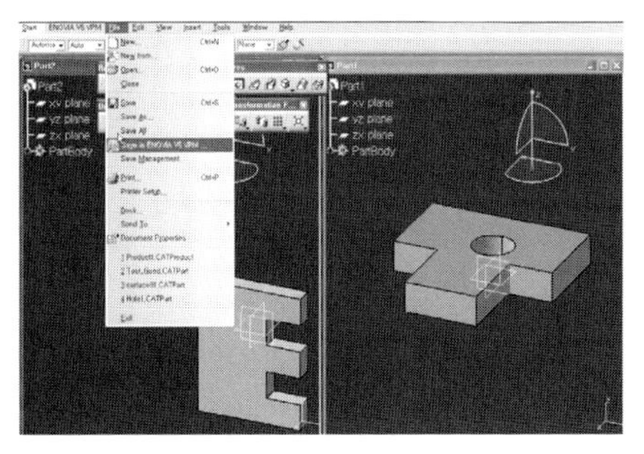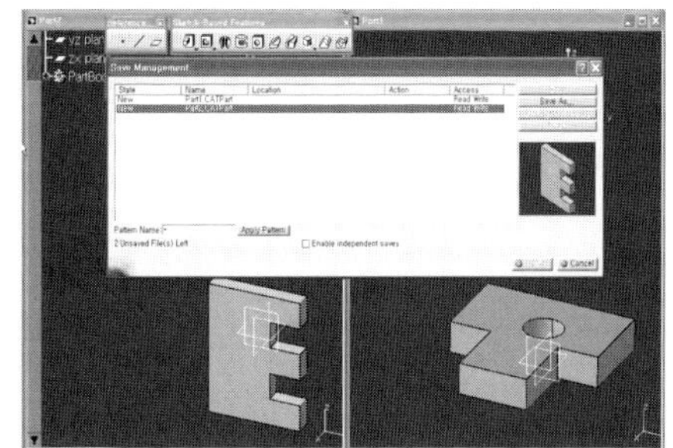

열려 있는 여러 개의 파일이 있는 경우에 각각의 파일의 원하는 위치와 파일 이름을 저장하며, 각 파일
의 경로와 파일 이름의 정보를 기억하고 있는 것이 특징이다. CATIA에서만 적용하는 독특한 저장 방법
으로써, Save, Save As, Save All의 모든 기능을 다 가지고 있다.

■ ⟨아이콘⟩ Print : 인쇄하기

열려 있는 파일에 대한 모델링 형상의 인쇄를 하는 기능을 나타내며 페이지 맞추기, 축소/확대, 미리보
기를 할 수 있다.

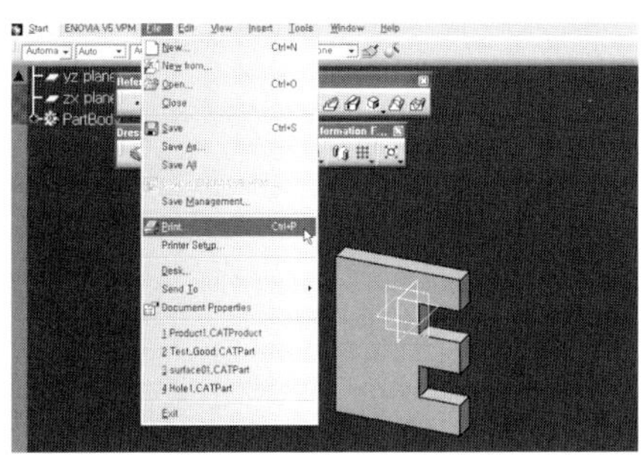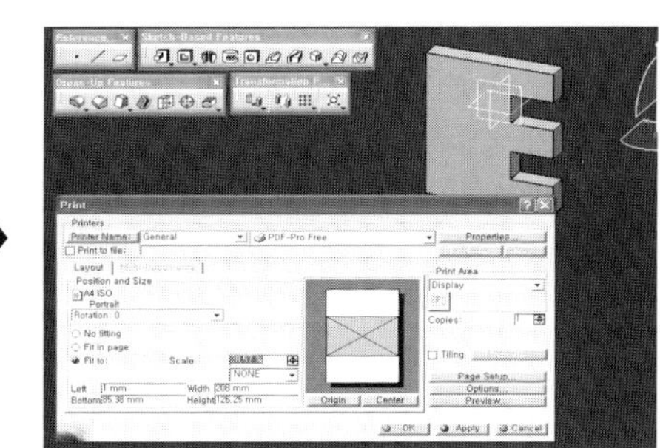

■ Print Setup : 사용하는 프린터 환경설정

컴퓨터에 프린터로 등록되어 있는 각 프린터의 구성 환경(인쇄크기, 인쇄방향, 페이지 맞춤)을 사용자
가 원하는 방식으로 변경할 수 있다.

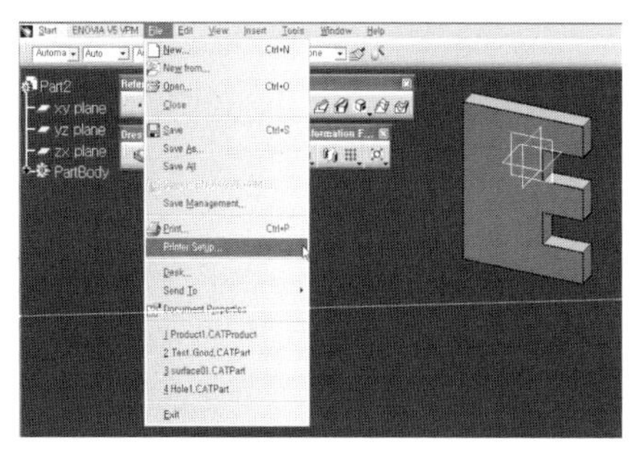
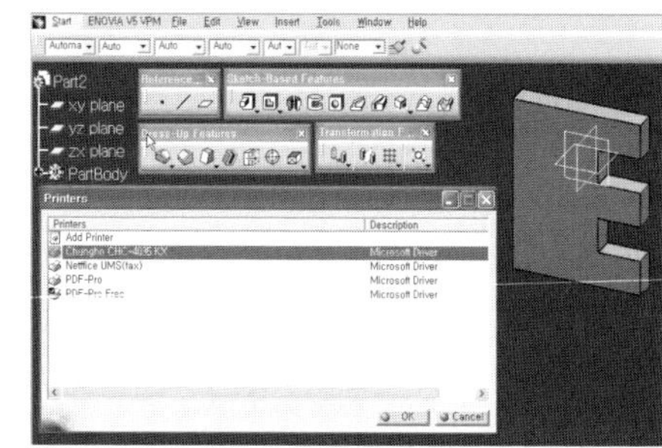

■ Undo Select element : 실행을 취소하기

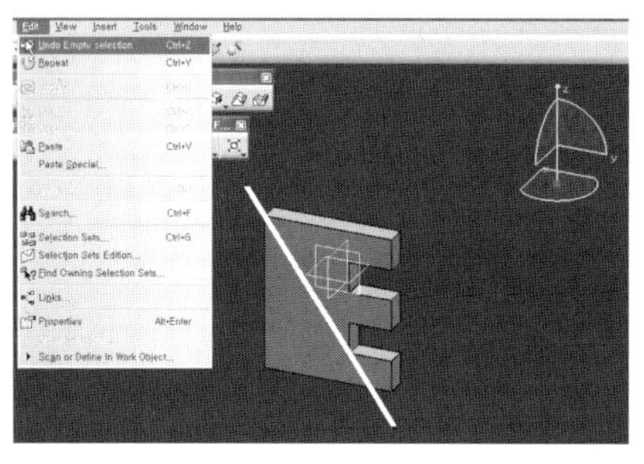
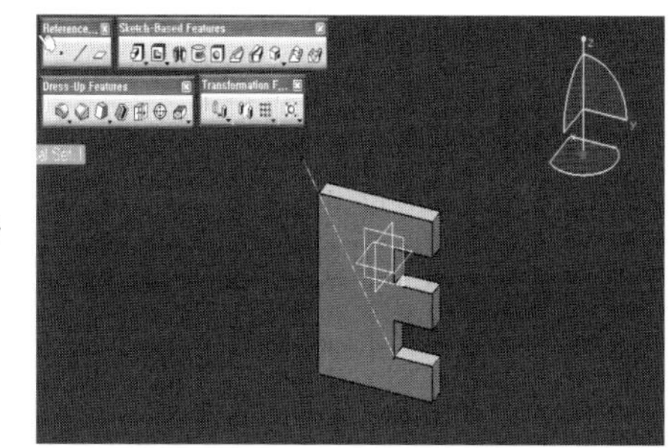

실행한 명령을 다시 취소하는 경우에 사용하는 기능이다. 위는 라인의 속성에서 굵기를 레벨 7로 하였으나, 실행하기 전의 1레벨로 실행을 취소한 것이다.

■ Repeat : 실행을 다시 반복하기

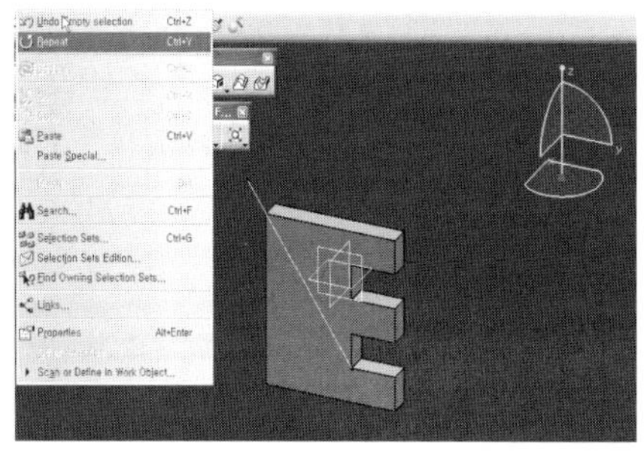
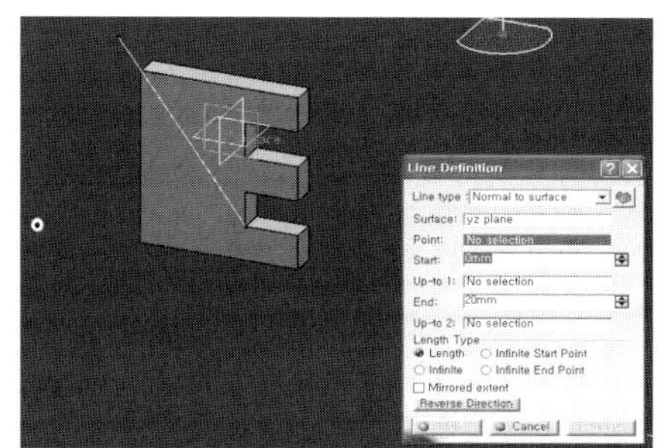

앞서 실행한 라인 만들기를 다시 반복하려면 Repeat를 클릭한다. 그러면 오른쪽과 같은 라인 설정을
위한 메뉴가 실행된다.

- Copy & Paste : 복사하기, 붙여넣기

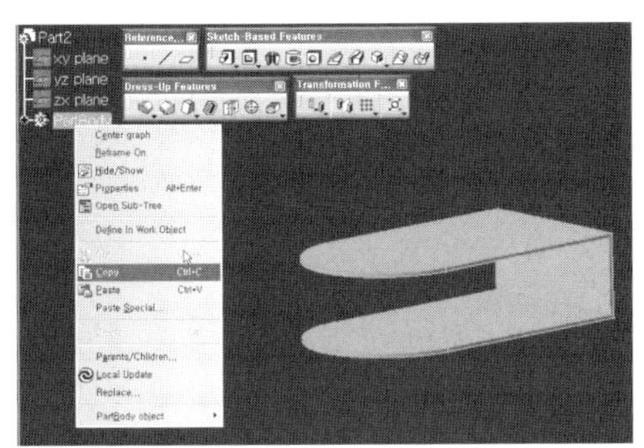

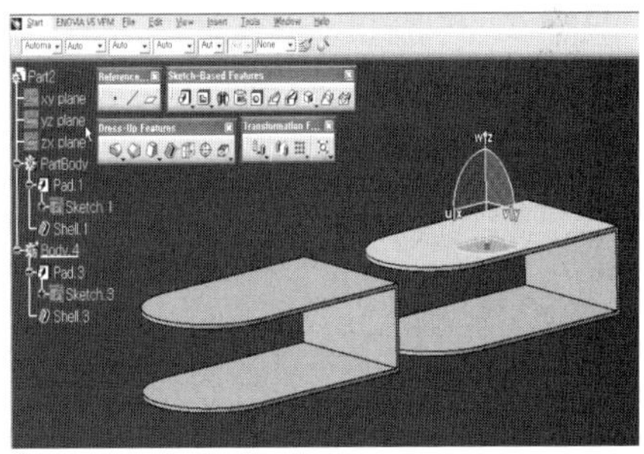

위의 그림처럼 복사하여 붙여넣기를 하면 동일한 위치에 존재한다. 위의 그림은 복사 후 이동한 상태이
다.(복사할 PartBody를 선택하고 오른쪽 마우스로 Copy를 하고 Part2에 붙여넣기(Paste)를 하면 위
의 오른쪽 아래 그림처럼 Body4의 복사한 형체가 나타난다.)

- Paste Special 1(As specified in Part document) : 파트 문서의 스페셜로 붙여넣기

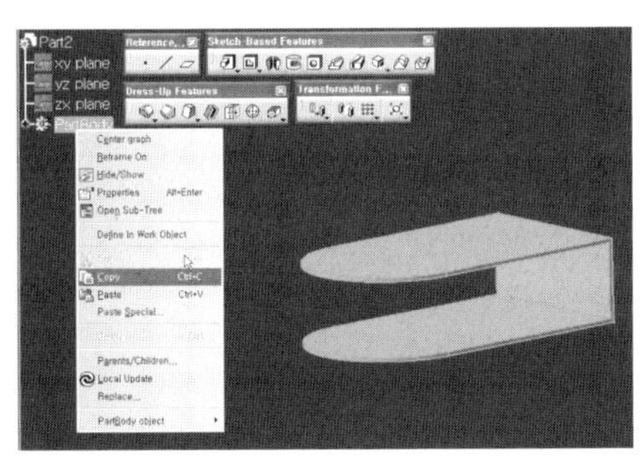
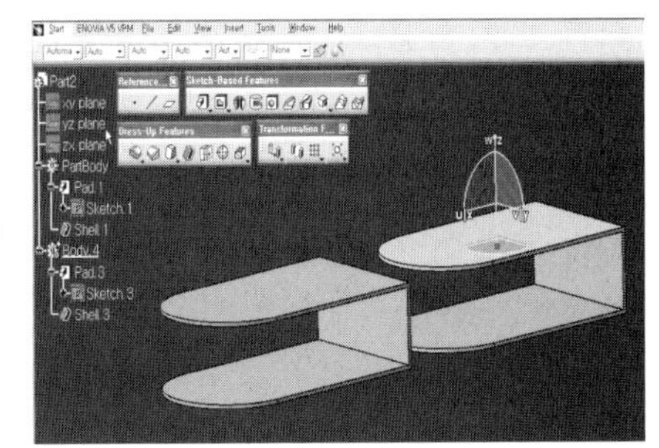

위의 일반 Paste와 같은 기능을 한다.

■ Paste Special 2(As Result With Link) : 링크(Link)를 가진 결과물로 붙여넣기

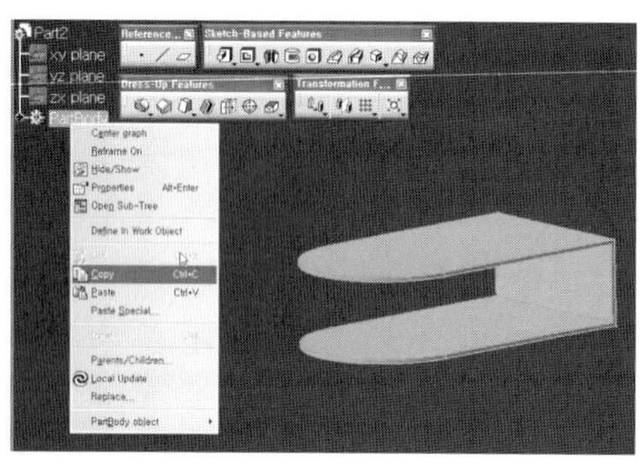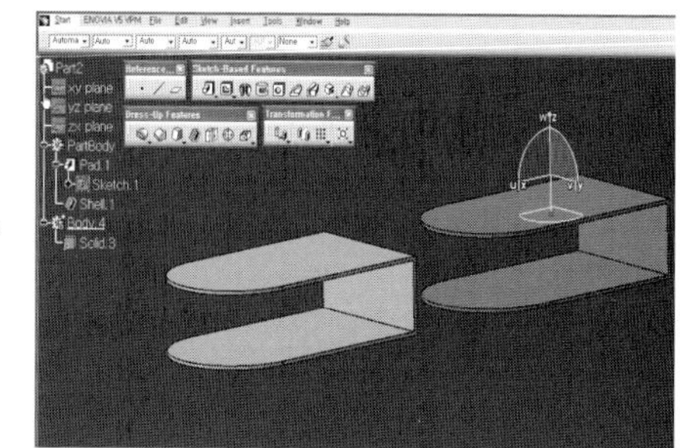

복사하기 전의 원본과 밀접한 연관성을 유지하면서(같은 속성을 가지면서) 스케치 등은 가지고 오지 않고, 솔리드 덩어리로만 붙여넣기가 된다. 결국 원본의 모양이 바뀌면 복사본도 같이 바뀐다.

■ Paste Special 3(As Result) : 링크(Link)를 가지지 않는 결과물로 붙여넣기
복사하기 전의 원본을 복사하여 가지고 오지만, 원본이 변하더라도 같이 변화하지 않는다.

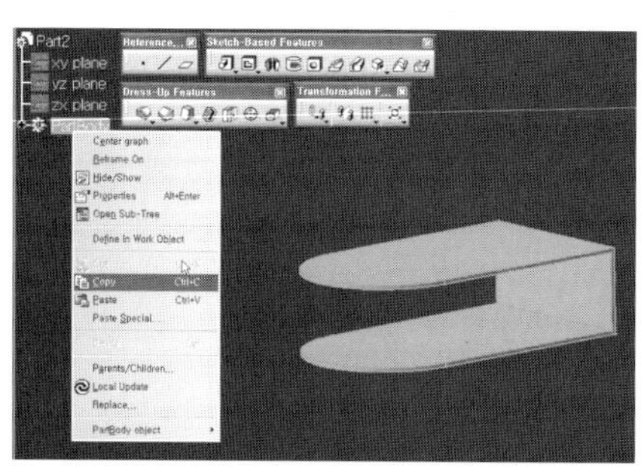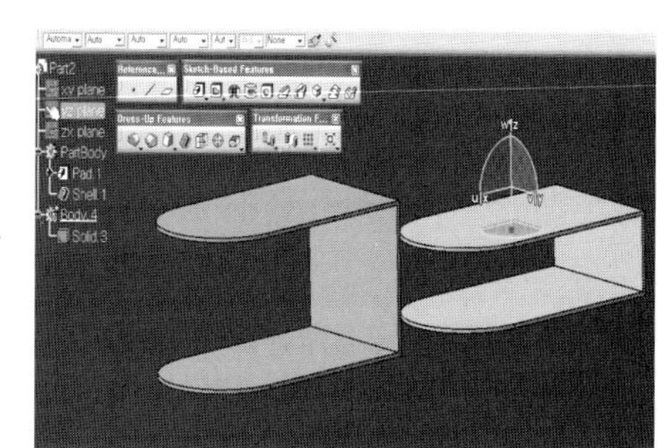

■ Delete : 삭제하기
Tree에서 선택하거나 3D 공간이나 스케치 어느 곳에서나 선택한 후 Delete하면 없어진다.

- Search : 찾아내기

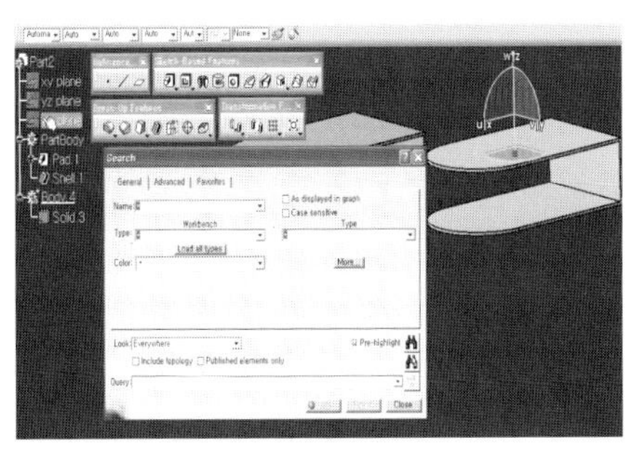
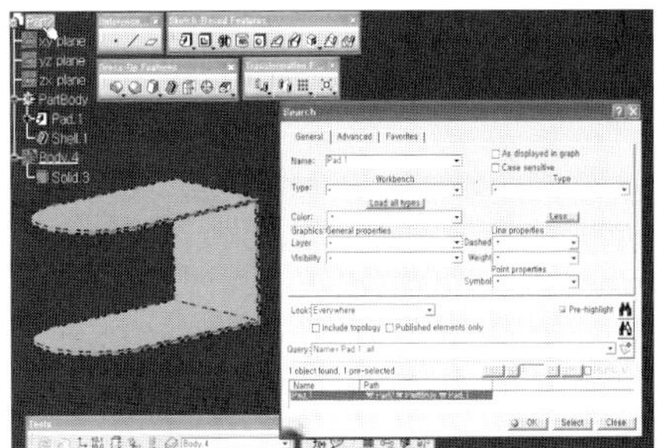

Name에 Tree의 해당 이름 Pad.1를 입력하고 Search아이콘을 클릭하면 해당되는 것이 나타나고, Tree구조에서 존재하는 경로도 나타난다. 그리고 해당되는 것을 Select하면 찾아갈 수 있다.

- Link : 링크 관계를 알아보기

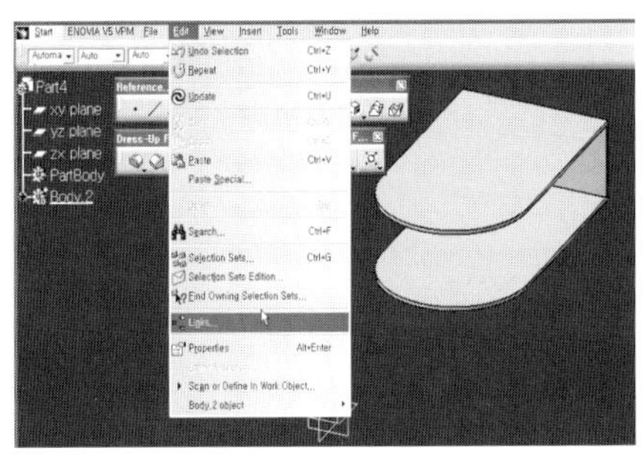
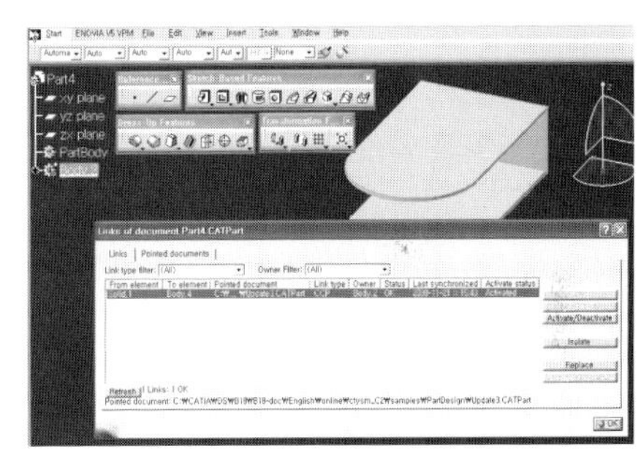

현재 해당되는 모델링데이터(또는 어떤 객체)가 외부 데이터와 링크(연결)되어 있는지 여부를 알아보는 기능을 한다.(연결되어 있으면 해당 원본의 이름, 존재하는 위치 등의 정보를 제공한다.)

- Property : 해당 객체의 속성

해당 객체의 속성에 대한 전반적인 정보를 제공해 준다. 객체의 색깔, 투명도, 선의 종류와 두께, 해당 객체의 이름 등을 제공한다.

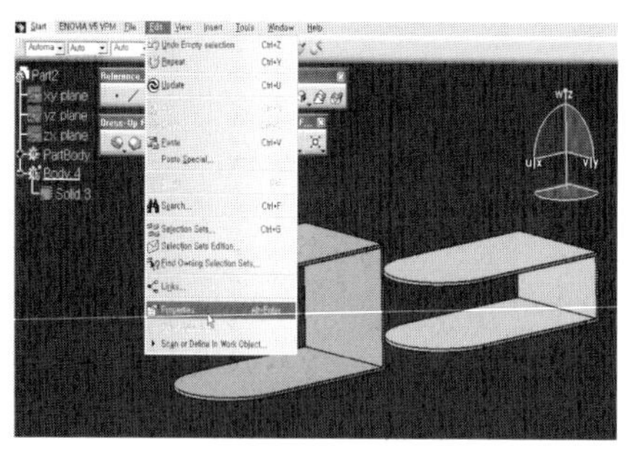 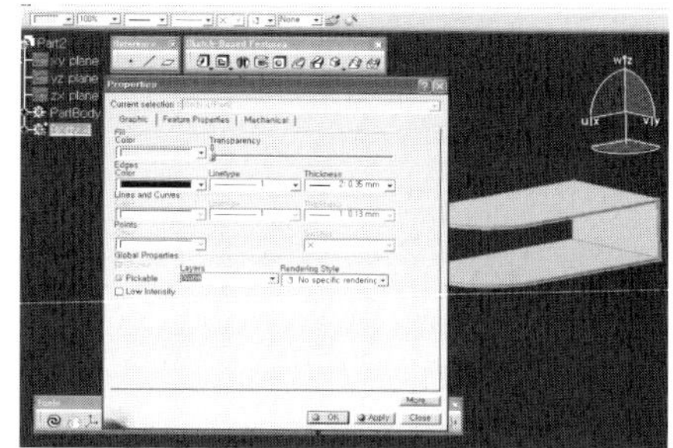

- Scan or Define In Work object : 해당 객체의 작업 순서를 보여준다.

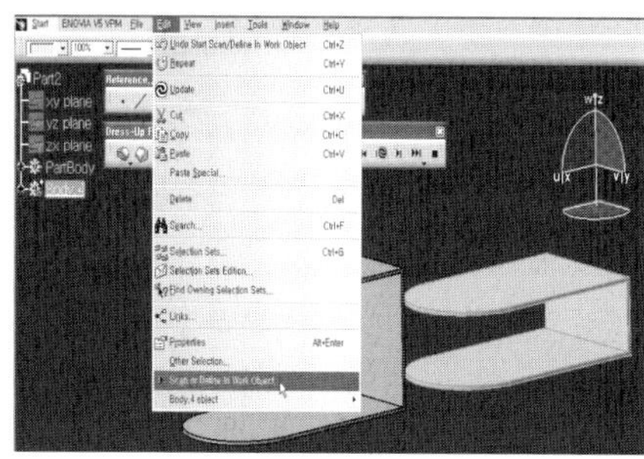 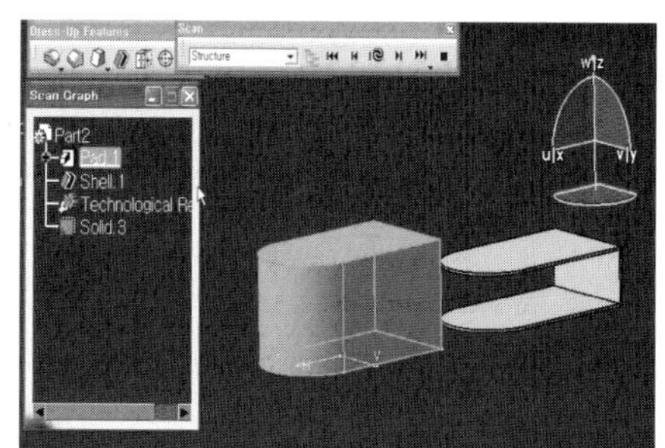

해당 객체의 시간 흐름상의 작업흐름을 파악할 수 있다.

- Toolbars : 툴 바의 모음
해당 툴 바의 서브메뉴에서 해당 툴 바를 선택하면 나타나고, 선택하지 않으면 사라진다.

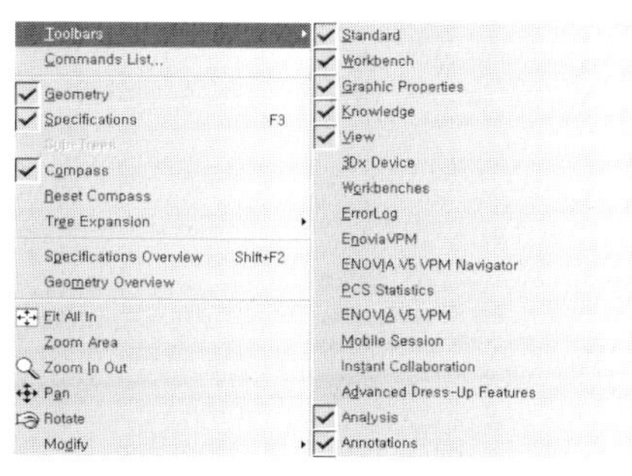 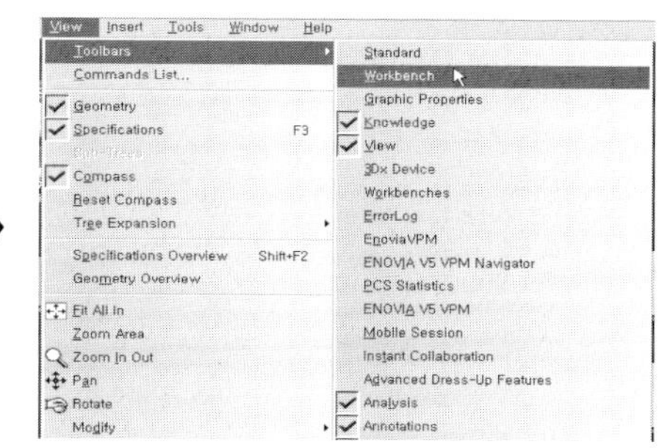

■ Command List : 명령어들의 집합

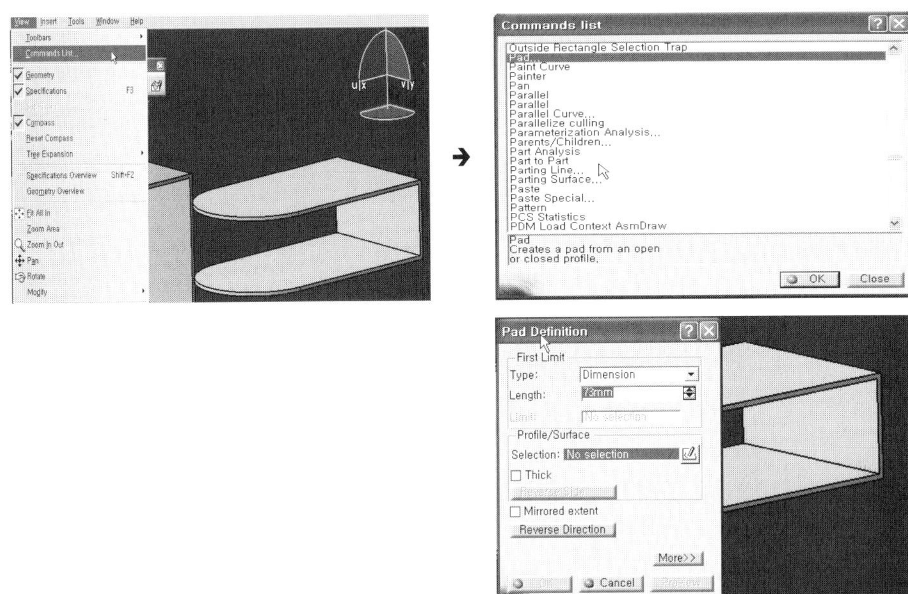

Commands List를 선택하고 창이 나타나면 예를 들어, Pad를 선택하면 하단에 Pad 실행메뉴 창이
나타난다.

■ Geometry : 구조물(입체도형)

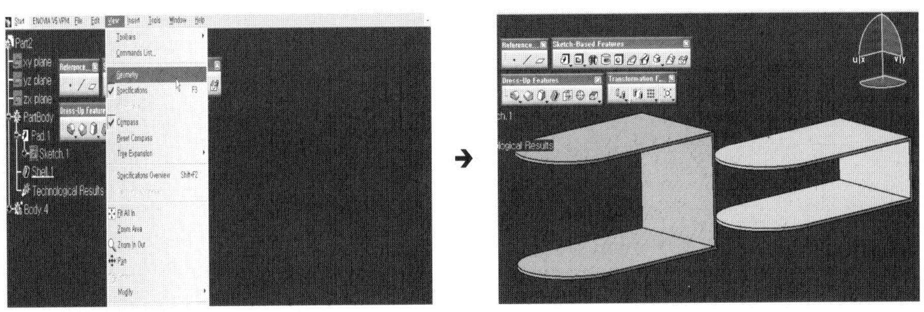

Geometry를 선택하면 해당 모델링 형상과 캠퍼스가 나타난다. 즉, 3차원 관련 형상들의 나타나고 사
라짐의 기능이다.

- Specification : Tree(일반적으로 실무에서는 '트리구조'라고 함)

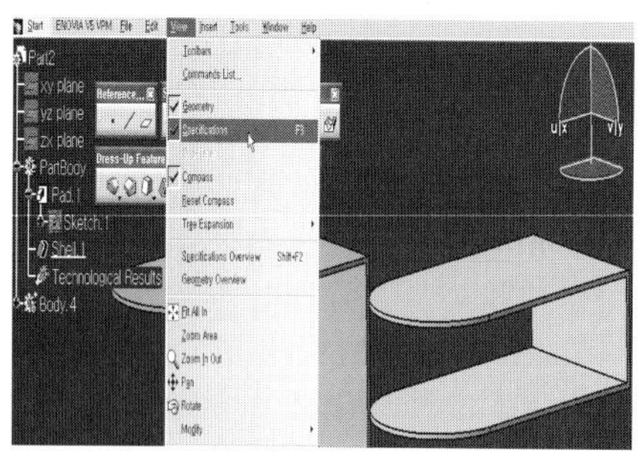 → 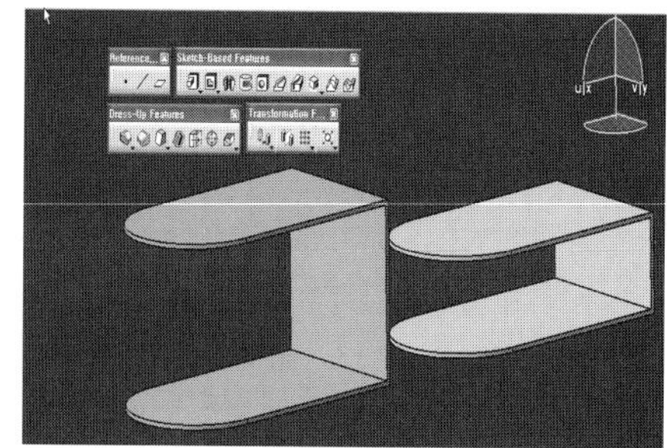

해당 Specification을 선택하면 트리구조(Tree Structure)가 나타나고 해제하면 사라진다.

- Compass

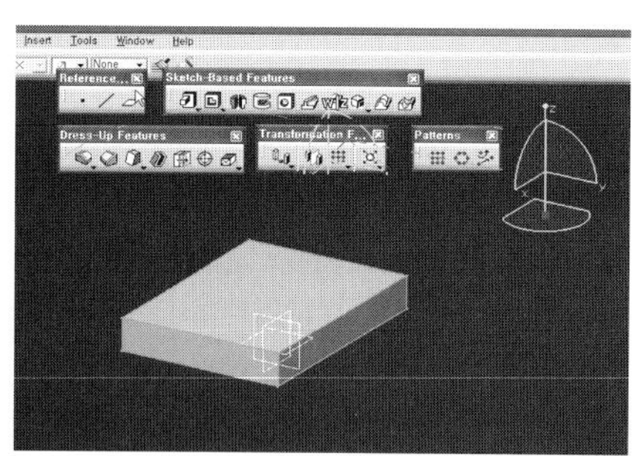 → 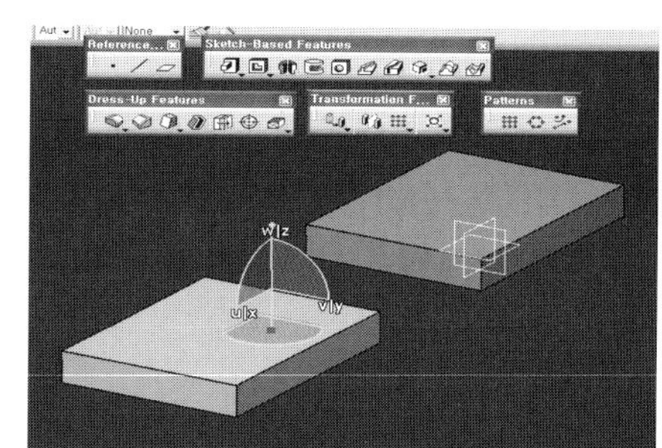

3차원 영역에서 좌표와 축의 위치 정보를 나타낸다. 그리고 CATIA 각 객체의 회전, 이동 기능을 가지고 있다.

- Tree Expansion(Expansion All Levels)

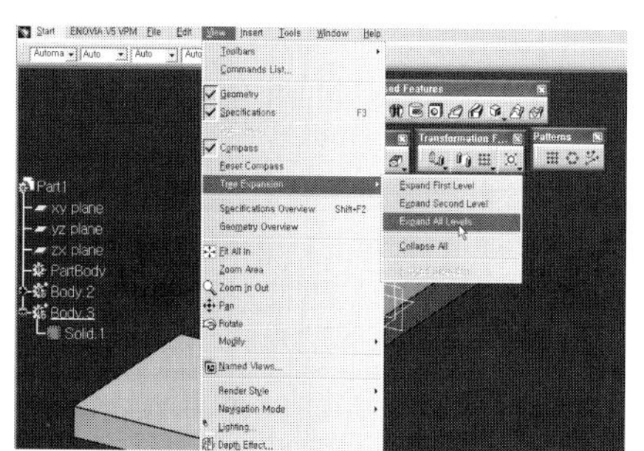 → 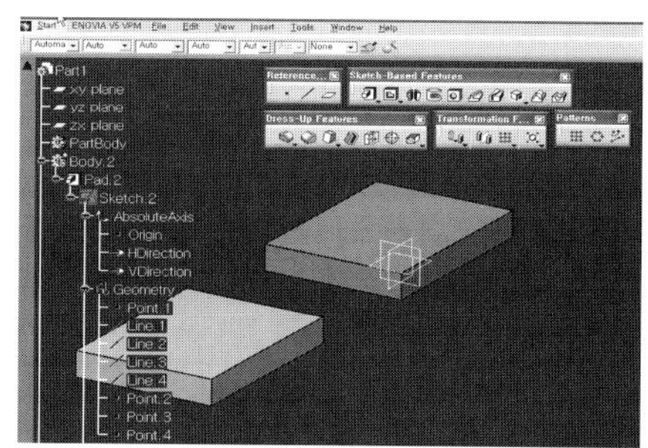

Tree의 모든 하부 구조를 모두 보여준다.

■ Specification Overview

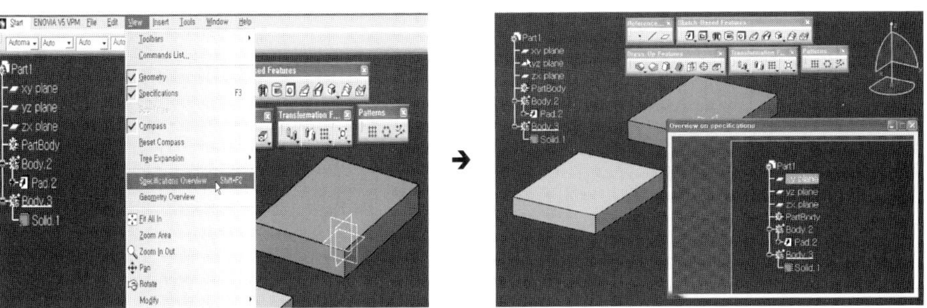

Tree의 보이는 위치 영역을 선택할 수 있다.

■ Geometry Overview

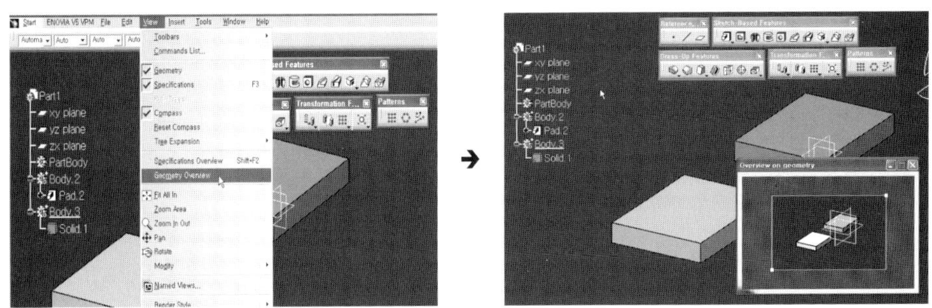

Geometry 전체의 일정 부분 영역을 선택하여 볼 수 있다.

■ Fit All In : 화면에서 모든 보기

화면 밖에 존재하는 큰 것들, 또는 화면 밖에 존재하여 화면 내에서 보이지 않는 경우 사용하면 화면 안
에서 보여준다.

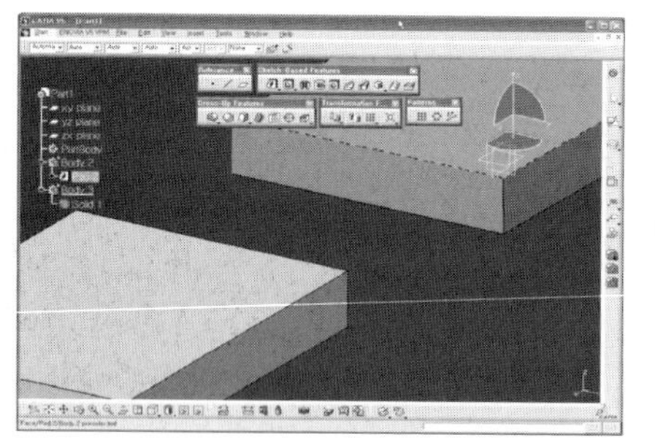 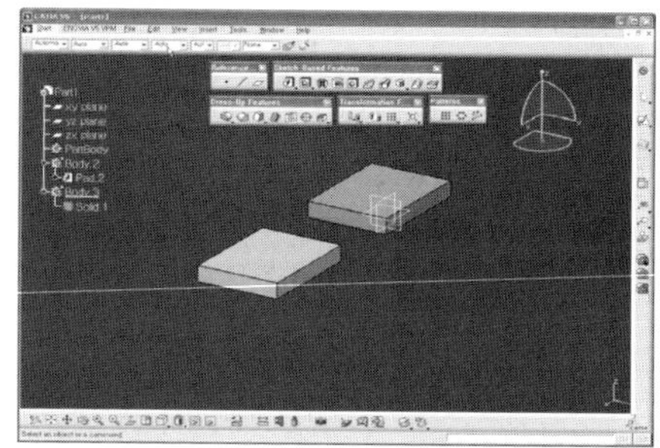

■ **Zoom Area** : 크게 보고 작게 보일 영역

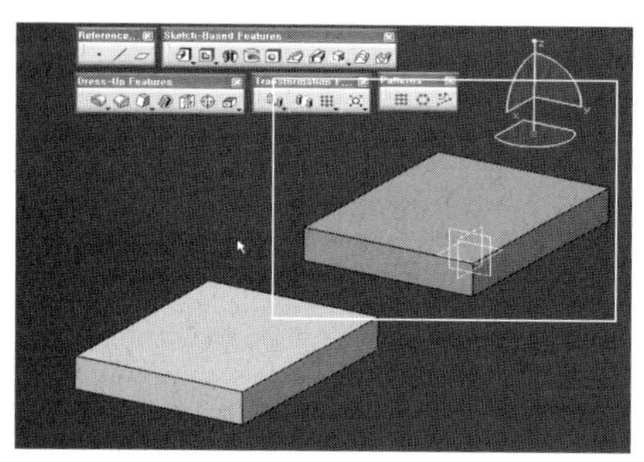 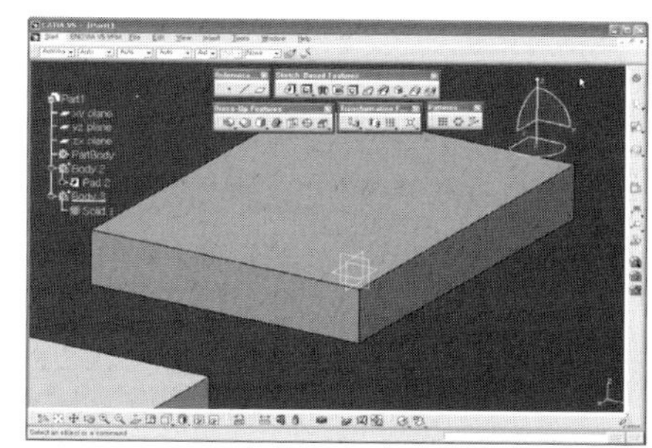

View의 Zoom Area을 클릭하고 크게 보려는 영역을 선택하면 해당 영역의 데이터가 정중앙으로 이동하여 보인다.

■ **Pan** : 선택한 모델링을 이동한다.

3차원 공간을 클릭하여 마우스를 이동하면 움직인다.

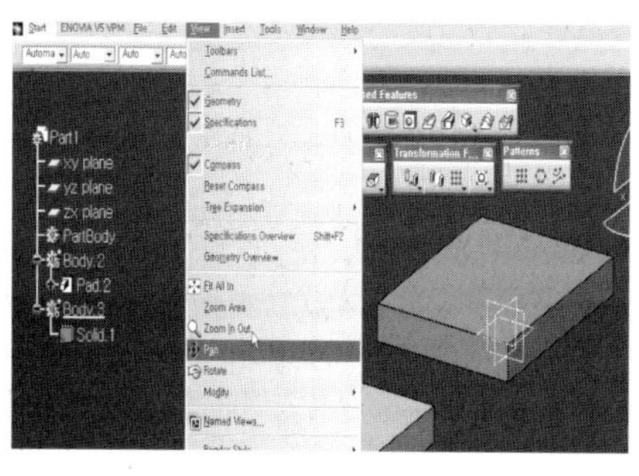 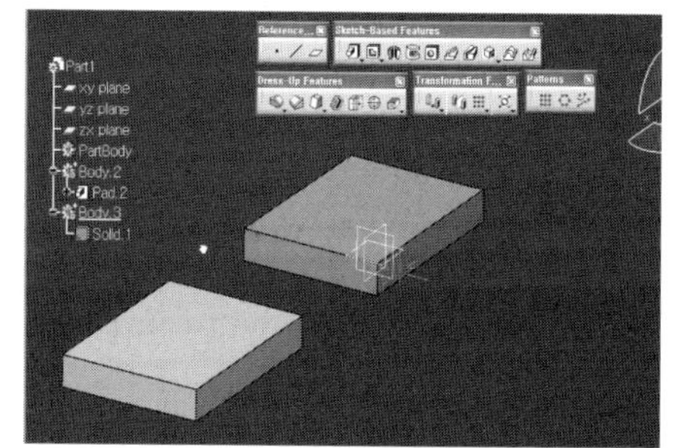

■  Rotate : 선택한 모델링을 회전한다.

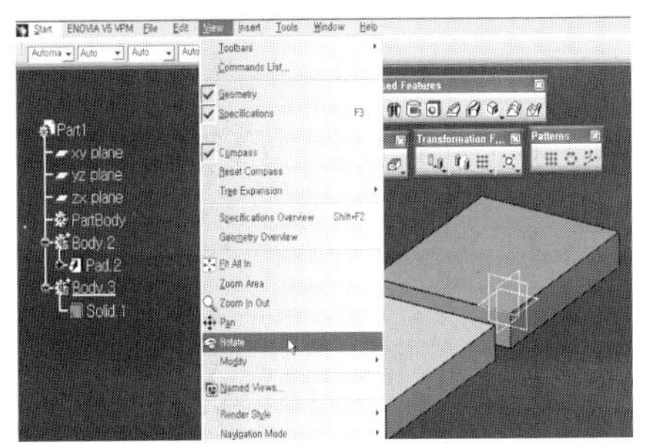 → 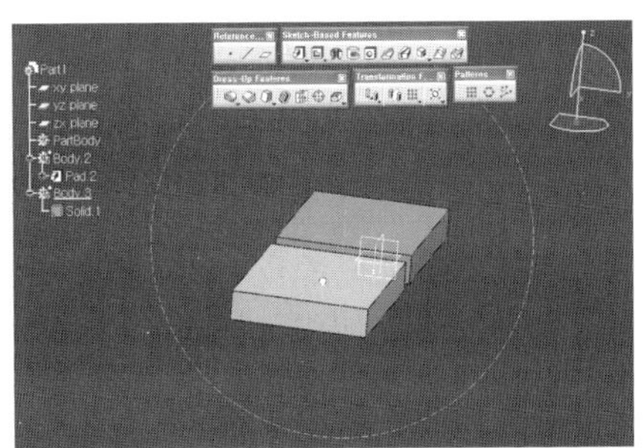

3차원 공간의 모델링을 왼쪽 마우스로 선택한 후 움직이면 회전한다.

■ 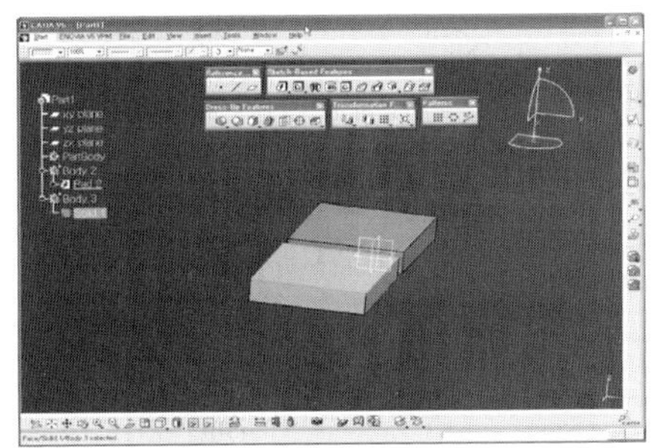, Zoom In 또는 Zoom Oute : 확대, 축소

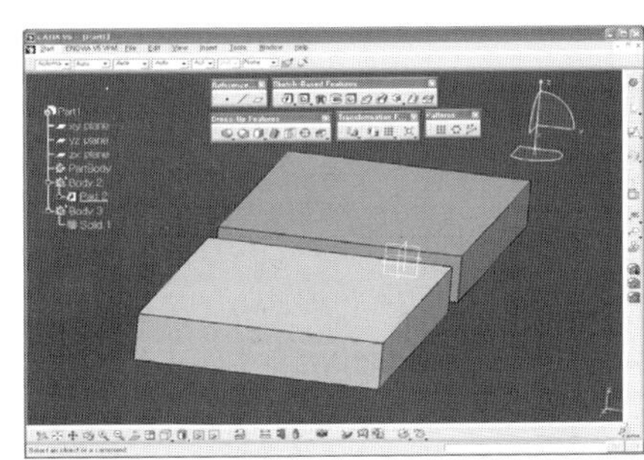

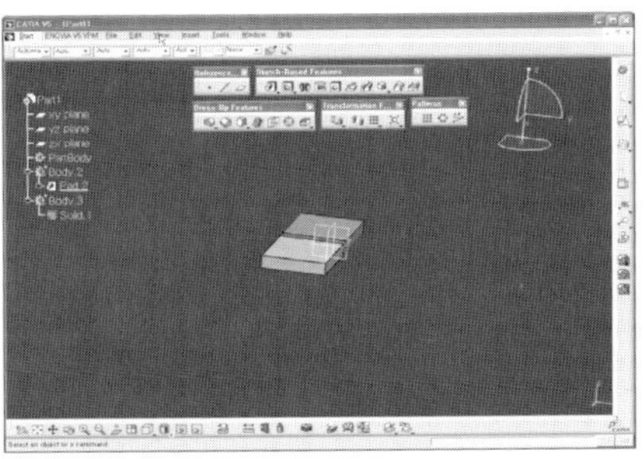

해당 아이콘을 선택하면 Zoom In은 확대, Zoom Out는 축소 기능을 한다.

■ Normal View : 위에서 내려보는 상태

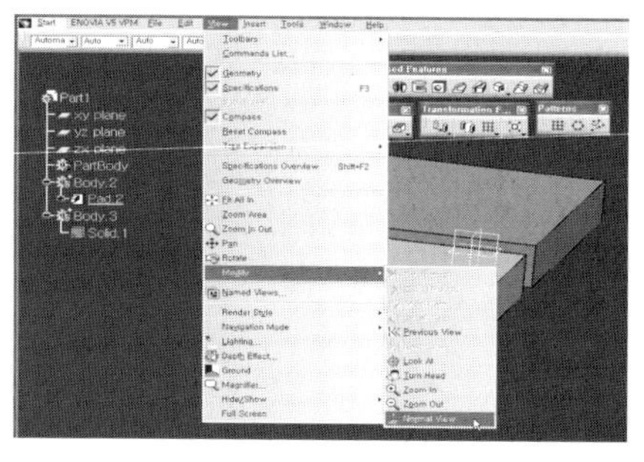 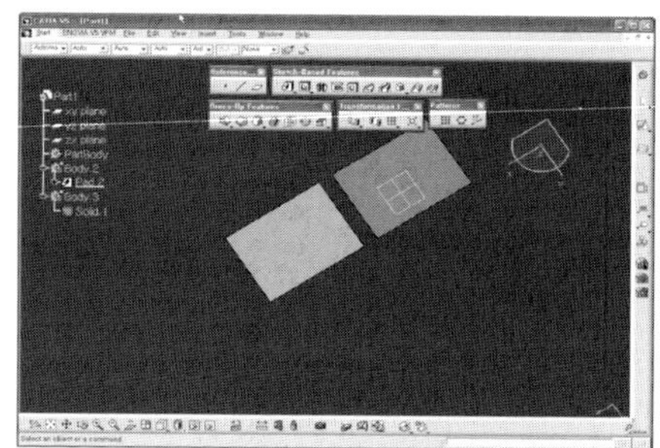

위에서 내려다볼 평면을 선택한 후, Normal View를 선택하면 위에서 본 상태로 바뀐다.

■ Create Multi View : 다중으로 보기

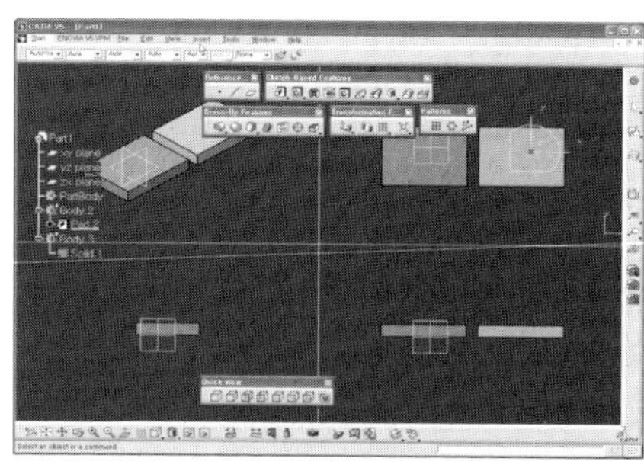 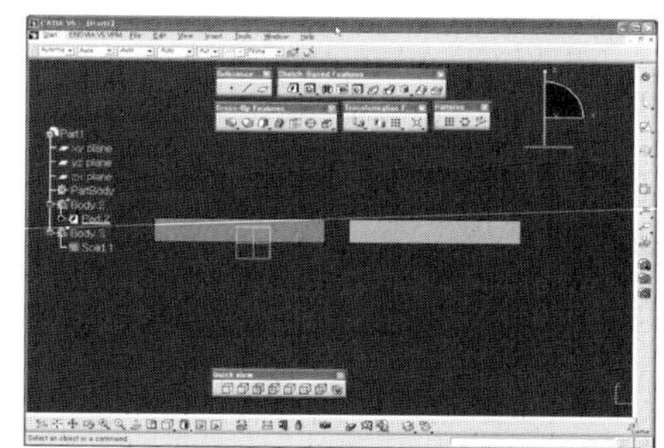

다중으로 보고 난 후 원하는 뷰를 클릭하면 오른쪽과 같이 원하는 상태로 들어간다.

■ Isometric View : 3차원 상태로 보기

오른쪽 컴퍼스의 상태로 보여지는 것이며, 입체감이 있는 상태로 보는 것을 말한다.

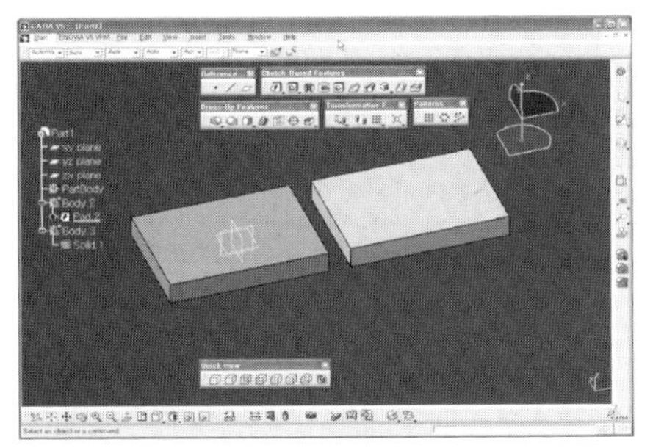 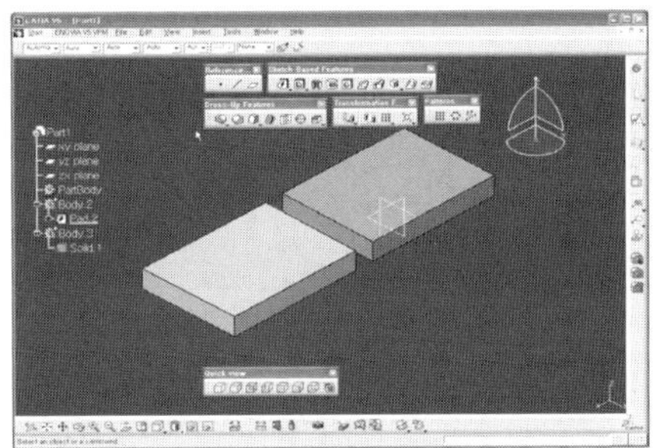

- Front View : 정면도로 보기

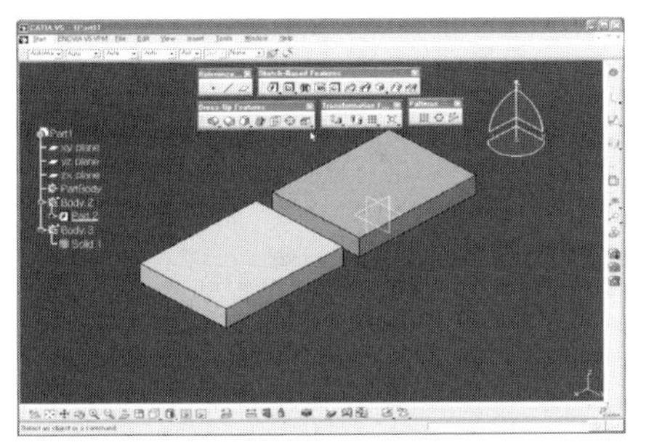 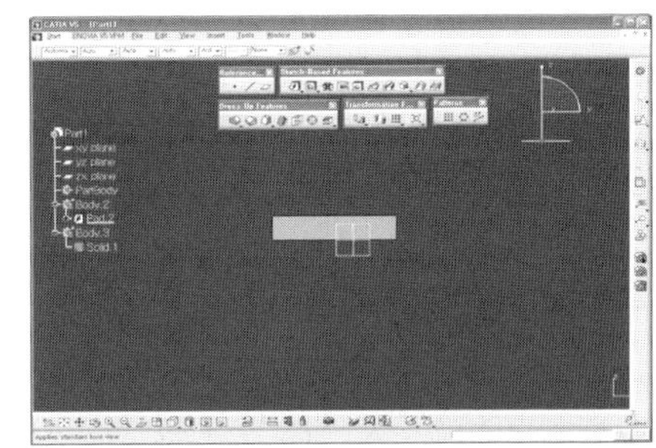

정면도로 보는 상태이며, 오른쪽 그림의 컴퍼스가 그 뷰(View) 상태이다.

- Back View : 후면도로 보기

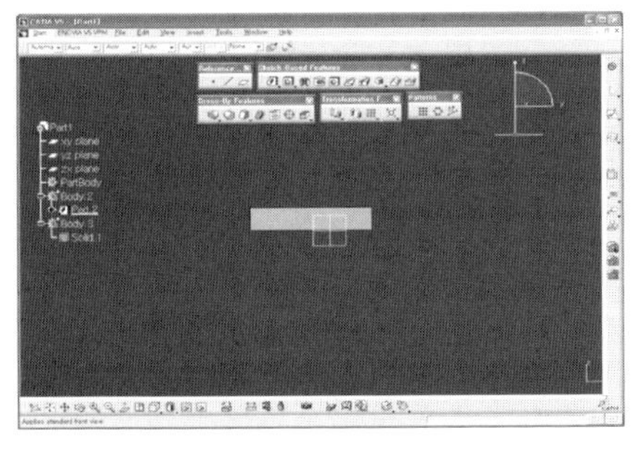 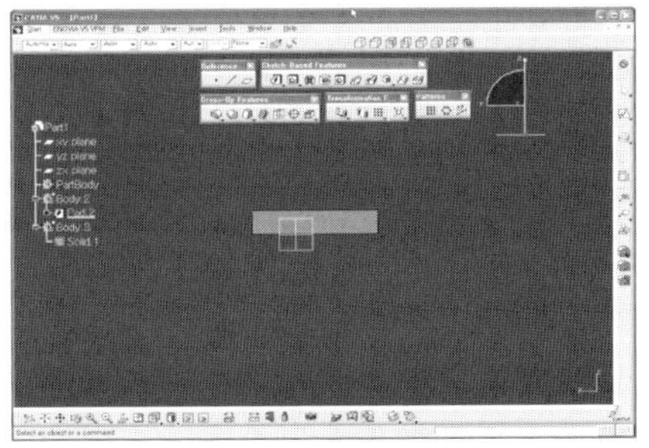

후면도로 보는 상태이며, 뒤에서 본 상태이다.

- Left View : 좌측면도로 보기

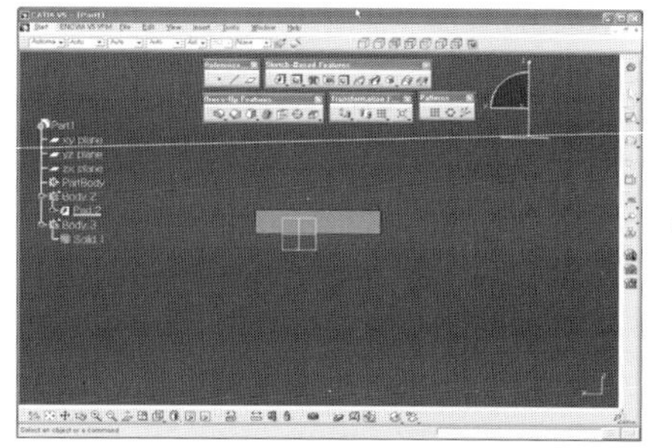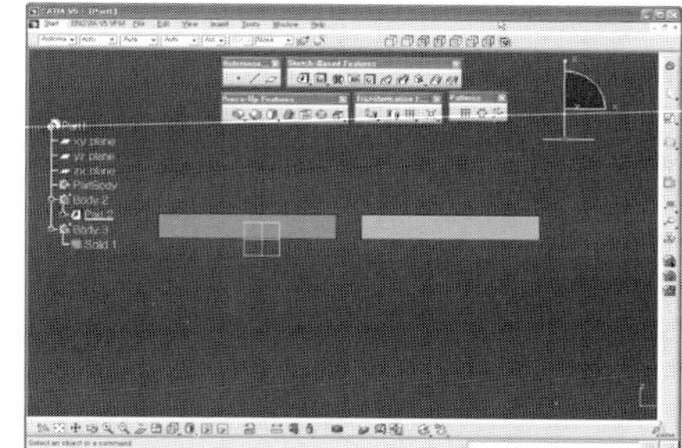

좌면도로 보는 상태이며, 좌측에서 본 상태이다.

- Right View : 우측면도로 보기

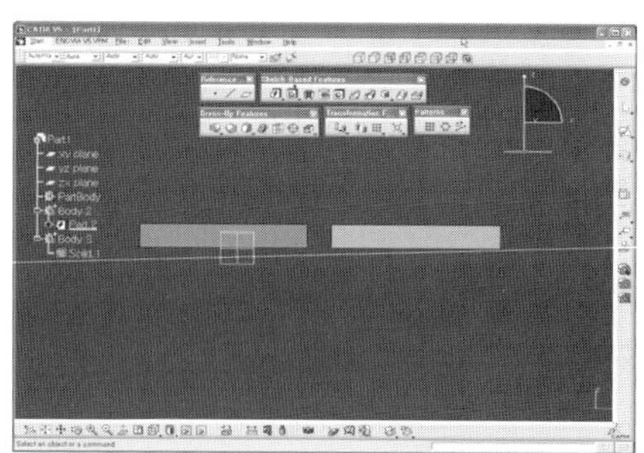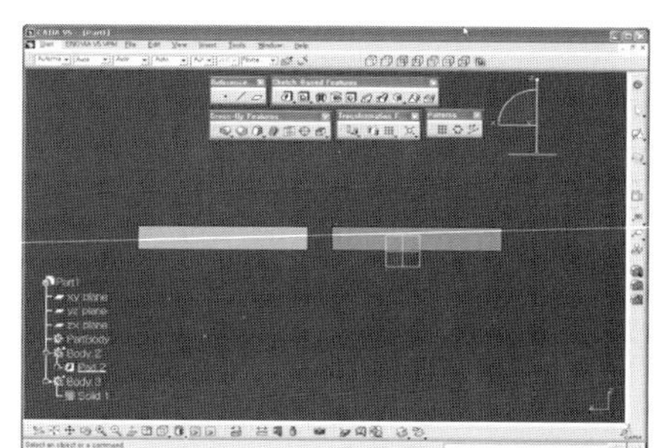

우면도로 보는 상태이며, 우측에서 본 상태이다.

- Top View : 평면도로 보기

평면도로 보는 상태이며, 위에서 본 상태이다.

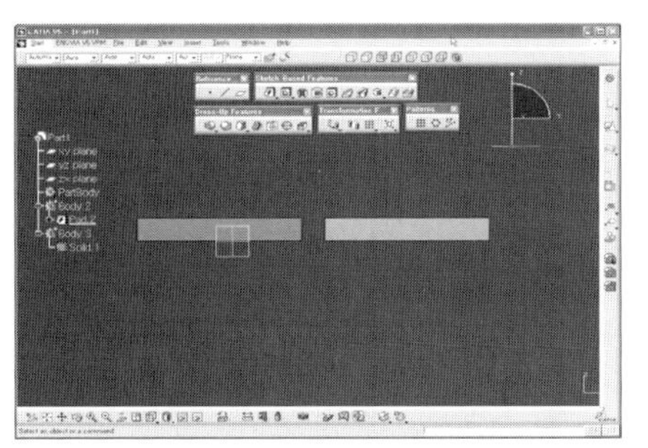 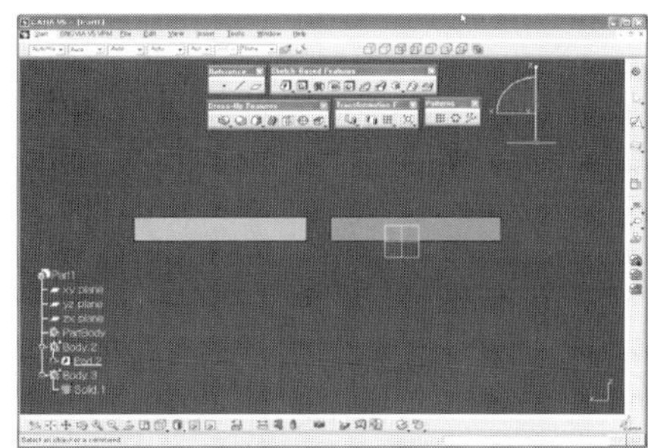

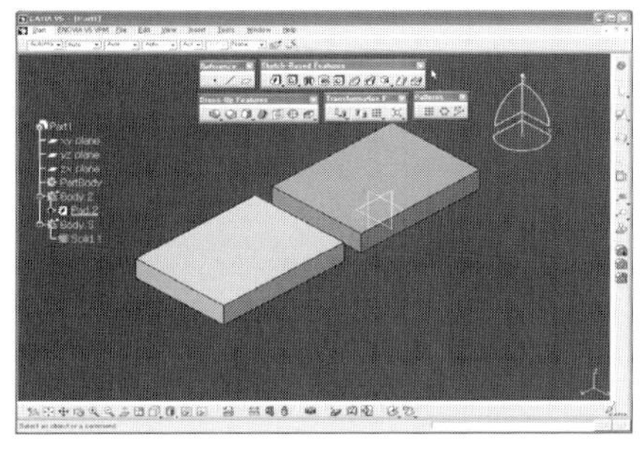 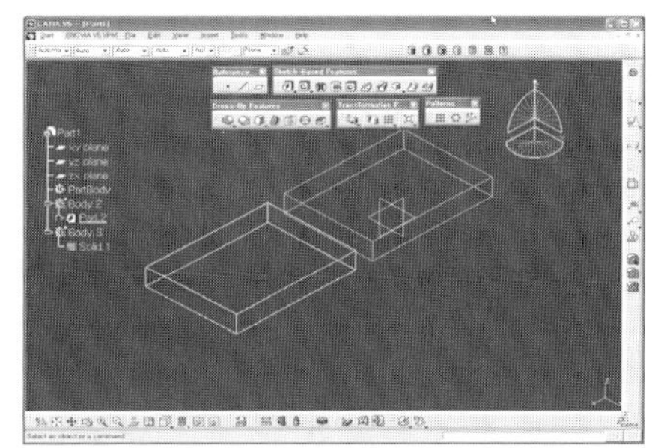

Shading, Edge, Material, Wireframe의 각 상태로 보기

Shading, Edge, Material, Wireframe의 각 상태로, 각 경우의 뷰 상태이며 오른쪽은 Wireframe을 적용한 뷰이다.

Hide/Show : 보이기/숨기기

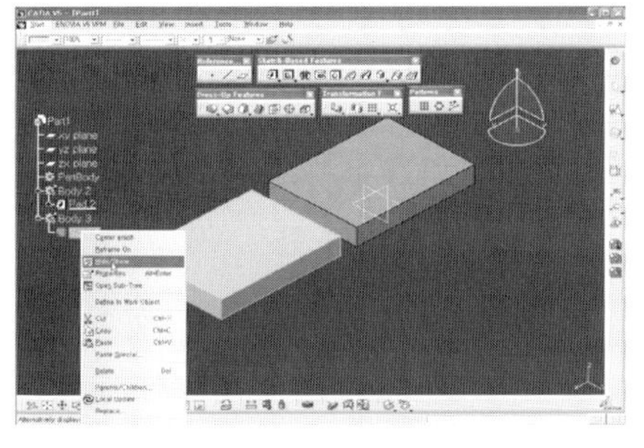 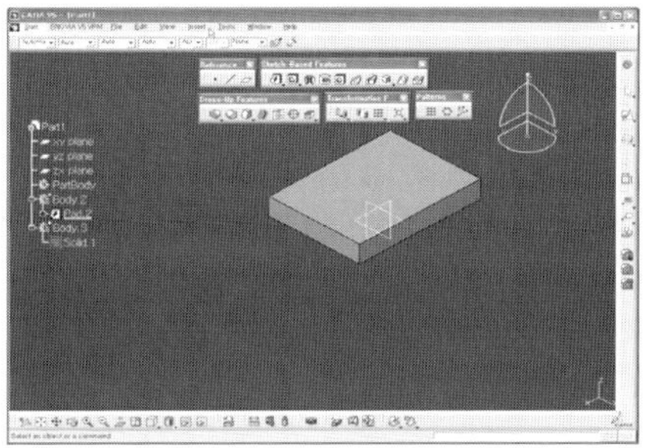

해당 모델링 파트를 보이게, 보이지 않게 선택할 수 있다.

- Swap visible space : 숨기기 한 파일이 있는 공간

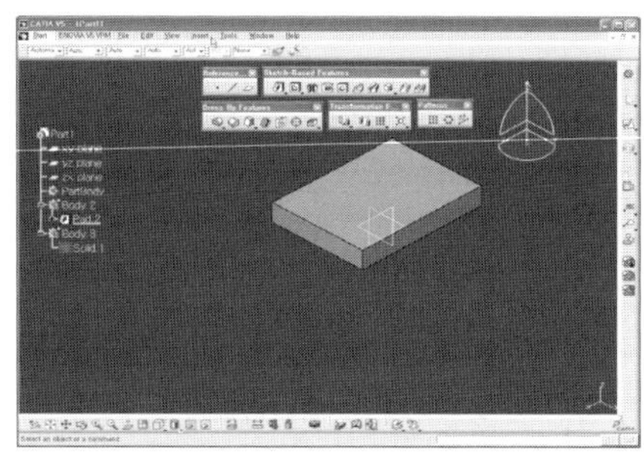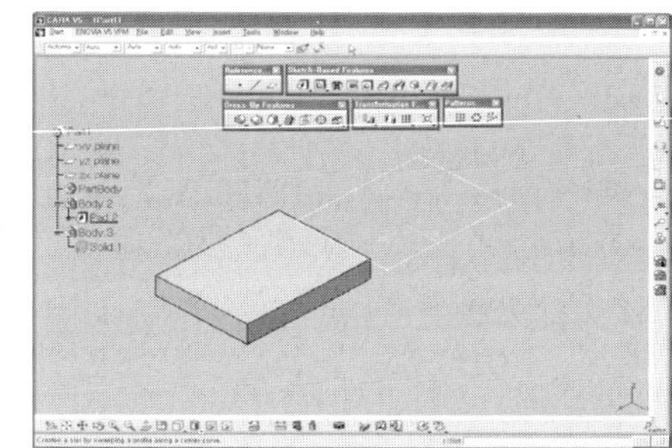

Hide한 부분이 숨겨져 있는 공간으로 들어가기

- Swap visible space : 숨기기 한 파일이 있는 공간

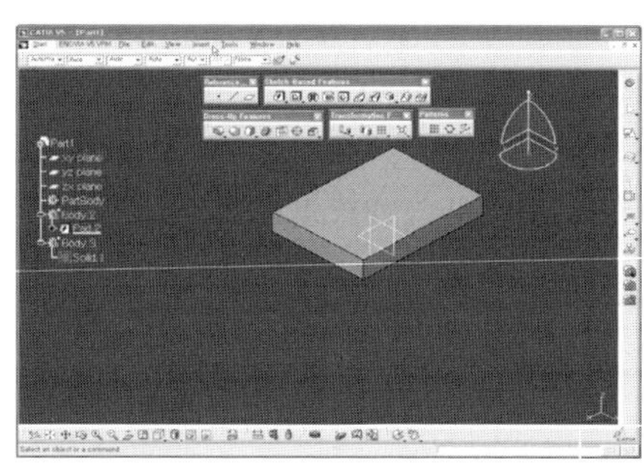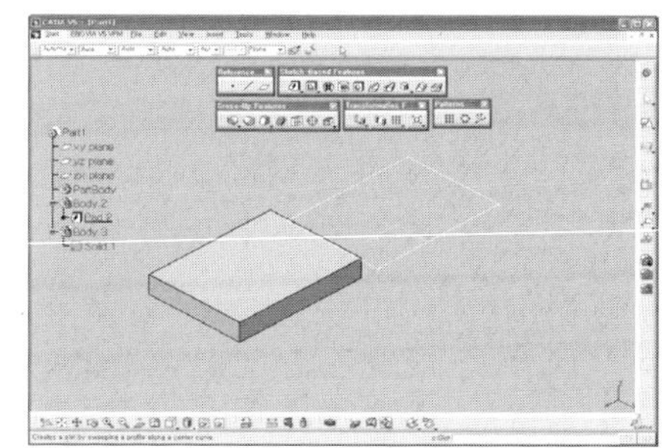

Hide한 부분이 숨겨져 있는 공간으로 들어가기

- 툴 바 이동하는 방법(툴 바 세로에서 가로로, 가로에서 세로로 정렬하기)

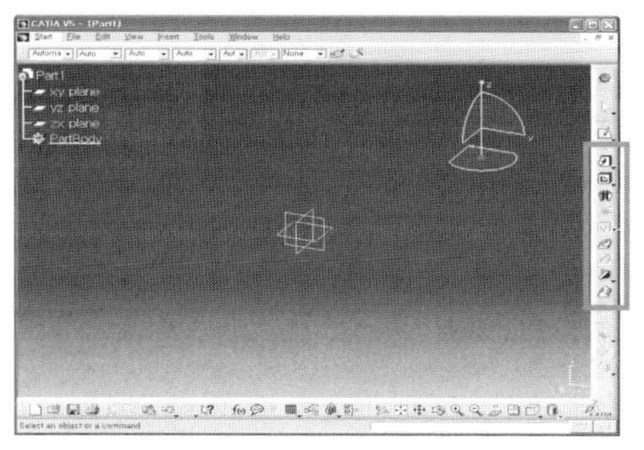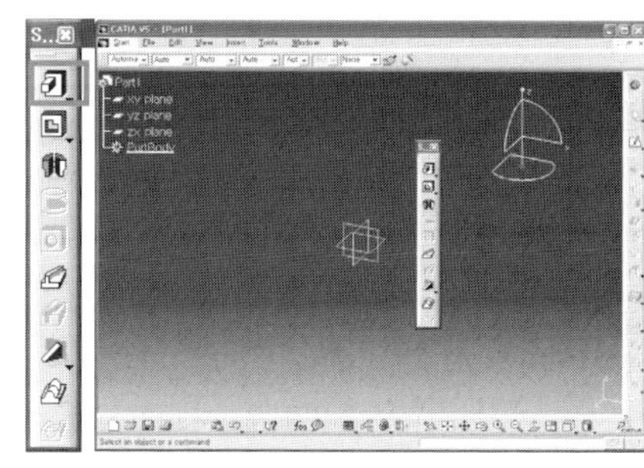

툴 바의 [　　　] 부분을 클릭하여 원하는 공간으로 툴 바를 이동할 수 있다. 또한, shift 키를 누른 상태에서 툴 바의 이름 부분을 클릭하여 약간만 드래그하면 툴 바가 '가로'로, '세로'로 된다.

6) New Part의 기능

Default(초기화 값)은 Part1로 되어 있다. 일반적으로 교육을 받는 경우에는 아무런 부담 없이 별도의 이름을 정하지 않고 OK 한다. 그러나 실무에서는 정하여진 이름을 입력한다. 그냥 Default 로 하고 시작하면 같은 이름이 있는 경우에 다시 Rename을 하여 주어야 하고, 생각지 않은 Error 가 발생하는 경우가 있으므로 가능하면 별도의 파일 이름을 정하여 입력하는 것이 좋다.

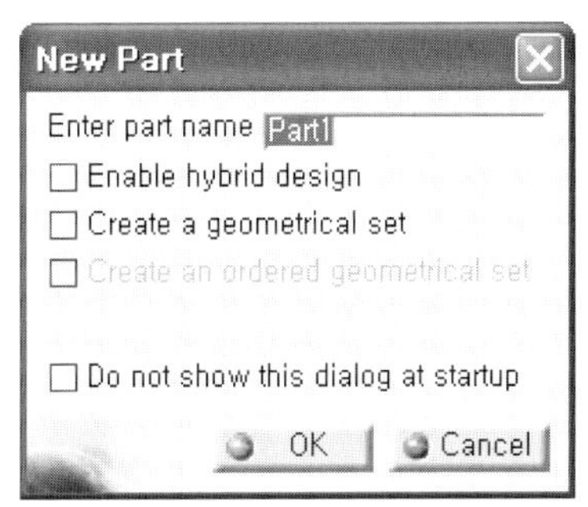

이름은 가능하면 한글을 피하고 영문이나 숫자로 하는 것이 좋다. 그리고 작업을 한 후에 저장을 하는 경우에도 바탕화면에는 저장을 하지 않는다. 바탕화면도 한글 폴더이기 때문이다.

Enable hybrid design은 가능하면 체크하지 않는 것이 좋다(국내 기업에서는 현대자동차에서 사용하고 있다.). CATIA를 배우는 경우에는 Icon, 기본 메뉴를 배우고 익혀야 하는데 이것을 체크하고 하면 작업 시간에 모델링 작업이 영향을 받기 때문에 Error로 작업을 하기 어렵다. <u>국내 쌍용자동차, 르노삼성자동차는 "Enable hybrid design"을 체크하지 않고 사용한다.</u>

"Create a geometrical set"(　Geometrical Set...)을 체크하면 PartBody와 geometrical set가 초기화로 만들어진다. "Do not show this dialog at startup"을 체크하면 시작할 때 New Part 창이 나타나지 않는다. 가능하면 체크하지 않는 것이 좋다.

체크를 한 후에 New Part 창을 다시 나타나게 하려면 Tools 〉 Options 〉 Infrastructure 〉 Part infrastructure 〉 Part Document에서 When Creating Part에서 "Display the 'New Part' dialog box"를 체크해 주면 된다.

2. 환경 설정에 대한 이해

2.1 환경 설정은 무엇이며 왜 하는가?

사용자가 원하는 상태로 초기화를 변경하여 사용하는 것을 말한다.

크게 두 가지 조건을 사용자 입장에서 설정할 수 있다. 하나는 사용자 정의에 해당하는 Customize이고, 다른 하나는 옵션(Option)이다. Customize는 여러 가지 조건을 사용하는 입장에서 편리하게 변경하여 사용하는 것이다. 즉, 존재하는 각 툴 바를 없애거나 없는 것을 새로이 만드는 것이 아니다. 예를 들면 사용자 환경 언어를 영어에서 한글로 바꾸어 사용하는 경우와 툴 바가 있으면 그냥 사용하면 되지만, 단축키로 툴 바를 사용하면 더 편리할 수 있기 때문에 사용자가 편리하게끔 단축키를 설정하여 파일을 여는 것들이 해당한다. Option은 사용자가 어떤 항목을 사용할 것인지 사용하지 않을 것인지를 선택하는 것이다. 편리하게 바꾸는 것이 아니다. 결국, 환경 설정은 사용자가 입장에서 편리하게 선택하기 위한 것이다. 또한, 각 모듈별로 Option에서는 꼭 선택되어 사용하는 환경이어야 하는데, 하지 않으면 작업을 하지 못하는 경우가 있으므로 중요하다. 단, Option은 모두 설명하기에는 너무나 많기 때문에 주로 사용하는 것을 알아 두는 방향으로 배워 나가는 것이 바람직하다.

2.2 사용자 정의(Customize) 배우고 익히기(가능하면 PartDesign 모듈에서 실습할 것)

본 저서에서는 국내에서 가장 많이 보급되어 사용되고 있는 CATIA V5 Release 18을 기준으로 Options과 Customize를 설명하고 있다. 다른 Release의 경우에도 기본 Logic은 동일하므로 큰 차이없이 사용할 수 있을 것이다.

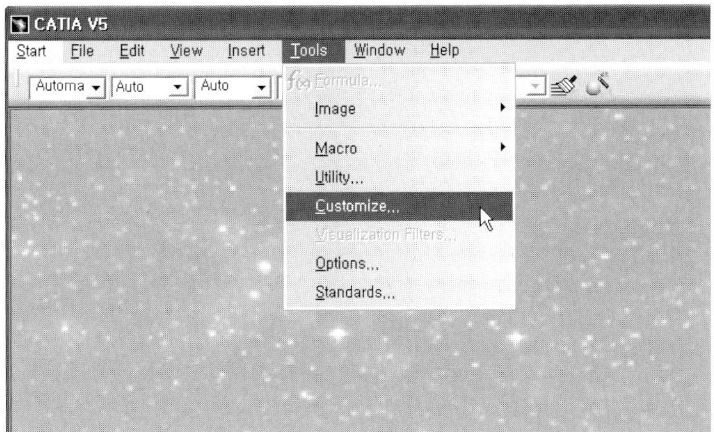

■ Start Menu 환경설정 방법

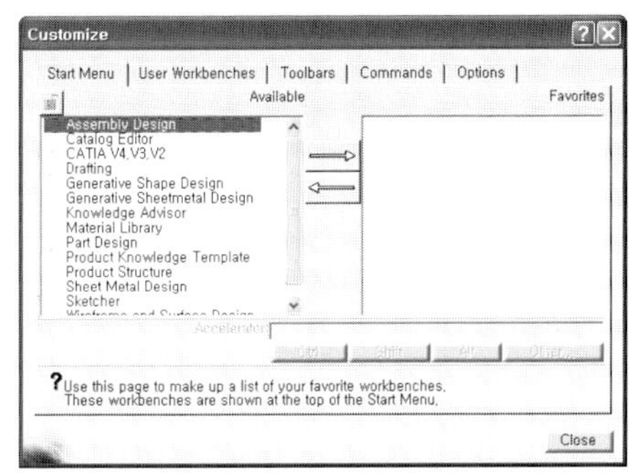 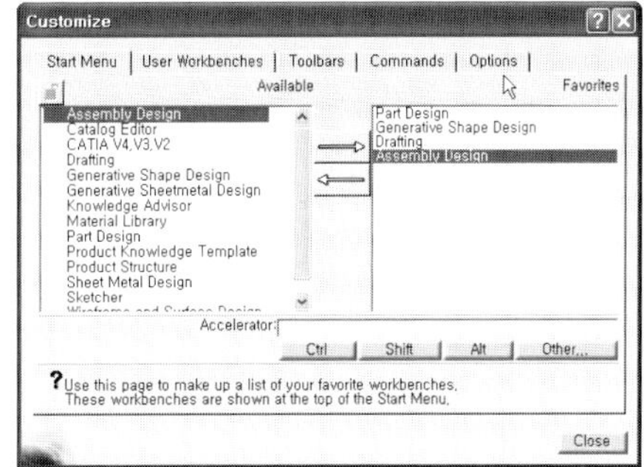

자주 사용하는 메뉴를 편리하게 사용할 수 있다.

■ Start Menu 적용 결과

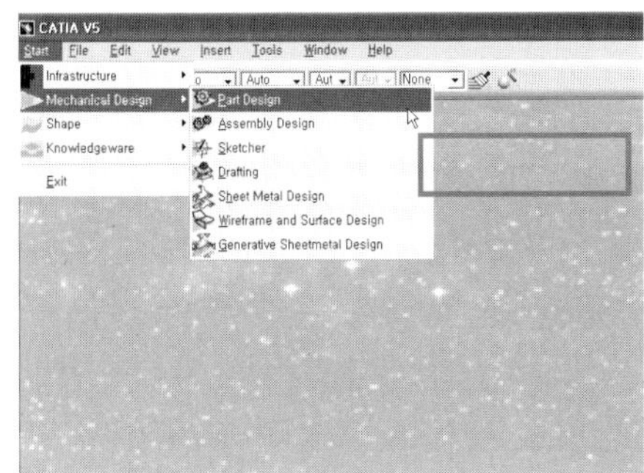 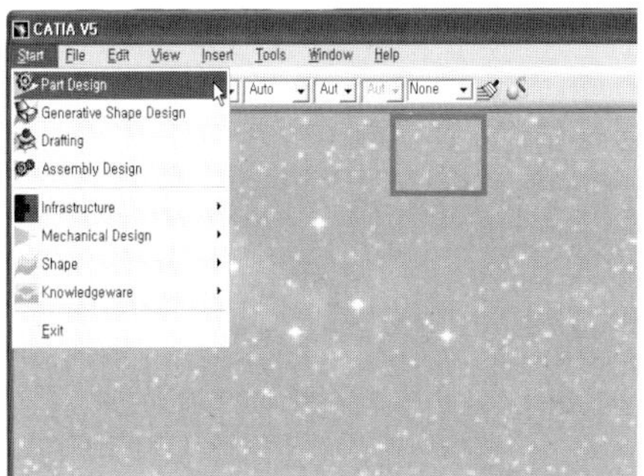

오른쪽 그림과 같이 시작 메뉴 환경이 바뀌었다. 서브 메뉴로 진입할 필요가 없어졌다.

■ Toolbars의 New(1)

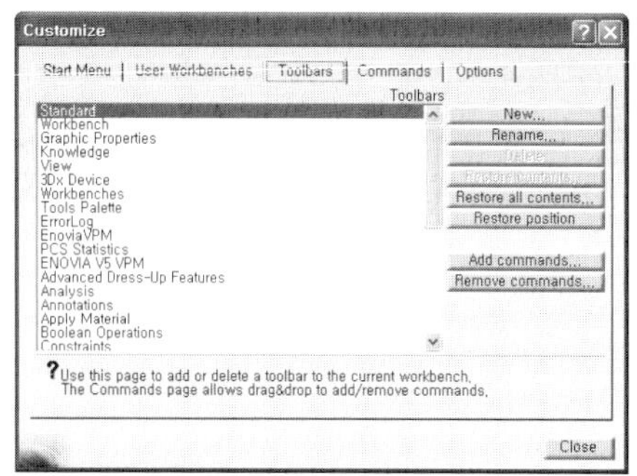 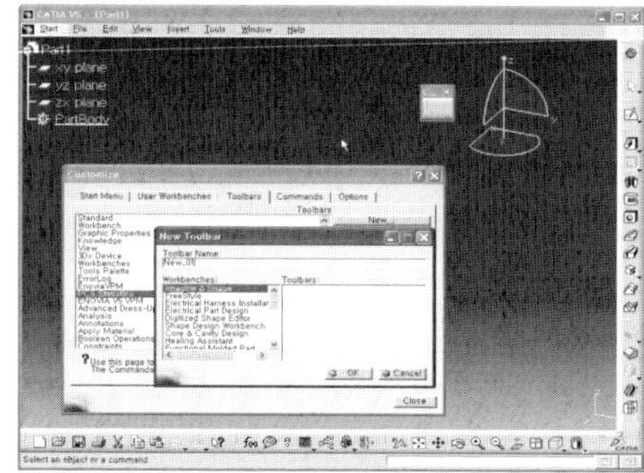

왼쪽 그림의 New를 클릭하면 오른쪽 그림처럼 New Toolbar 창이 나온다. Toolbar N을 임의로 정한다. (New_01)로 정한 경우이다. 그리고 Ok 클릭한다.

■ Toolbars의 New(계속)

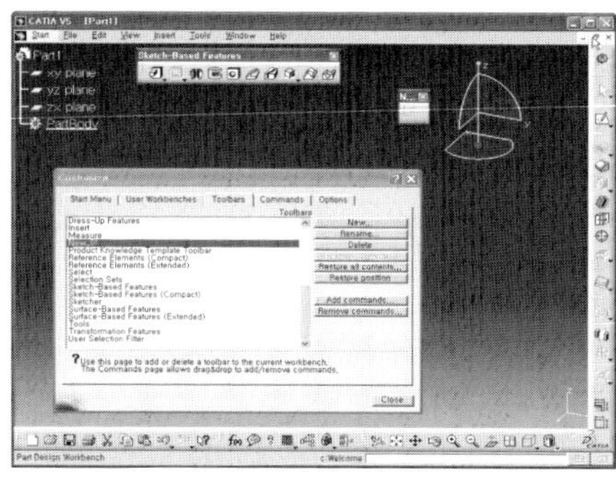 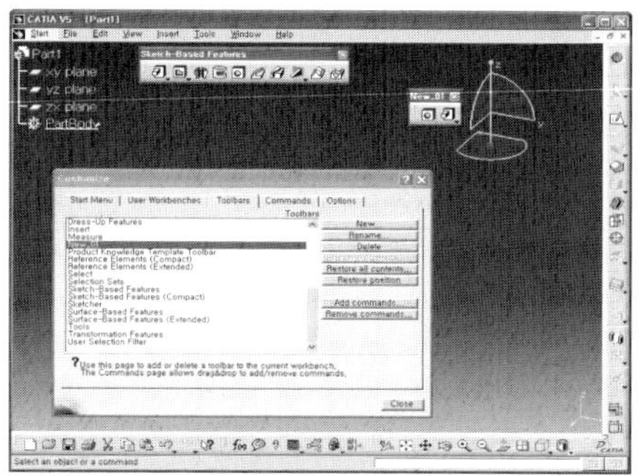

왼쪽 그림에서 New_01 메뉴에 나타나고 New_01 툴 바도 나타난다. 그리고 사용자가 바라는 새로운 아이콘을 넣어 만들려면 위의 Sketch Based Feature 툴 바 위의 원하는 아이콘을 클릭+ctrl한 후 New_01 툴 바로 드래그한다. 오른쪽 그림은 그 결과 만들어진 툴 바이다.

- Rename Toolbar

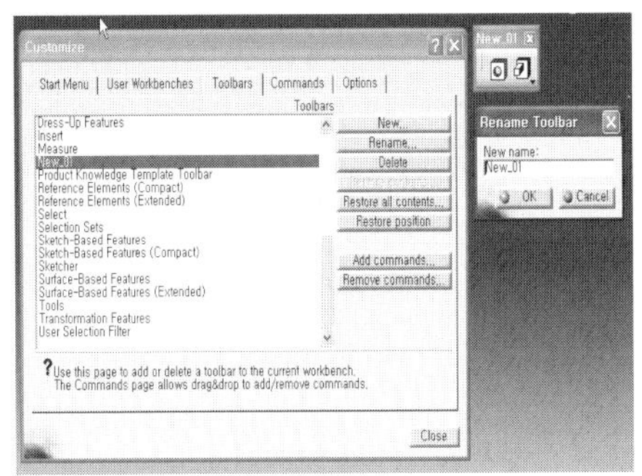 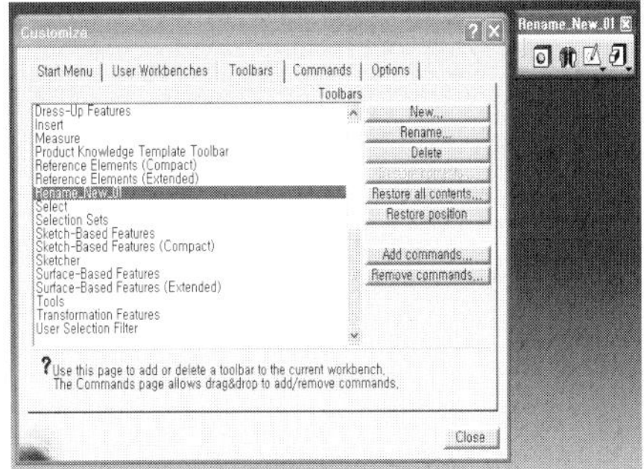

왼쪽 그림의 Rename 부분을 클릭하면 "Rename Toolbar"라는 창이 나타난다. 그곳에 새로운 이름인 "Rename_New_01"을 입력하고 OK하면, 오른쪽 그림과 같이 툴 바 이름이 새로이 바뀐다.

- Restore all contents

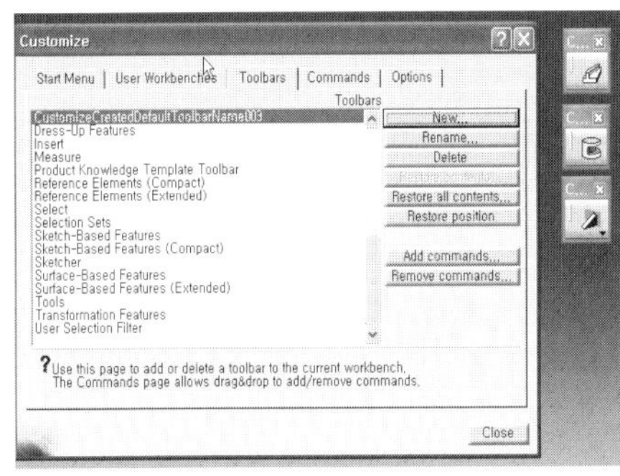 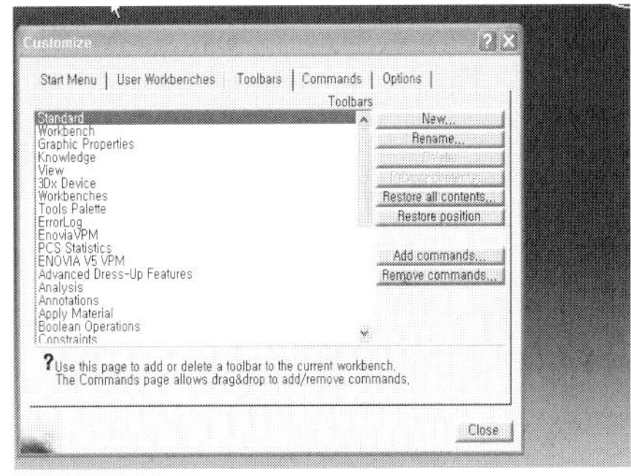

왼쪽 그림의 Restore all contents 부분을 클릭하면 "Restore contents of all toolbars?"라는 창이 나타난다. 확인하면 오른쪽 그림과 같이 오른쪽 위 모서리에 있던 만든 툴 바가 모두 삭제된다.

- Restore position

왼쪽 그림의 Restore position 부분을 클릭하면 "Restore position of all toolbars?"라는 창이 나타난다. 확인하면 모든 툴 바들의 위치와 툴 바들이 초기화로 원위치된다.

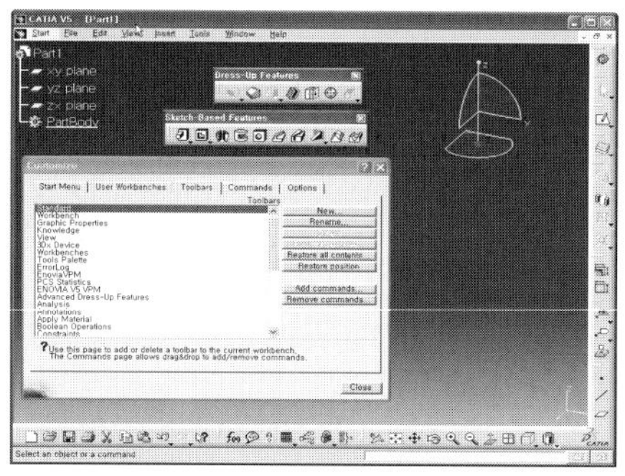 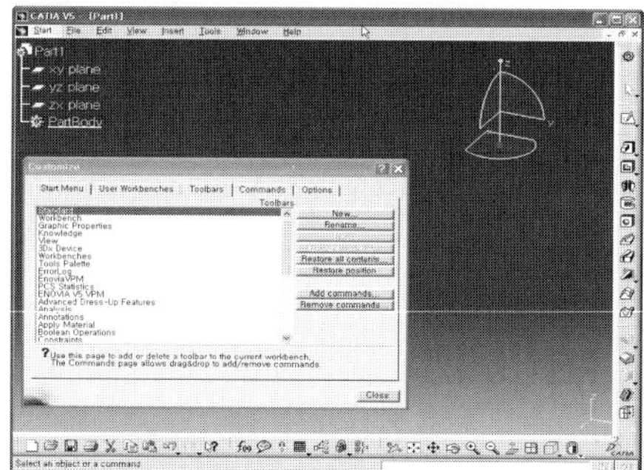

■ Commands와 단축키 설정하기(1)

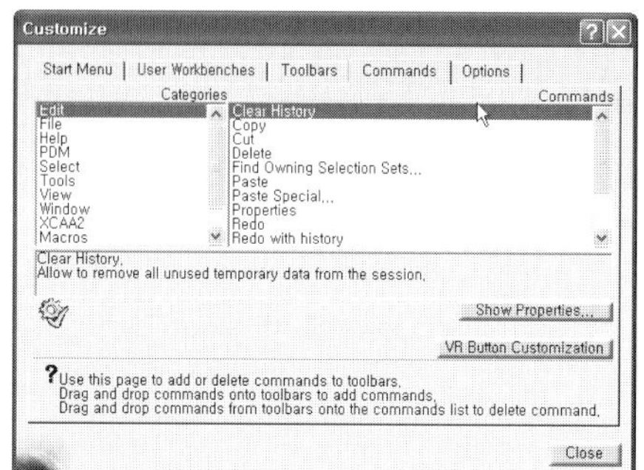 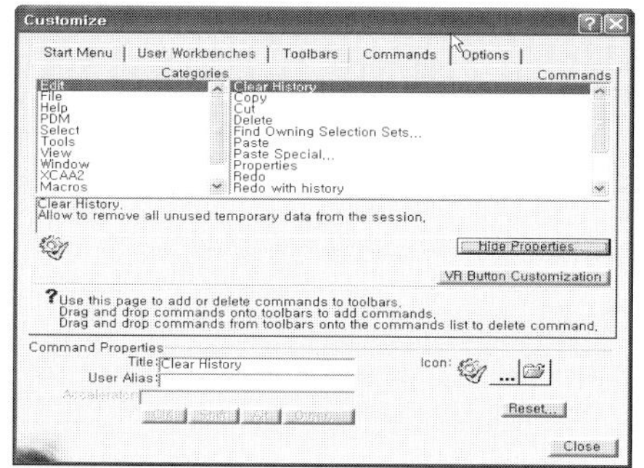

각 메뉴별로 서브 메뉴와 그 설명을 볼 수 있다. 왼쪽 그림의 "Show Properties"을 클릭하면 아이콘의 이름과 단축키를 설정할 수 있는 창이 하단에 나타난다. User Alias의 빈 란에 원하는 단축키를 입력한다.

■ Commands와 단축키 설정하기(2)

User Alias의 빈 란에 파일 Open의 단축키가 Ctrl+O로 설정되어 있다. 오른쪽 그림에서는 Ctrl+k를 입력하고 엔터를 한다. 그리고 close를 클릭한다. 그리고 단축키를 실행해 본다. Ctrl+k하면 파일을 여는 창이 나타날 것이다.(주의 : 단축키 입력하고 엔터키를 치더라도 아무런 변화가 나타나지 않지만 적용된 것임.)

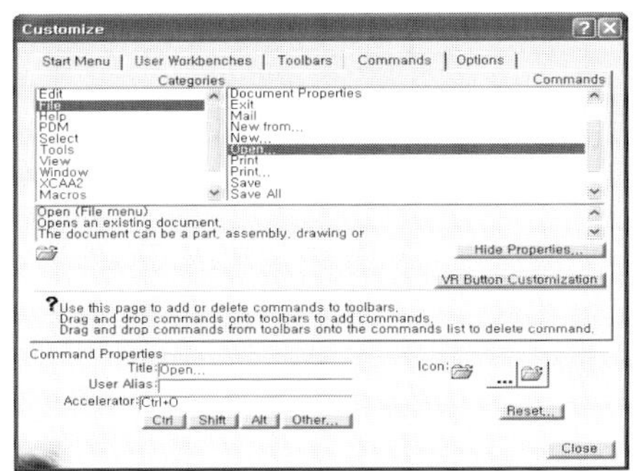 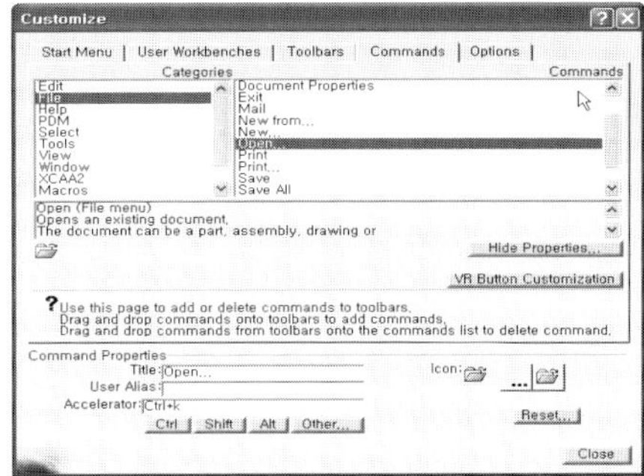

* Option

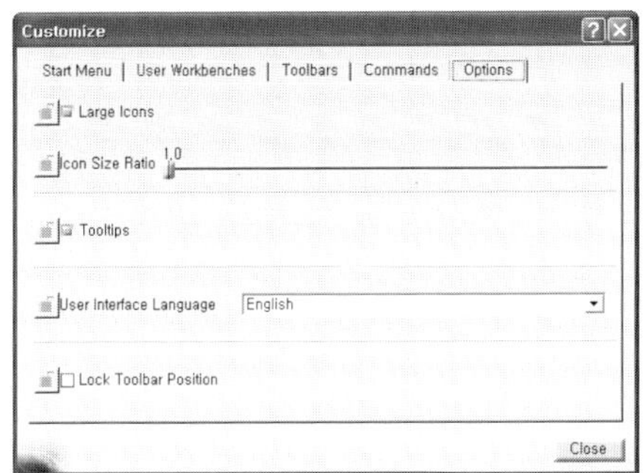 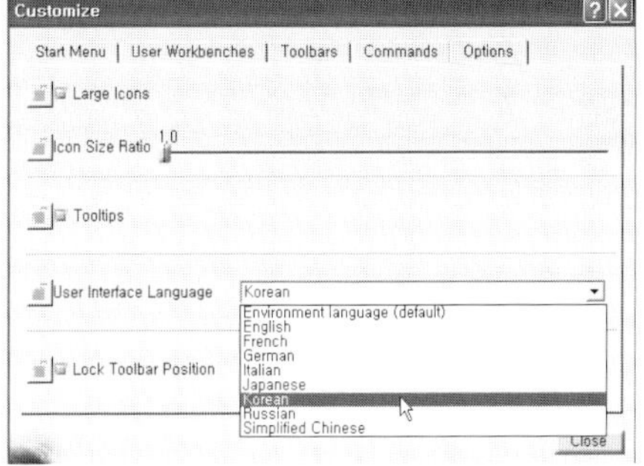

Large Icons은 아이콘을 크게 한다. Tooltips를 체크 해제하면 tip이 나타나지 않는다. 그리고 한글 윈도우에 CATIA를 처음 설치하면 한글로 CATIA가 실행된다. 그러면 customize에서 위의 오른쪽 그림처럼 User Interface Language에서 English로 바꾸면 영어로 바뀐다. 맨 아래의 Lock Toolbar Position을 체크하면 툴 바의 위치에 있는 툴 바들은 움직이지 않는다. 다만, 3차원 공간에 있는 툴 바는 움직인다.

3. 옵션(Option) 배우고 익히기 (Tools>Options)

3.1 옵션 들어가기(Tools>Options)

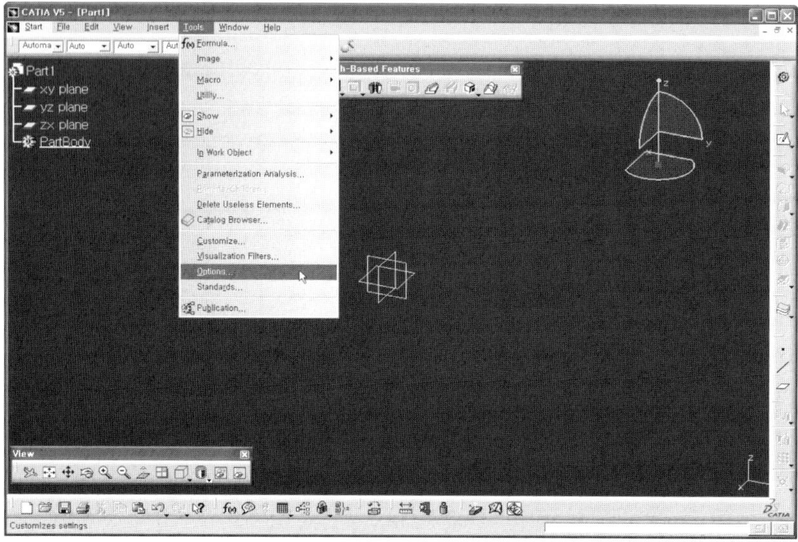

1) Options 초기 화면

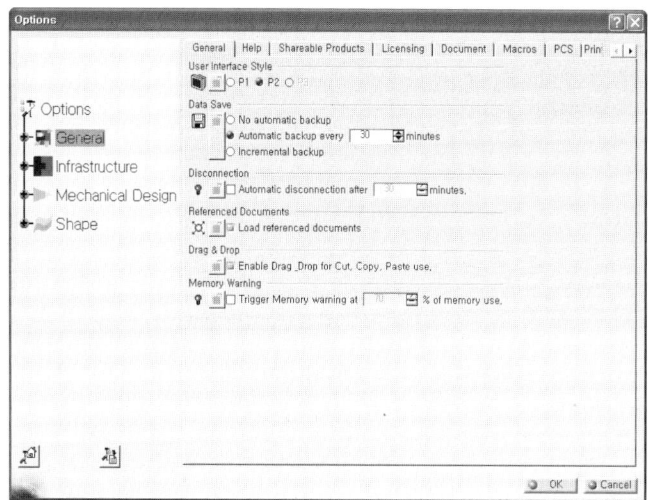

크게 Options는 General, Infrastructure, Mechanical Design, Shape 그리고 각
라이선스 모듈별로 더 나타날 수 있다. 만약에 해석 관련 라이선스가 있다면 관련 Analysis
관련 항목에 나타날 것이다. 위는 기본 모듈 구성 위주로 보여주고 있다. 상당히 많은 선택
사항들이 있기 때문에 필수 사항 위주의 설명이다.

2) 옵션의 각 구성별 기능

(1) General(각 모듈의 공통으로 적용되는 옵션 사항)

- Option〉General〉Data Save

  작업중인 데이터를 자동 저장하는 것에 대한
  것으로써, 맨 위 선택은 자동적으로 저장을
  하지 않는 것. 중간 선택은 30분마다 자동저
  장하는 것. 아래 선택은 작업추가분이 저장된
  다. 3가지 모두 갑자기 프로그램이 다운되면
  임시폴더로 저장된다.

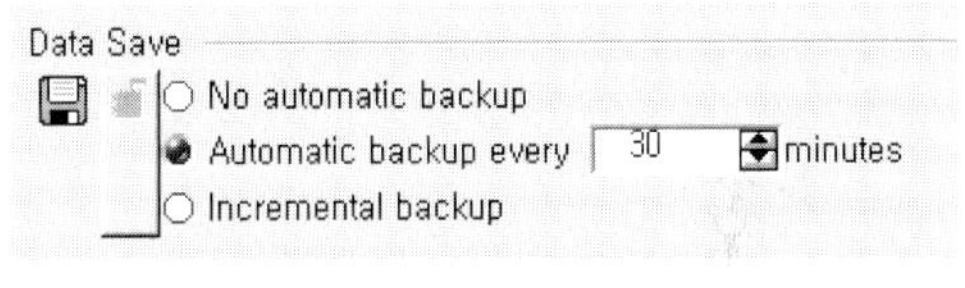

- Option〉General〉Disconnection

  체크를 하면 지정한 시간이 경과되면 자동적
  으로 접속이 끊어진다.

- Option〉General〉Referenced Docunents

  이 옵션이 선택되면 father 파일이 열리면
  child 파일이 load된다. 그러나 이 옵션이 선
  택되지 않으면 father 파일만이 열린다. 이것
  은 효율성을 고려하여야 할 때 사용한다. 이
  런 경우는 CATProduct 또는 CAT Drawing
  의 경우에 해당 CATPart 파일이 load되는
  것과 같다.

- Option〉General〉Drag & Drop

  체크를 하면 드래그로는 자르기, 복사, 붙여
  넣기 사용을 할 수 있지만, 해제하면 사용할
  수 없다. 다만, 기존의 마우스 버튼으로 복사,

붙여넣기 등은 당연히 할 수 있다.

- **■ Option>General>Memory Warning**

  이 옵션을 선택하면 지정된 메모리 사용 시점
  에 파일을 저장하라는 메시지와 함께 경고창
  이 나타난다.

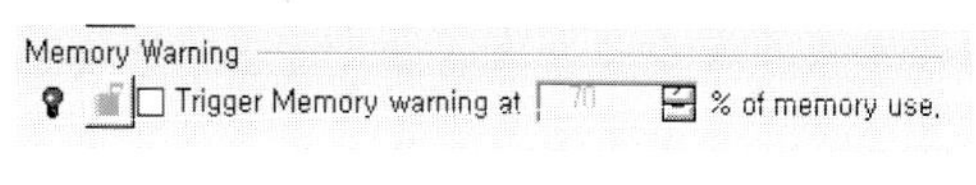

- **■ Option>General>Help**

  도움말인 온라인 문서가 저장될 위치로 경로
  를 정할 수 있고, 위치 경로가 지정된 경우에
  는 경로가 나타난다.

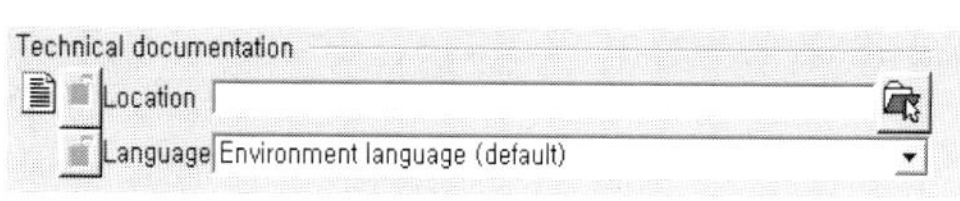

- **■ Option>General>Licensing**

  라이선스 관련 정보를 나타낸다. 서버로 라이
  선스 관리 여부도 나타낸다. 구성 모듈의 사
  용가능 라이선스는 체크되어 있고, 사용중은
  아니지만 승인된 라이선스도 나타나며 승인이
  되지 않은 라이선스는 비활성화된다.

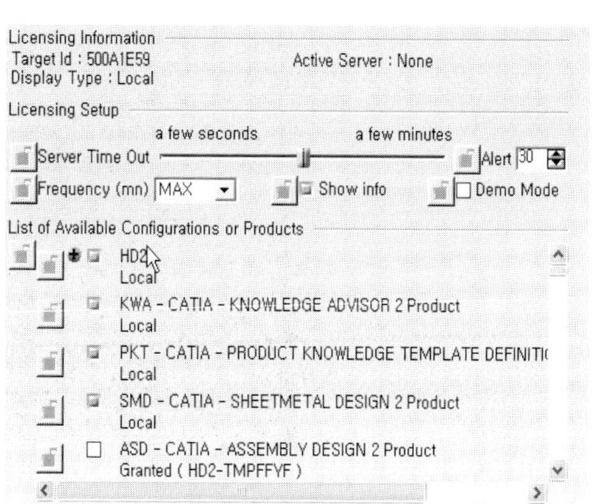

- **■ Option>General>Document**

  파일의 해당 구성 요소를 클릭하여 선택한 후
  사용 여부를 선택할 수 있다. Catalog도 선
  택하여 클릭하면 사용할 수 있는 상태가 된
  다.
  링크 파일에 대한 관리도 할 수 있다. 파일명
  에 대한 옵션도 정할 수 있다.

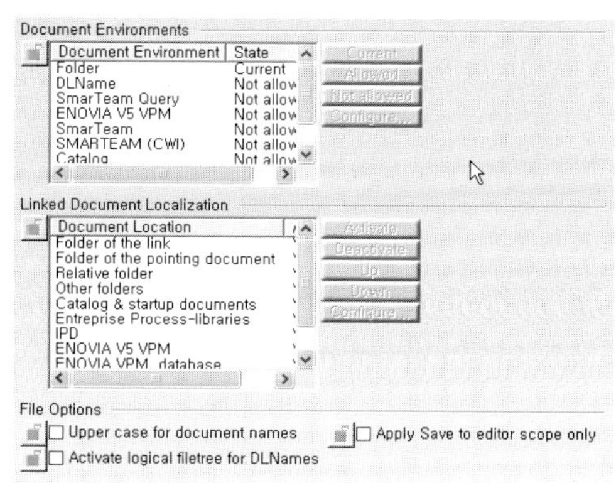

- Option>General>Macros
  매크로 편집 도구를 선택할 수 있다.
  외부 참조 파일을 불러올 수 있다. 매크로 라
  이브러리 파일도 불러올 수 있다.

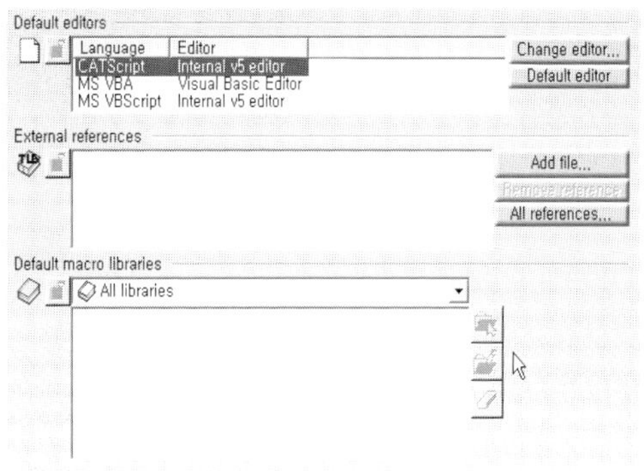

- Option>General>PCS
  실행 취소 횟수를 정할 수 있다. 위는 10번까
  지 취소를 할 수 있다. 최대 99개까지 가능하
  다.

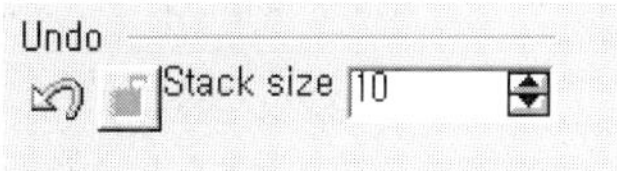

- Option>General>Display
  >Tree Appearance>Tree Appearance
  위의 체크는 디폴트로 사용하는 Classical
  Windows Style의 Tree 구성 형태를 나타낸
  다.

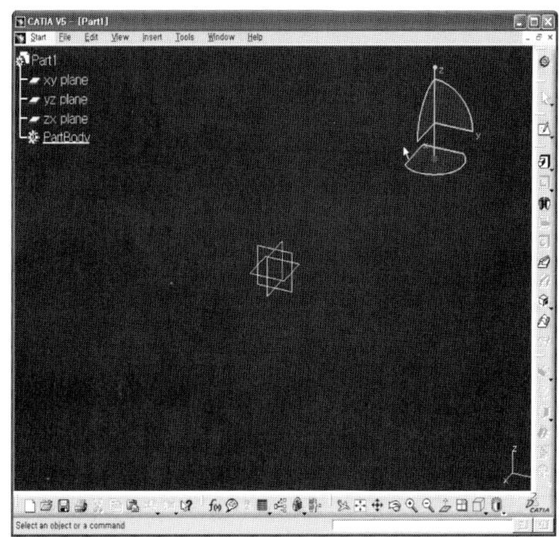

- Option〉General〉Display
  〉Tree Appearance〉Tree Appearance
  위의 체크는 디폴트로 사용하는 Constructive
  Historic의 Tree 구성 형태를 나타낸다.

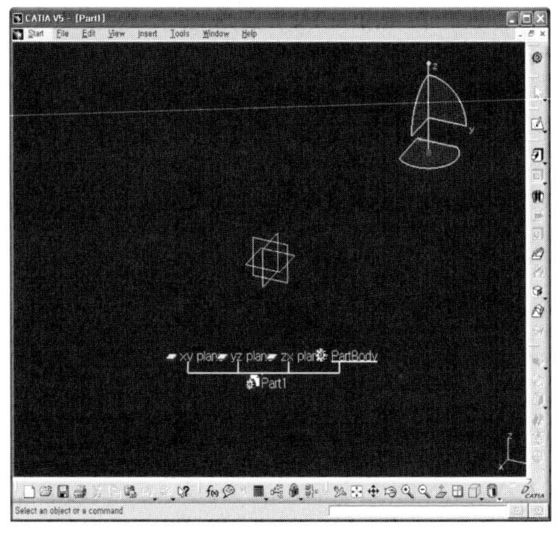

- Option〉General〉Display
  〉Tree Appearance〉Tree Appearance
  위의 체크는 디폴트로 사용하는 Structure의
  Tree 구성 형태를 나타낸다.

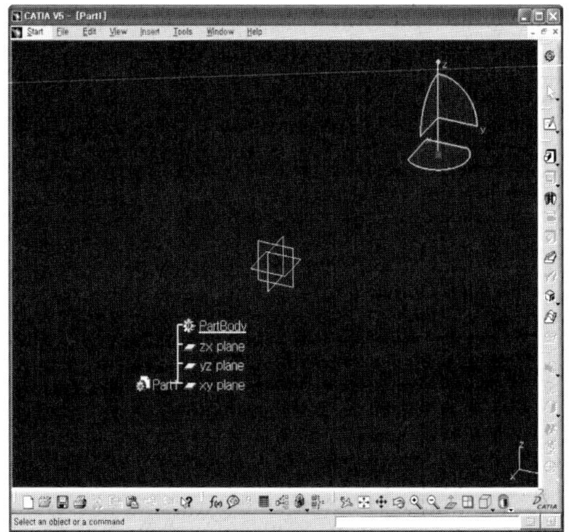

■ Option〉General〉Display
　〉Tree Appearance〉Tree Appearance
위의 체크는 디폴트로 사용하는 Relational의
Tree 구성 형태를 나타낸다.

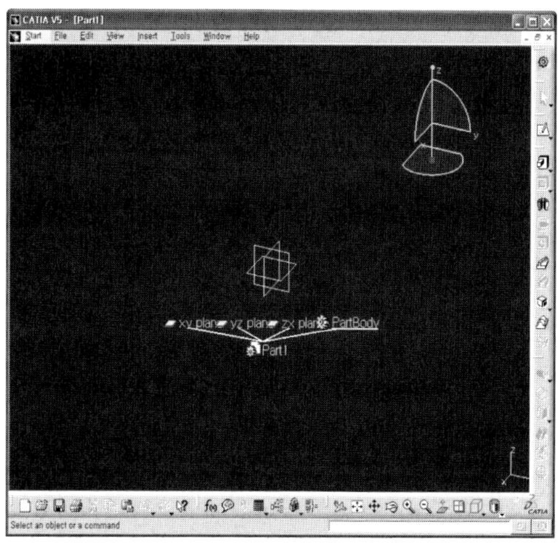

■ Option〉General〉Display
　〉Tree Appearance〉Tree Item Size
Tree의 텍스트 문자수를 제한할 수 있다. 위
의 상태는 제한하지 않은 디폴트이다.

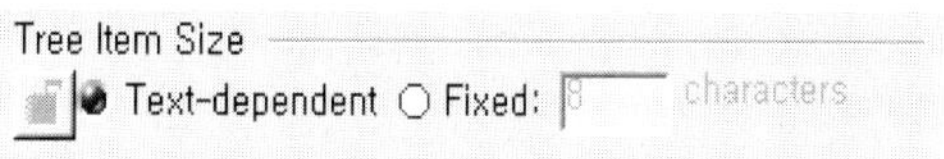

■ Option〉General〉Display
　〉Tree Appearance
　〉Tree Show/NoShow
위의 체크는 View툴 바( )
의 Hide/Show 모드를 사용하고 안 하고 차
이이다.

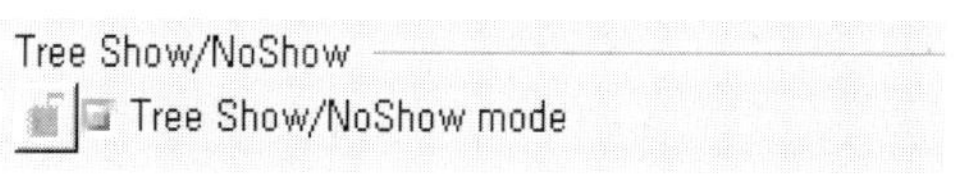

■ Option〉General〉Display〉Performance
　〉3D Accuracy
구성의 비율이 Fixed 최소값은 0.01이다. 최
소값에 가까울수록 원이 더 정확한 원이 된다
(3차원 공간에서의 정확도 구성비).
CGR 파일 생성시 영향을 미친다.

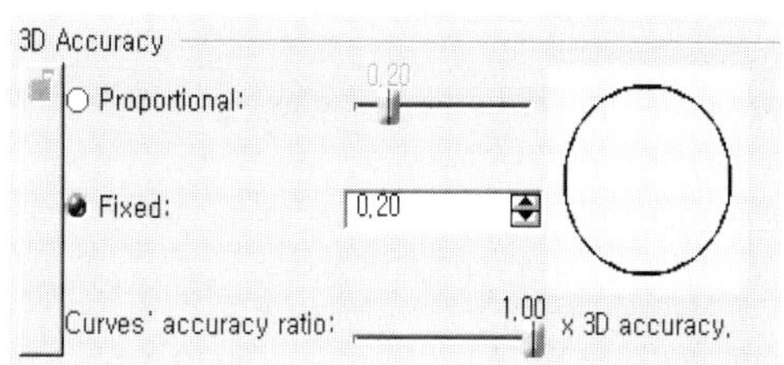

- Option〉General〉Display
  〉Tree Appearance〉2D Accuracy

  구성의 비율이 Fixed 최소값은 0.01이다. 최
  소값에 가까울수록 원이 더 정확한 원이 된
  다.(2차원 공간에서의 정확도 구성비, 스케치
  에서 원을 그리고 비교하면 확인할 수 있다.)

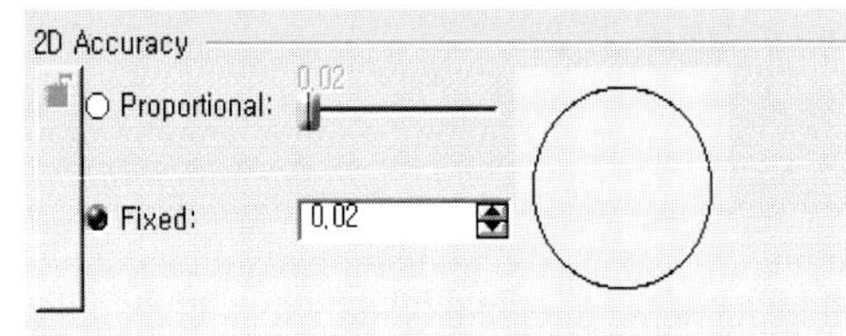

- Option〉General〉Display〉Visualization
  〉Color

  공간 배경 색이나 선택하는 경우, Edge 등
  각 구성 요소들의 색상을 바꿀 수 있다. 그러
  나 default 색상이 있기 때문에 가능하면 바
  꾸지 않는다. 예를 들면, Error의 경우 빨간색
  인데 다른 부분을 빨간색으로 하면 혼란을 줄
  수 있다.

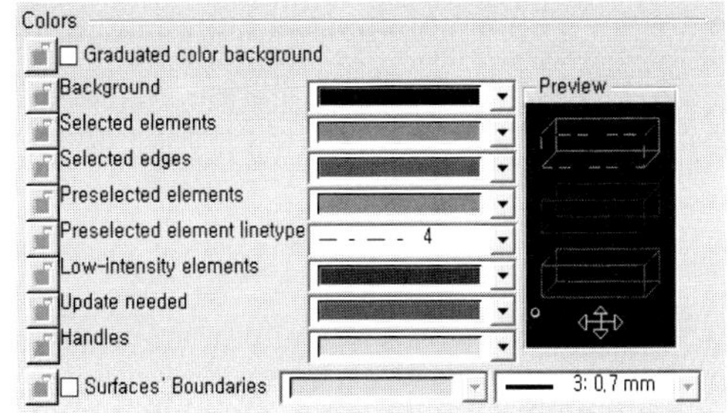

- Option〉General〉Display〉Visualization
  〉Color(계속)

  위의 Color를 체크하지 않으면 공간이 하나
  의 단색으로 나타낼 수 있다. 체크하면 색상
  의 변화가 있는 색상으로 나타난다. 화면을
  캡처할 경우에는 체크를 해제하는 것이 좋다.

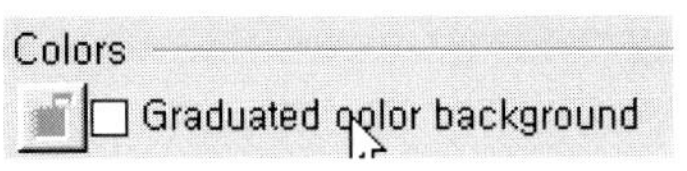

  ※ Options〉General〉Compatibility 부분은
    V4 데이터나 다른 데이터와의 작업 영역
    이다.

- Option〉General

  〉Parameters and Measure〉Knowledge

  〉Parameter Tree View

  Parameter Tree에 valued와 formula를 같
  이 표현할지 여부를 결정한다.

- Option〉General

  〉Parameters and Measure〉Knowledge

  〉Parameter Names

  비라틴계열 문자(한글도 해당)의 양 끝에
  'symbol' 표시하며 formula에서 인식 여부를
  결정한다.

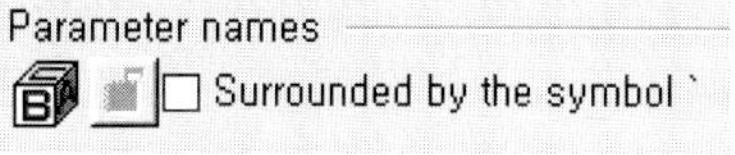

- Option〉General

  〉Parameters and Measure〉Units

  각 크기에 대한 단위를 설정한다. 위의 경우
  에는 길이는 단위가 밀리미터이다.
  단위를 변경하는 경우에는 아래의 서브메뉴를
  클릭하여 선택하면 된다.

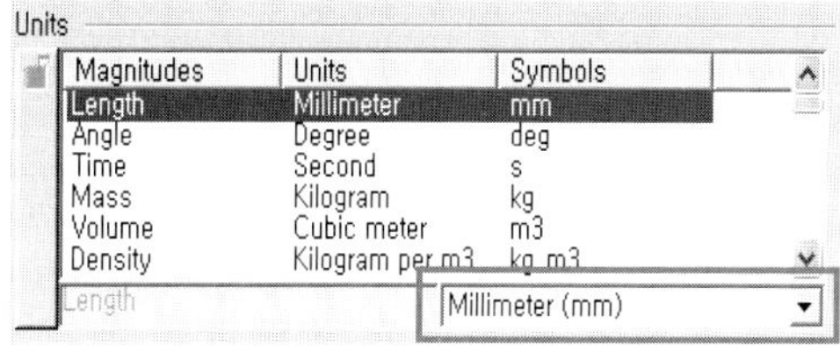

- Option〉General

  〉Parameters and Measure

  〉Dimensions display

  상당히 크거나 작은 숫자를 어떤 방식으로 표
  현할지를 설정.(1.06e+001mm)
  그림의 아래 '3' 부분은 소수점 몇 자리까지
  표현할지를 설정한다. 3이면 10.0000이다.

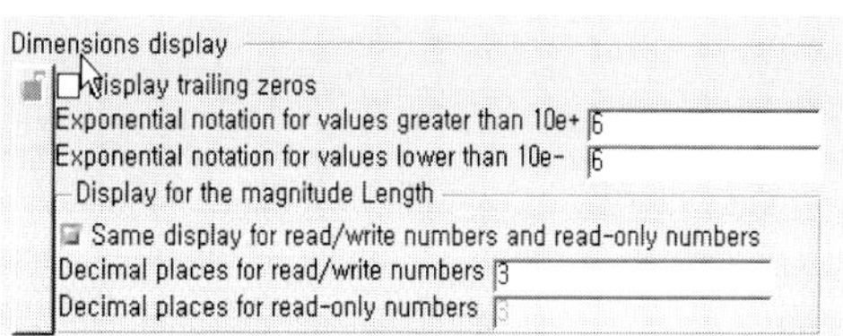

- Option>General
  >Parameters and Measure
  >Constraints and Dimensions
  스케치 구속을 할 때 색상에 대한 구분을 한
  다.

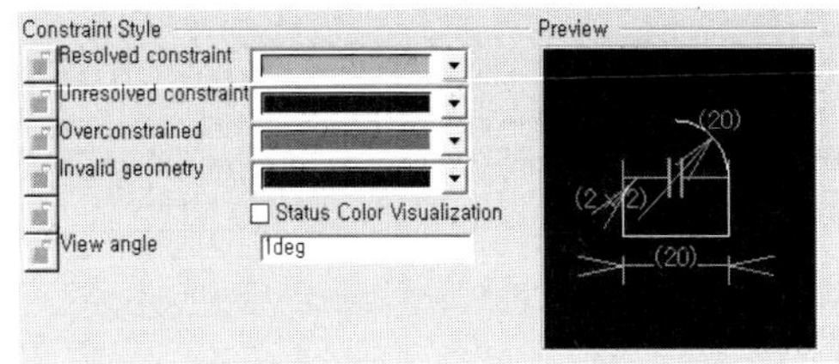

- Option>General
  >Parameters and Measure
  >Constraints Display
  구속을 하는 경우에 나타내는 방법을 선택
  값만 나타내는 경우, 값과 이름 등등.

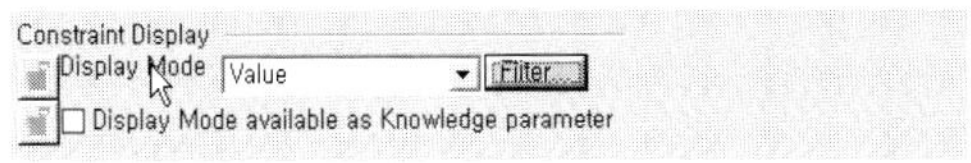

- Option>Infrastructure
  >Product Structure
  >Cache Management>Cache Activation
  CGR 파일의 사용 여부를 결정한다. 체크한
  경우에는 re-start해야 한다.

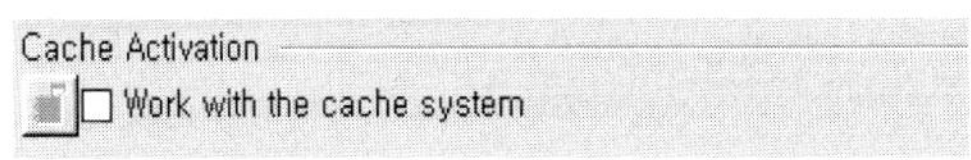

- Option>Infrastructure
  >Product Structure
  >Cache Management>Cache Location
  Cache Activation을 체크해야 활성화된다.
  CRG 저장경로를 설정한다.

- Option⟩Infrastructure

  ⟩Product Structure

  ⟩Cache Management⟩Cache Size

생성되어질 CGR 파일들의 최대 크기 설정

- Option⟩Infrastructure

  ⟩Product Structure

  ⟩Cache Management⟩Cache Location

Exact 파일이 갱신되면 이에 따라 CGR 재생
성 여부를 결정한다.

- Option⟩Infrastructure

  ⟩Product Structure

  ⟩Cgr Management⟩General

맨 위 체크 : 생성된 Cgr 파일들에 세부 레벨
들이 더해진다.

중간 체크 : 선형적인 요소들이 더해진다.

(lines, edges, axis systems, planes,
wire-edges)

맨 아래 체크 : 각 Cgr 파일들의 subset만이
load되기 때문에 메모리 소비가 줄고, loa-
ding 수행 속도가 향상된다.

- Option⟩Infrastructure

  ⟩Product Structure

  ⟩Cgr Management⟩Applicative Data

첫번째 체크 : 생성되는 Cgr에 밀도가 높아
지게 된다. 그리고 이것은 DMU Navigator
라이선스가 있어야 한다.

나머지는 v4 관련 사항임.

■ Option〉Infrastructure
　〉Product Structure
　〉Nodes Customization

Tree의 Node의 표현방식 결정. Default PartNumber와 (Instance Name)으로 표현한다.

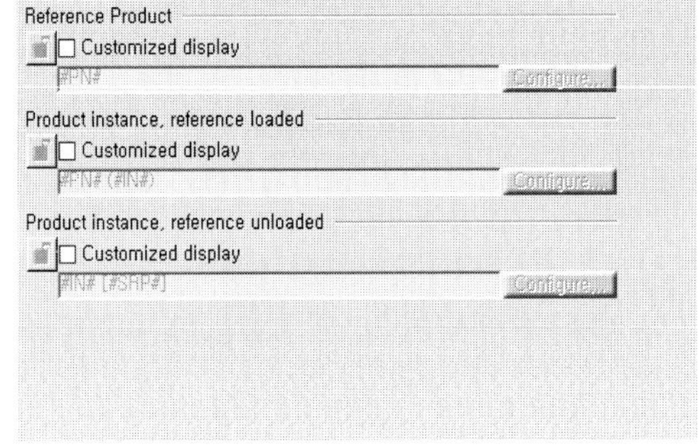

■ Option〉Infrastructure
　〉Product Structure〉Tree Customization

Tree의 순서를 위의 구성요소로 정할 수 있다. 활성화 여부를 정할 수도 있다.

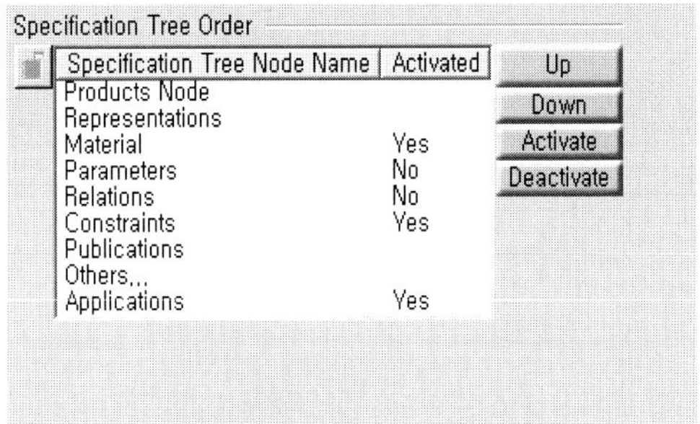

■ Option〉Infrastructure
　〉Part Infrastructure〉General

1) 외부에서 복사하여 붙여넣기한 element와 External Reference 간에 Link 여부를 결정
2) External reference를 생성하면 항상 Show로 설정할지 여부 설정
3) 붙여넣기할 때, 재확인 여부 결정

■ Option>Infrastructure
　>Part Infrastructure>General(계속)

1) Check할 경우 Minimal context 대신 Root context를 사용하는 것이 가능하다.
2) Publication된 요소만 사용 가능하도록 설정
3) Face, edge, axis, vertex, extremity 가능 여부 결정

■ Option>Infrastructure
　>Part Infrastructure>Display
　>Display In Specification Tree

Specification Tree상에 표현하고자 하는 요소를 선택 Default에서 Parameters와 Relation을 선택하도록 한다.

■ Option>Infrastructure
　>Part Infrastructure>Display
　>Display In Geometry Area

Geometry 영역에서 보여줄 요소를 선택한다.

■ Option>Infrastructure
　>Part Infrastructure>Part Document
　>When Creating Part

새로운 파일을 열 때 축을 만들 것인지 Geometrical set을 만들 것인지, New Part 창을 나타나게 할 것인지 선택할 수 있다.

- Option〉Infrastructure
  〉Part Infrastructure〉Part Document
  〉Hybrid Design

  Wireframe과 Surface 요소를 body와 Geometry 어디에 둘 것인지를 선택할 수 있다.

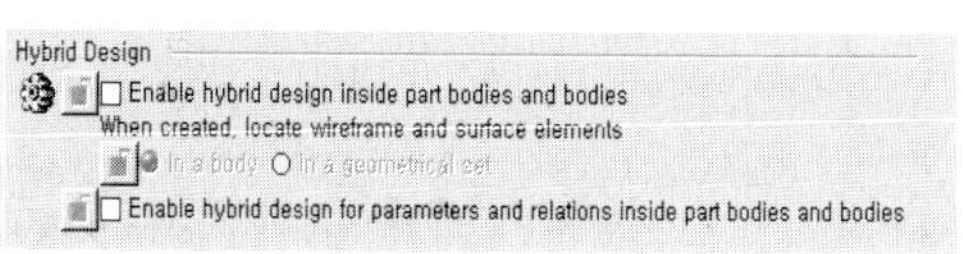

- Option〉Mechanical Design〉General
  〉Update / Update propagation depth

  Assembly Constraints 부여시 Update 자동/수동 결정. Active level은 현재 활성화된 component의 하위만 Update하며, All the levels는 전체를 Update시킨다.

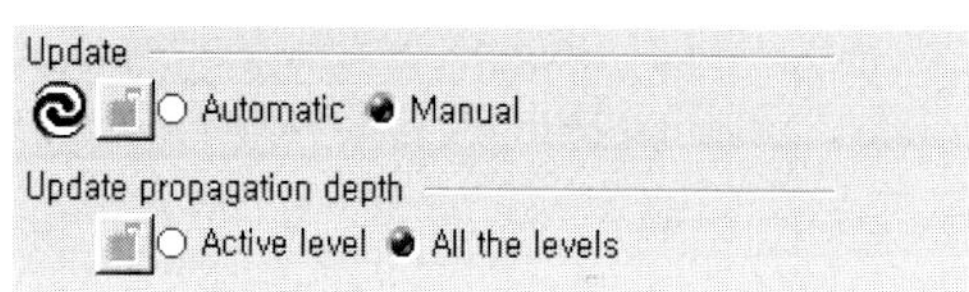

- Option〉Mechanical Design〉General
  〉Constraints〉Paste components

  Component들을 다른 곳으로 이동하고자 할 때 Assembly constraints를 어떻게 할 것인지 결정한다.

  1) Assembly constraints가 없이 붙여넣기 한다.
  2) 복사할 때만 붙여넣는다.
  3) 잘라내기할 때만 붙여넣는다.
  4) 무조건 붙여넣는다.

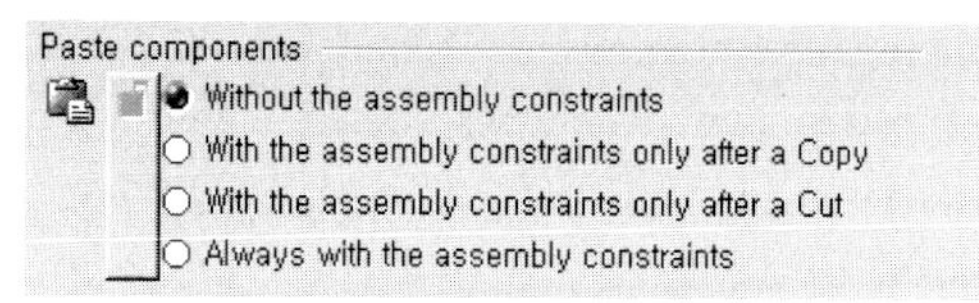

- Option〉Mechanical Design〉General
  〉Constraints〉constraints creation

  Assembly 생성시

  1) 아무 geometry를 모두 사용한다.
  2) 하위의 Publish된 Element를 사용한다.
  3) 어떠한 Level에서든 Publish된 Element를 사용한다.

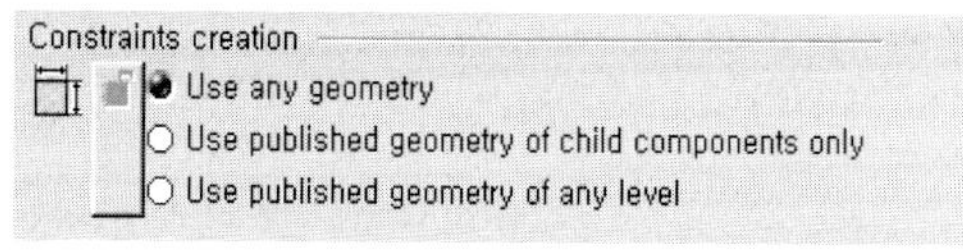

■ Option〉Mechanical Design〉General
　〉Constraints〉Paste components

Quick Constraint 생성시 우선 순위 결정

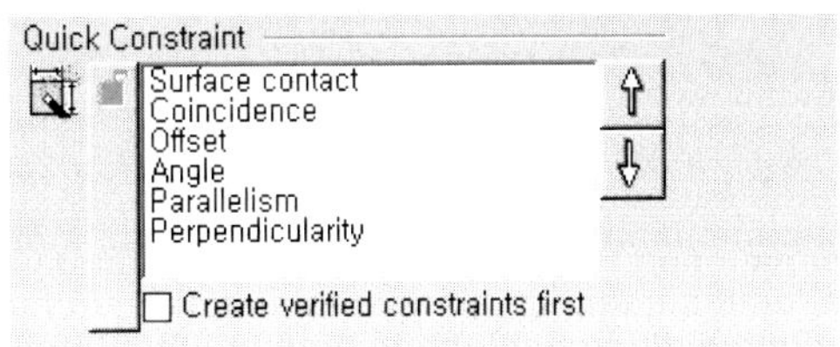

■ Option〉Mechanical Design〉Sketcher
　〉Grid

- Grid Display 설정
- Point를 Grid에 Snap시킬지 결정
- 수평 수직 방향의 격자 다르게 생성 여부
  선택

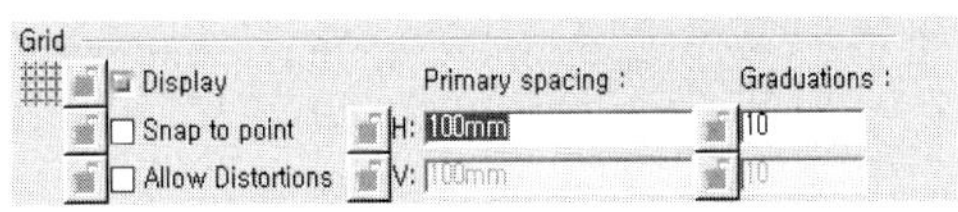

■ Option〉Mechanical Design〉Sketcher
　〉Sketch Plane

- 스케치 면의 Shade 여부 선택
- 화면에 평행하게 스케치 면을 위치시킴.
- cursor 축의 보이기 선택

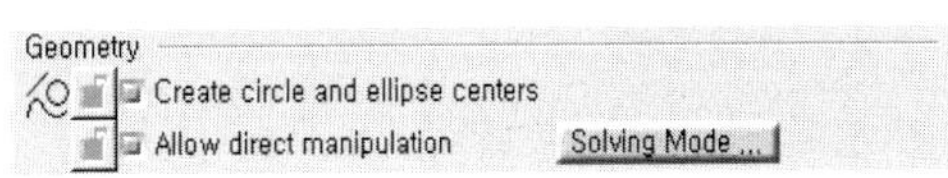

■ Option〉Mechanical Design〉Sketcher
　〉Geometry

- Circle과 Ellipse의 중심 생성
- Geometry의 조작 허용
  (solving mode에서 mode 선택)

■ Option〉Mechanical Design〉Sketcher
　〉Constraints

Sketch constraint 생성 여부 결정

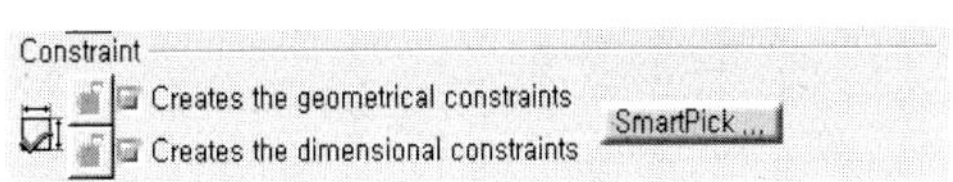

- Option〉Mechanical Design〉Drafting
  〉General〉Ruler, Grid
  - 눈금자 표시 여부 선택하기
  - Grid 설정하기

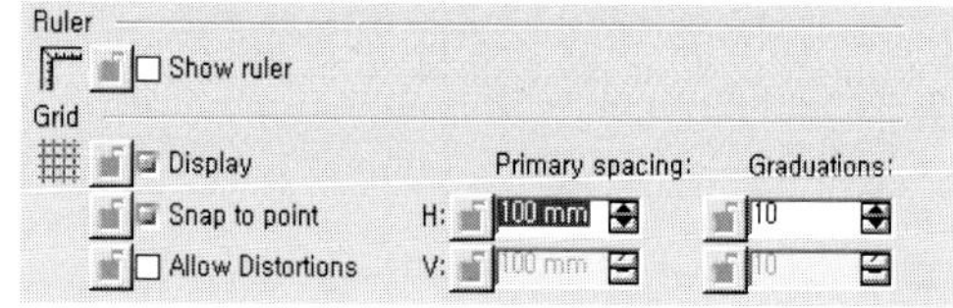

- Option〉Mechanical Design〉Drafting
  〉General〉Colors
  Sheet와 detail sheet의 배경색에 대한 선택
  하기

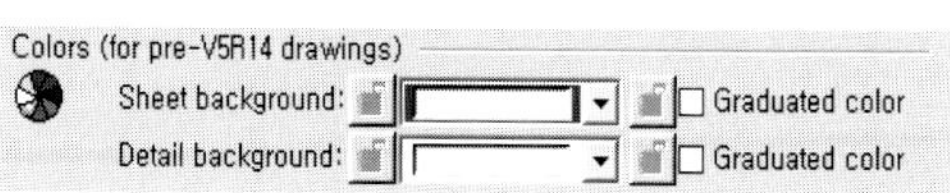

- Option〉Mechanical Design〉Drafting
  〉General〉Tree, View axis
  Parameters와 relations를 Tree에 보이게
  하는 선택
  View axis를 현재 뷰에 보이기 선택과 줌

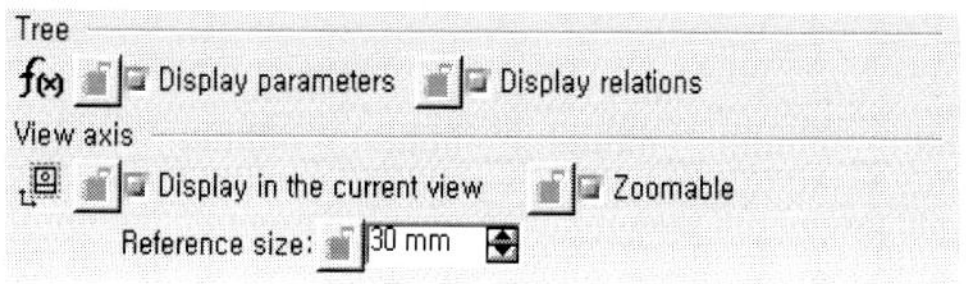

- Option〉Mechanical Design〉Drafting
  〉General〉Start Workbench, Paper Unit
  Workbench를 시작할 때 새로운 대화창을
  보이기 선택
  단위 설정하기

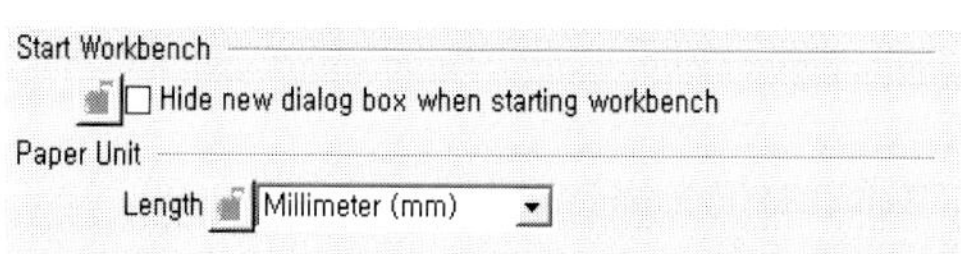

- Option〉Mechanical Design〉Drafting
  〉General〉Tree, View axis
  Parameters와 relations를 Tree에 보이게
  하는 선택
  View axis를 현재 뷰에 보이기 선택과 줌

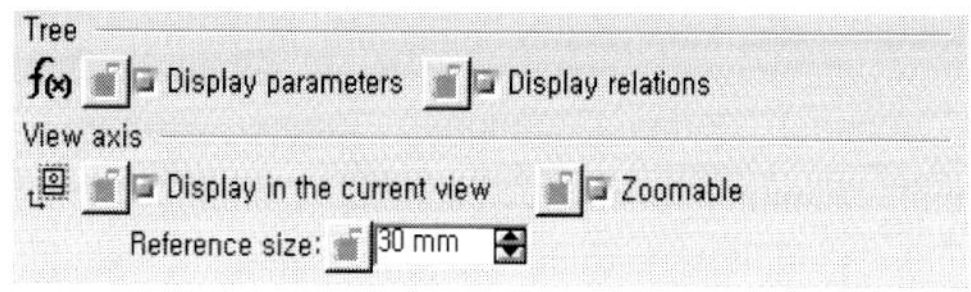

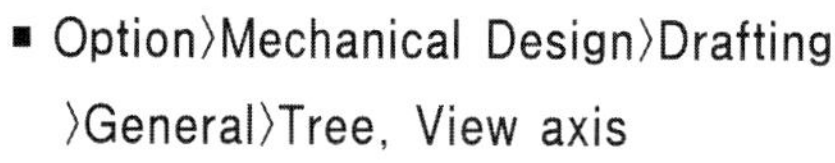

- Option〉Mechanical Design〉Drafting
  〉General〉Start Workbench, Paper Unit

  Workbench를 시작할 때 새로운 대화창을
  보이기 선택
  단위 설정하기

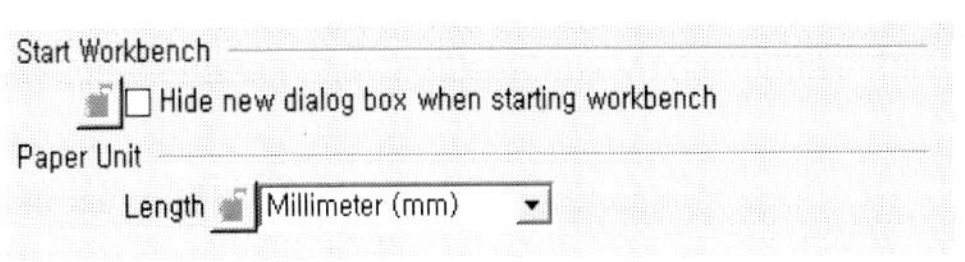

- Option〉Mechanical Design〉Drafting
  〉Layout〉View Creation

  View name : 선택하면 view 생성시 자동으
  로 view name이 정해진다.
  Scaling factor : 자동으로 view의 척도가 생
  성된다.
  View frame : View Frame 생성 여부를 선
  택한다.
  Propagation of broken and breakout
  specifications
  Auxiliary and section views orientation
  according to profile : auxiliary, section
  view를 Profile 방향대로 생성하고자 할 때
  선택

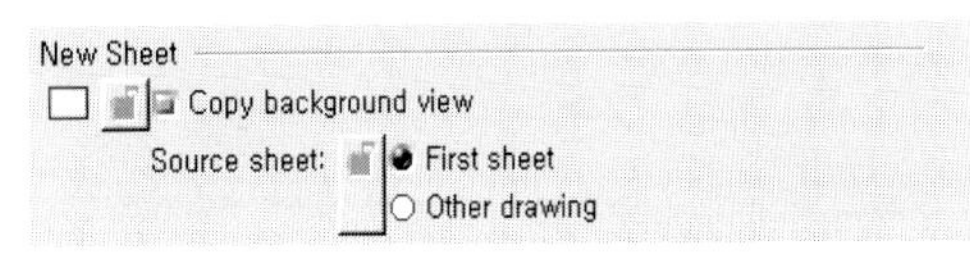

- Option〉Mechanical Design〉Drafting
  〉Layout〉New Sheet

  새로 만들어지는 sheet에 background를 복
  사하려고 할 경우 선택

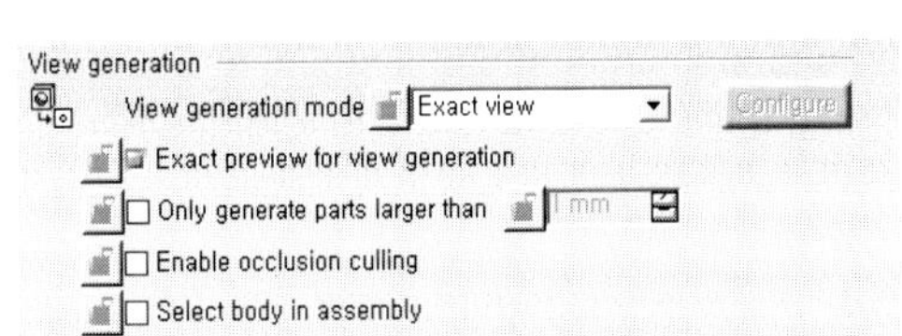

- Option〉Mechanical Design〉Drafting
  〉View〉View generation

  View 생성 방법 설정
  Exact view : Design mode로부터 view 생
  성

CGR : CGR mode로부터 view 생성
Raster : Vector Image로부터 view 생성

■ Option〉Mechanical Design〉Drafting
  〉Generation〉Dimension generation
3D constraint에 관련된 내용을 Dimension
화할 때 필요한 기능 정의

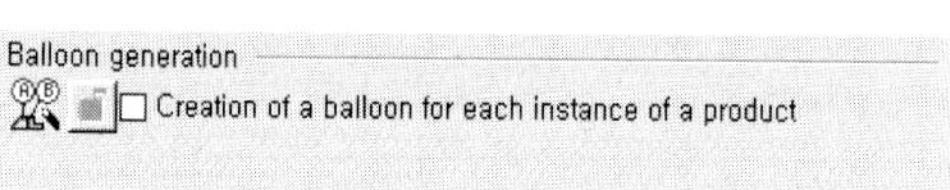

■ Option〉Mechanical Design〉Drafting
  〉Generation〉Balloon generation
Assembly되어 있는 데이터를 Balloon작업
하여 그것을 도면화할 때 필요한 option

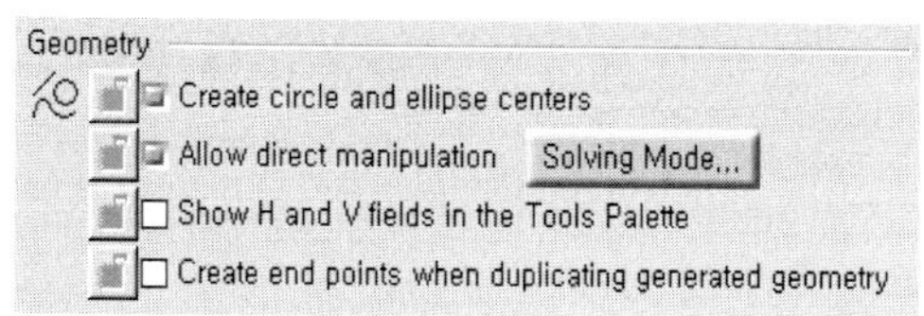

■ Option〉Mechanical Design〉Drafting
  〉Geometry〉Geometry
Geometry 생성과 관련된 Option 설정

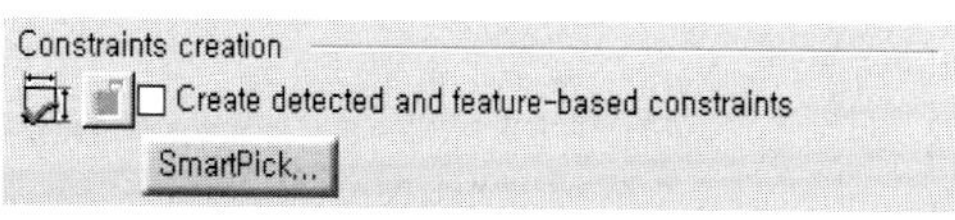

■ Option〉Mechanical Design〉Drafting
  〉Geometry〉Constraints creation
구속 자동감지 생성 여부 설정

■ Option〉Mechanical Design〉Drafting
〉Geometry〉Constraints Display
구속 표시 여부 설정

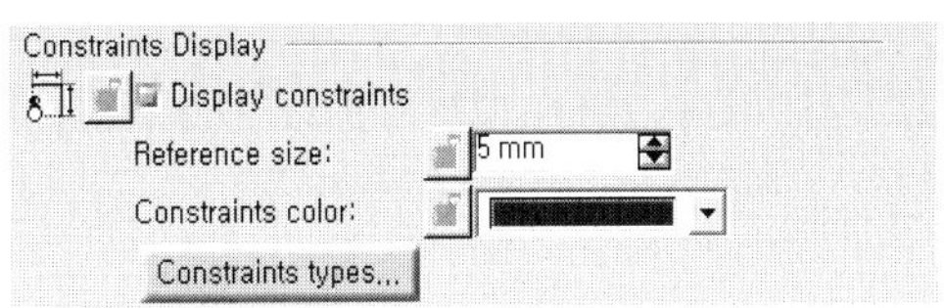

■ Option〉Mechanical Design〉Drafting
〉Geometry〉Colors
구속 Type별 색상 설정

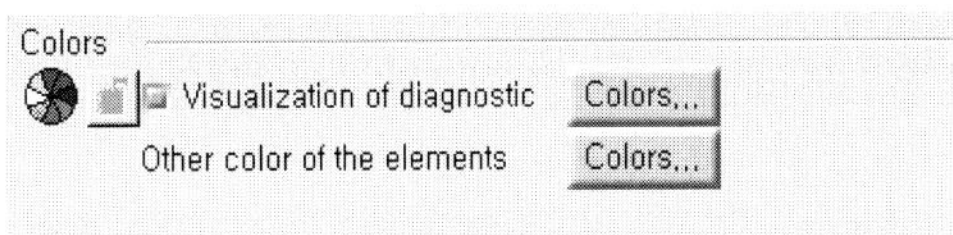

■ Option〉Mechanical Design〉Drafting
〉Dimension〉Dimension Creation
치수가 cursor를 따라 움직일지 여부 선택
치수선과 geometry 간의 일정한 Offset값
설정
Non-associative dimension(3D상에만 표
현되고 2D상에는 표현되지 않는 요소) 생성
방법 선택

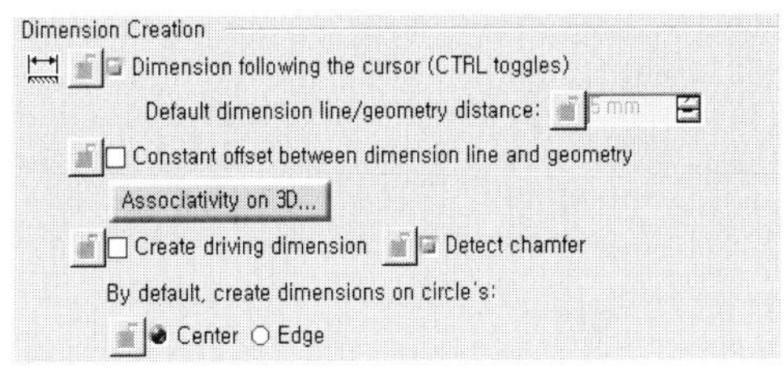

■ Option〉Mechanical Design〉Drafting
〉Dimension〉Move
Snapping 활성화할지 선택한다.(Shift키 누
른 효과)
Dimension 하위 파트(text, line 등…)만
이동시키고자 할 경우 선택

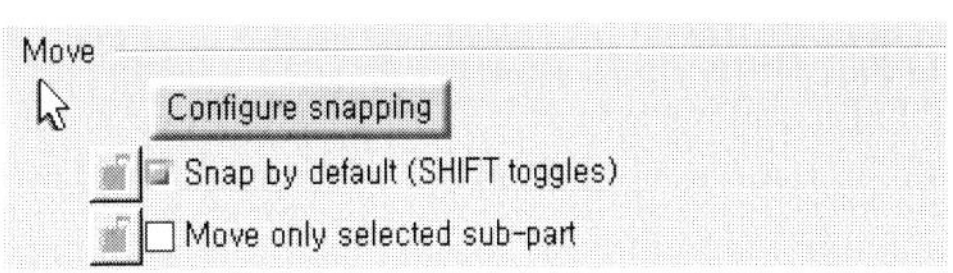

- Option>Mechanical Design>Drafting
  >Dimension>Line-Up

  Dimension 간의 정렬 관련 설정

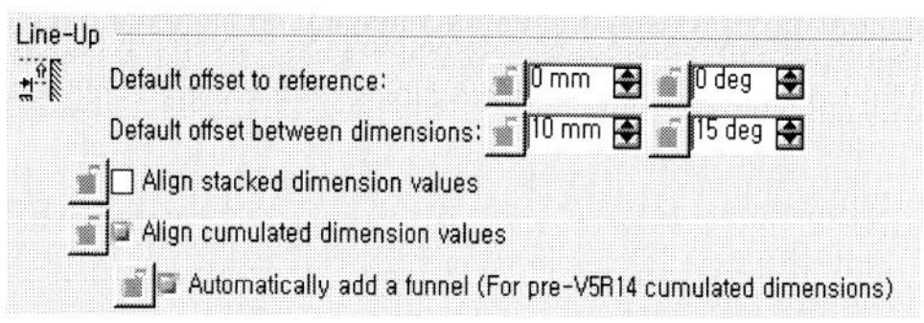

- Option>Mechanical Design>Drafting
  >Dimension>Analysis Display Mode

  Dimension Type 별로 색깔을 구별할 것인
  지 여부 선택

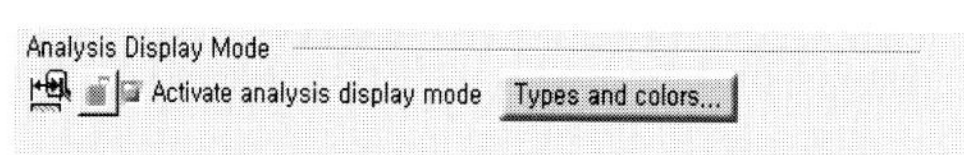

- Option>Mechanical Design>Drafting
  >Manipulators>Manipulators

  Manipulators Reference 크기 설정

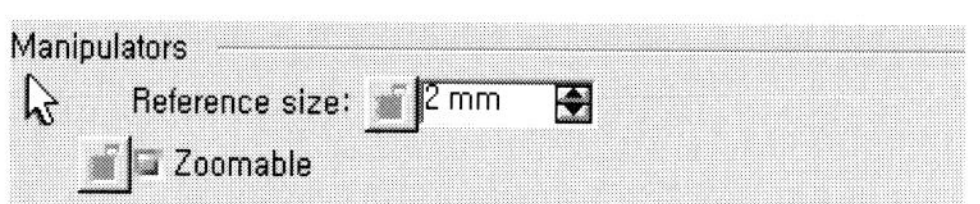

- Option>Mechanical Design>Drafting
  >Manipulators>Dimension Manipulators

  생성하고자 하는 Manipulator를 Type별로
  선택

  Creation은 치수 생성 동안에 Manipulator
  조정

  Modification은 치수 생성 후 Manipulator
  조정

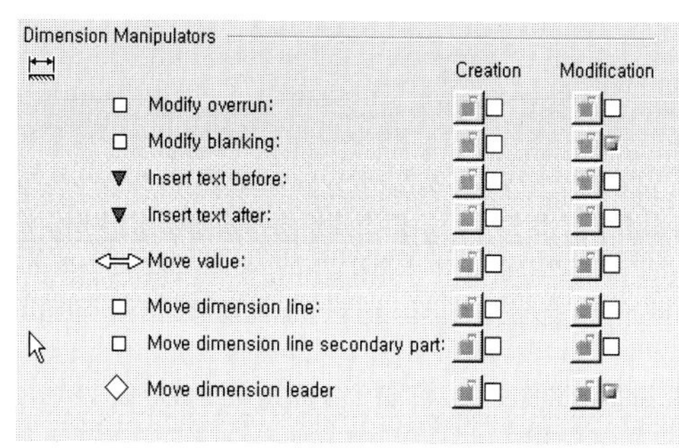

- Option>Mechanical Design>Drafting
  >Annotation and Dress-up
  >Annotation Creation
  Text, Text with leader, Geometrical to-
  lerance 등의 snapping 여부 선택

- Option>Mechanical Design>Drafting
  >Annotation and Dress-up>Move
  생성하고자 하는 Manipulator를 Type별로
  선택
  Creation은 치수 생성 동안에 Manipulator
  조정
  Modification은 치수 생성 후 Manipulator
  조정

- Option>Mechanical Design>Drafting
  >Administration>Drawing management
  Prevent File>New
  새로운 Drawing 파일 생성을 못하게 한다.
  Prevent switch of standard
  Standard를 바꾸지 못하게 한다.
  Prevent update of standard
  Standard의 Update를 못하게 한다.
  Prevent background view access
  Background로 전환하지 못하게 한다.

PartDesign과 Generative Shape Design에 대한 이해

PartDesign과 Generative Shape Design에 대안 이해

1. PartDesign은 무엇인가?

CATIA에서 3차원 모델링 결과물을 만들어내려면, 크게 PartDesign에서 모델링 작업을 할 수 있고, 곡면 모델링 작업을 할 수 있는 Generative Shape Design을 통해 작업을 하는 두 가지 방법이 있다. PartDesign이란, 평면상에 작업이 된 Sketch 결과물을 가지고 3차원 결과물을 만들어내는 것이다. Generative Shape Design도 Sketch를 가지고 결과물을 만들 수는 있지만 차이점이 있다. 그 차이점은 PartDesign은 Sketch를 가지고 내부가 채워진 결과물(Solid : 속이 꽉찬 상태를 말함)을 만들어내지만, Generative Shape Design은 Sketch를 기반으로 하지만 속이 채워지지 않은 상태의 3차원 결과물을 만들어낸다.

1.1 PartDesign에 의한 결과물

먼저 Sketch 작업을 한다.

Product 작업창을 닫고 Start에서 Mechanical Design-->PartDesign을 선택한다.

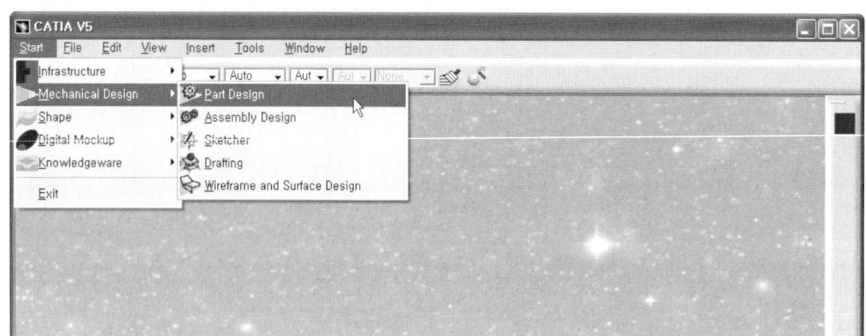

yz plane을 선택하든지 또는 해당 평면을
선택한다.

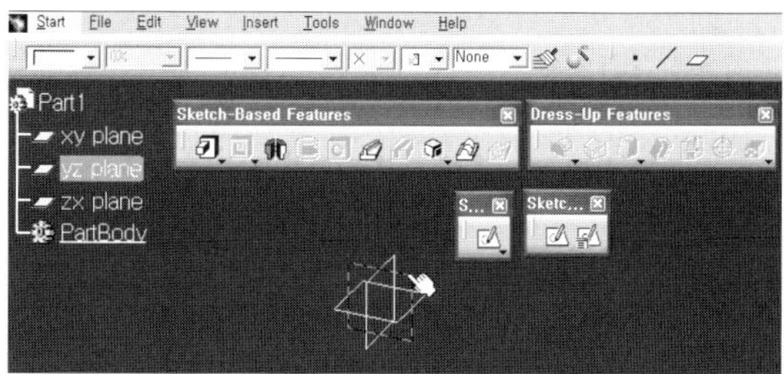

Sketch 아이콘을 선택한다.

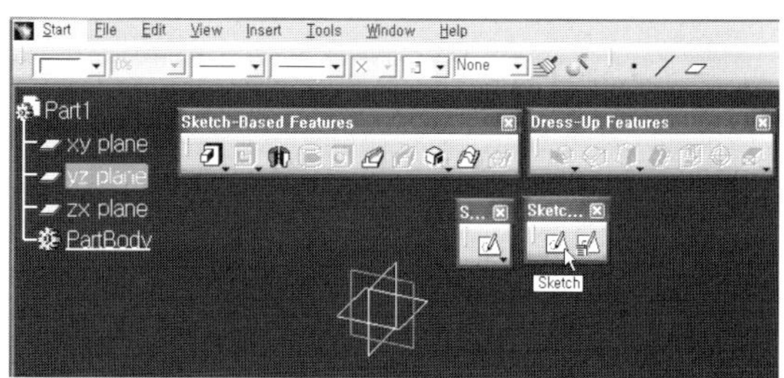

Sketch를 선택하려면 Insert 메뉴에서 Sk-
etcher를 선택하고 Sketch를 선택하여도
된다.

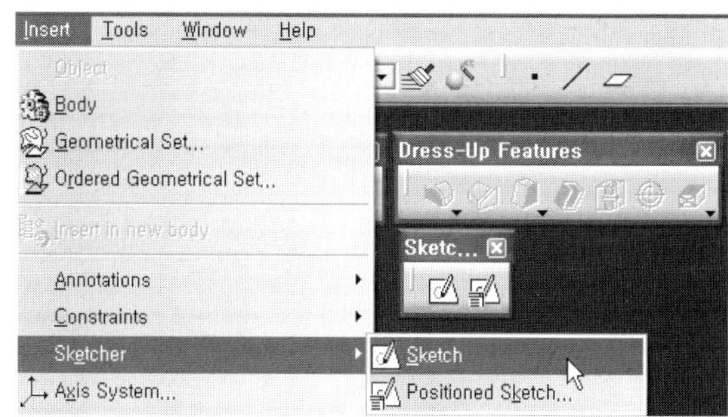

Sketch로 진입한 상태이다.

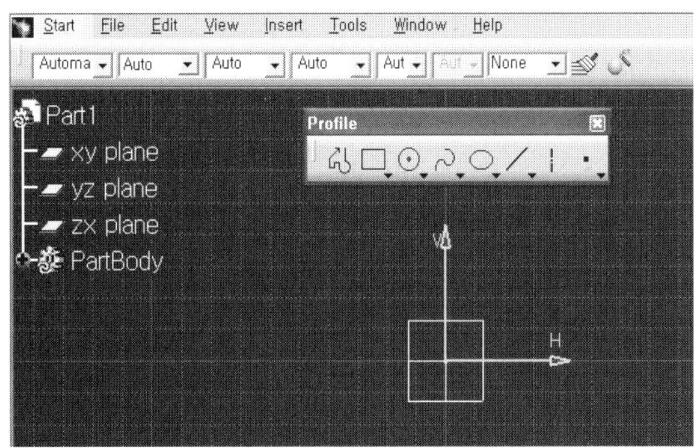

Profile에서 사각형을 그린다.

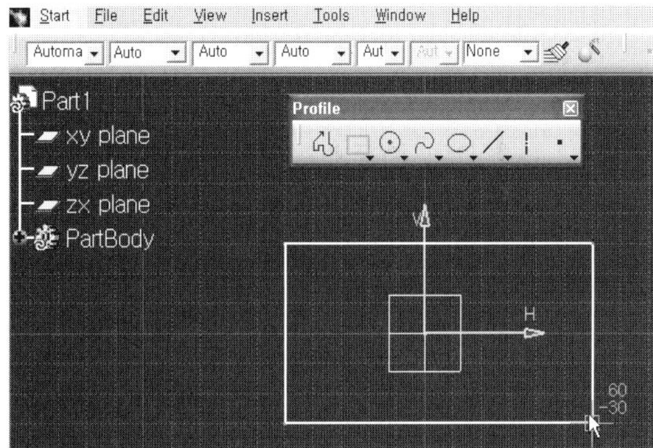

Exit workbenck를 선택하여 스케치상태에서 3차원 공간으로 빠져나간다.

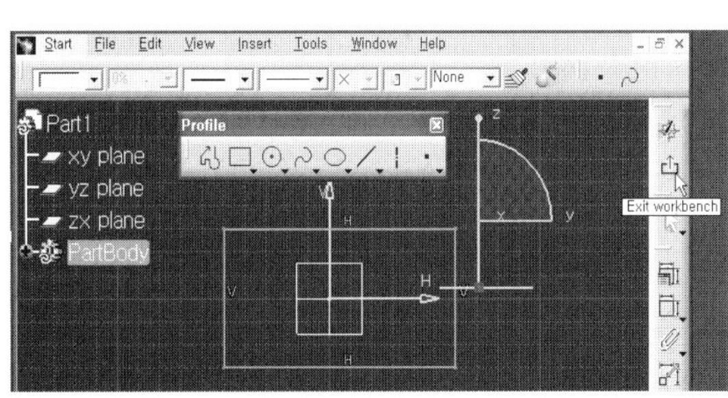

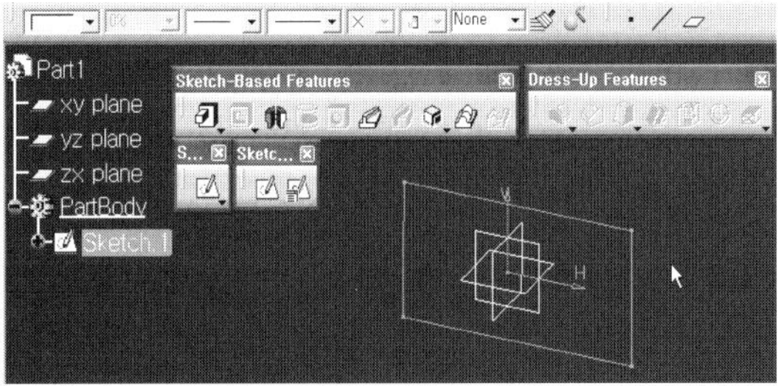

3차원 공간으로 나오면 해당 스케치가 그림처럼 선택된 상태가 된다. 선택된 부분을 선택되지 않은 상태로 한다.(선택된 상태에서 작업을 하여도 된다.)

선택되지 않은 상태로 만들려면 3차원 빈 공간의 아무 곳이나 클릭하면 된다.
Pad 아이콘을 선택하면 스케치를 바탕으로 하는 3차원 결과물이 만들어진다.

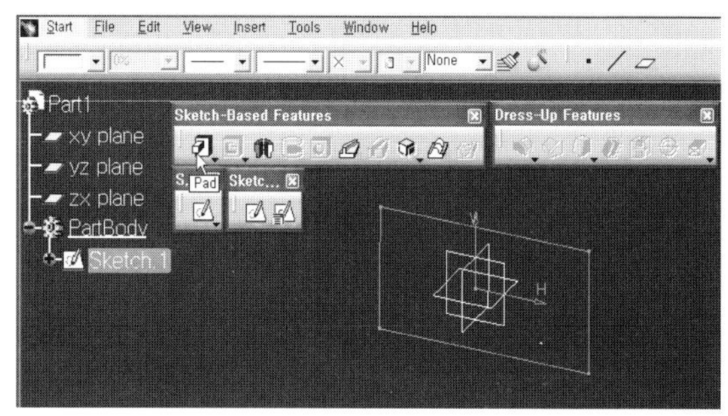

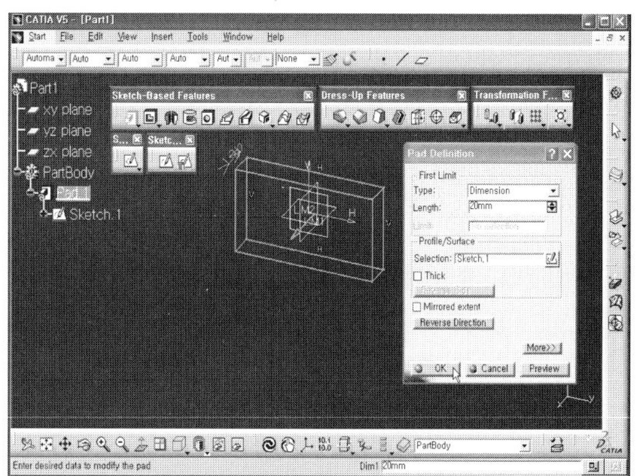

속이 채워진 상태의 Solid 결과물이 만들어진다.

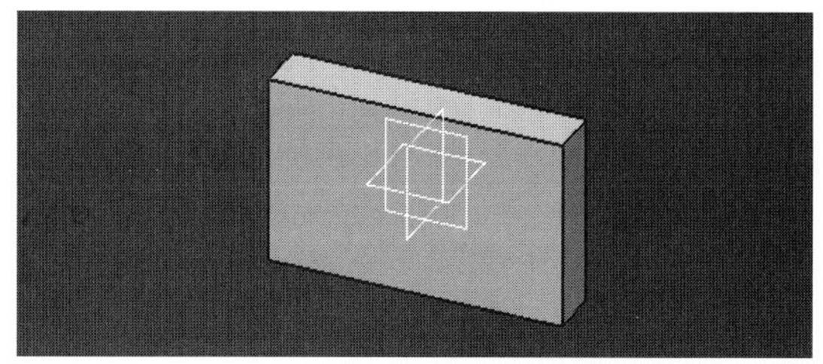

1.2 Generative Shape Design에 의한 결과물

앞서 PartDesign의 결과물을 생성하는 과정에서 스케치에서 작업하여 3차원 공간으로 빠져나오는 것은 같다. 그 다음 과정부터 보도록 하겠다.

Generative Shape Design 작업을 시작하려면 Start--〉Shape--〉Generative Shape Desgin을 선택하여 진입하면 된다.

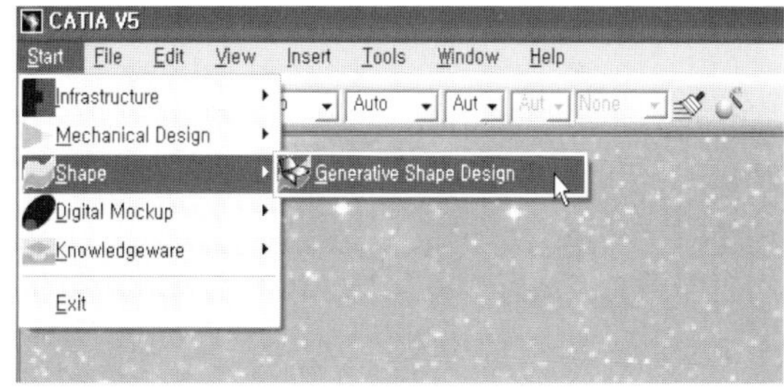

그 다음 스케치 작업까지는 동일하며, 3차원 공간에서 작업을 하면 다음과 같다.

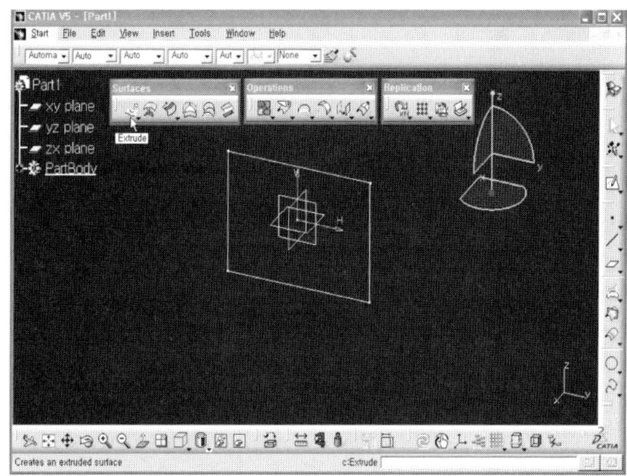

그리고 Surface에서 Extrude를 선택하여 3차원 결과물을 만든다.

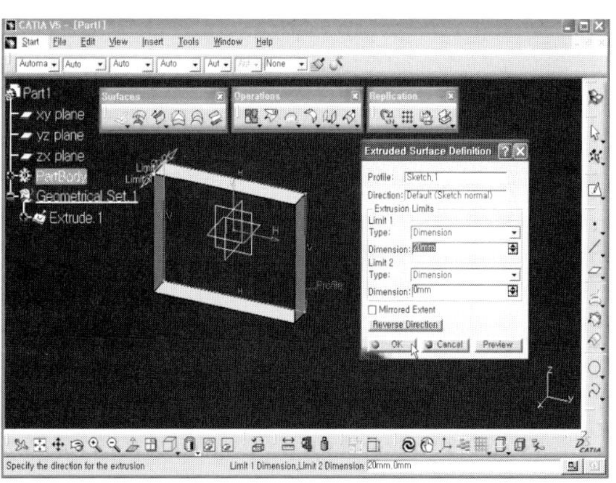

위에서 OK를 클릭하면 아래와 같이 속이 빈 상태이며, 부피가 없는 Surface의 결과물이 만들어진다.

결국 PartDesgin은 속이 찬 Solid 상태의 3차원 결과물을 생성하는 것이고, Generative Shape Design은 속이 빈 상태의 Surface가 만들어진다.

모델링의 기반이 되는
스케치에 대한 이해

Chapter 4

1. 스케치 각 툴의 아이콘을 배우고 익히기

먼저 스케치 아이콘을 배우고 익히기 전에 중요한 유의사항을 배워보자.

PartDesign에 진입하는 경우에, New Part
라는 창이 나타난다.

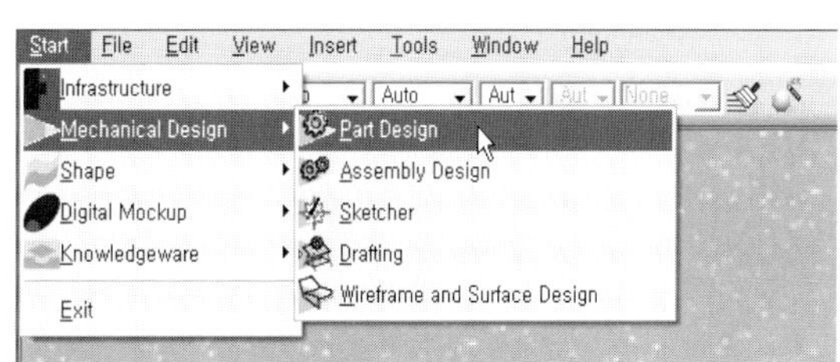

그런데 Enable hybrid design이 처음에는
체크된 상태이다. 이에 대한 이해를 먼저 하
는 것이 필요하다.

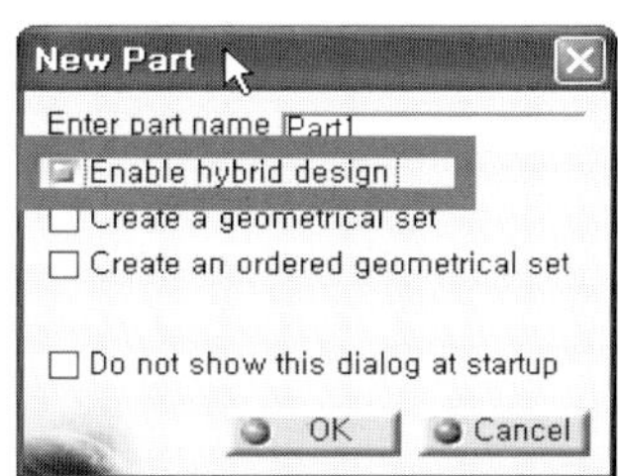

'Enable hybrid design'은 자동차 메이커의 경우에는 체크가 된 상태로 사용하는 기업은 현대자동차의 경우이며, 나머지 대부분의 기업에서는 체크를 하지 않은 상태로 사용한다. 상당한 기업의 수가 체크를 하지 않은 상태로 사용하기 때문에 본 저서에서도 체크를 하지 않은 상태로 작업을 하도록 하겠다. 이 부분을 체크하고 사용을 하면 작업 순서에 따라 결과물 관리를 하고자 하는 경우에 사용한다.

예를 들어 PartDesign에서 Pad 작업을 하는 경우에 각각의 Body를 만들어 작업을 하였다면, A가 먼저 만들어지고 B가 만들어진 경우에 Boolean Operation을 한다면 먼저 만들어진 A로 B에 Boolean Operation을 하면 경고창이 나온다. 작업은 되겠지만, Body의 지꺼기가 남는 등 문제가 발생할 수 있다. 다만, 시간의 순서로 결과물을 관리하려는 경우에는 이점이 있을 수 있다. 이에 대한 이해는 Boolean Operation을 배우고 나면 이해가 될 것이다.(다른 용도도 있다.)

이에 대한 체크를 하고 안 하고의 선택을 하는 방법은 Tools-->)Options-->)Part Infrastructure-->)Part Document에서 Hybrid Design 부분을 체크를 하거나 또는 체크를 하지 않은 상태로 선택할 수 있다.

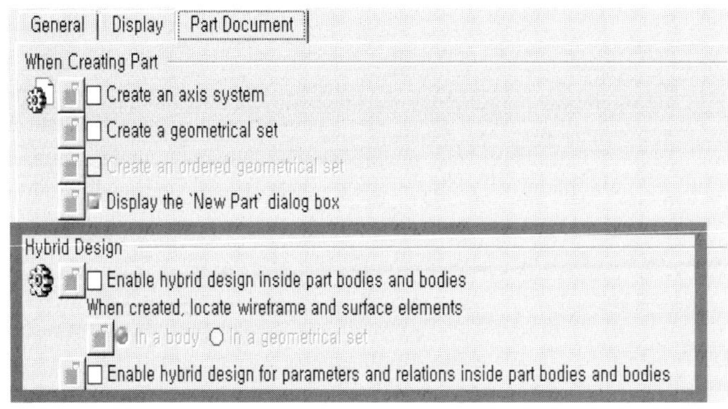

다음 그림은 Geometrical Set에 Body가 속해 있는 상태이다. 이것은 Hybrid Design 에서 체크를 하면 사용할 수 있다.

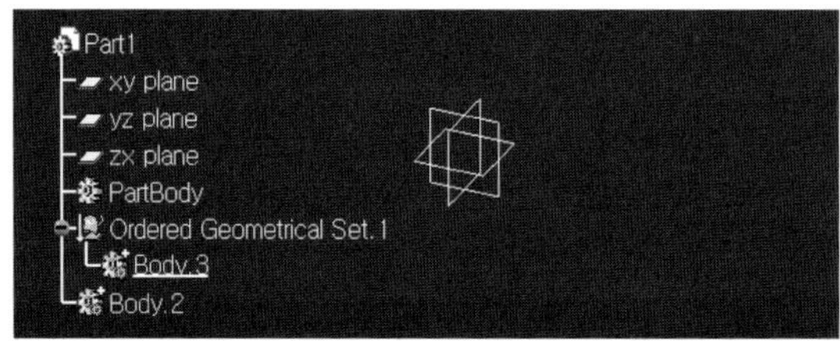

1.1 스케치 아이콘에 대한 이해

이미지	이름	설명
	Sketch	평평한 평면에 3차원 모델을 생성하기 위한 윤곽선을 그리는 것을 말한다.(점, 선, Curve)
	Positioned Sketch	평면을 기반으로 진입을 하되, 수직, 수평을 어떻게 잡고 들어갈지 결정하여 진입한다.
	Exit Workbench	스케치에서 3차원 영역으로 나간다.
	Profile	자유곡선을 그릴 수 있다.
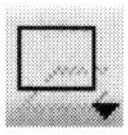	Rectangle	사각형을 만들 수 있다.(수평과 수직을 유지하는 사각형)
	Oriented Rectangle	원하는 방향으로 사각형을 만든다.
	Parallelogram	원하는 방향의 평행사변형을 만든다.
	Elongated Hole	라운딩된 사각 형상을 만든다.
	Cylindrical Elongated Hole	곡선형의 타원형을 만든다.
	Keyhole Profile	Key형상의 홈을 만든다.
	Hexagon	육각형을 만든다.
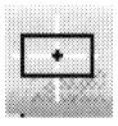	Centered Rectangle	중심점에 대칭인 사각형을 만든다.
	Centered Parallelogram	두 개의 Line으로 평행사변형을 만든다.
	Circle	원을 만든다.

이미지	이름	설명
	Three Point Circle	세 점을 이용하여 원을 만든다.
	Circle Using Coordinates	한 점에 대한 좌표와 반지름 값을 이용하여 원을 만든다.
	Tri-Tangent Circle	세 개의 Line에 접하는 원을 만든다.
	Three Point Arc	세 점을 이용하여 원호를 만든다.
	Three Point Arc Starting With Limits	양 끝 점을 먼저 선택하고 중간 점을 선택하여 원호의 크기를 조절하여 원호를 만든다.
	Arc	중심점과 반지름을 이용하여 원호를 만든다.
	Spline	곡선을 만든다.
	Connect	두 직선을 곡선으로 연결한다.
	Ellipse	타원을 만든다.
	Parabola by Focus	포물선을 만든다.
	Hyperbola by Focus	쌍곡선을 만든다.
	Conic	Conic 커브를 만든다.
	Line	선을 만든다.
	Infinite line	길이가 무한대인 선을 만든다.
	Bi-Tangent Line	원이나 호에 접하는 Tangent Line을 만든다.
	Bisecting Line	Line과 Line 사이를 2등분하는 선을 만든다.

이미지	이름	설명
	Line Normal To Curve	원이나 호에 수직하게 라인을 만든다.
	Axis	물체를 회전시킬 때 기준 되는 축을 만든다.
	Point	점을 만든다.
	Point by Using Coordinates	좌표값을 입력하여 점을 생성한다.
	Equidistant points	동일한 거리의 점을 생성한다.
	Intersection Point	두 개의 교차하는 점을 만든다.
	Projection Point	선택한 점을 다른 객체 위로 수직하게 점을 만든다.
	Corner	Corner를 만든다.
	Chamfer	모따기를 만든다.
	Trim	원하는 부분을 제거하거나 필요한 부분을 연장한다.
	Break	하나의 객체를 두 개로 나눈다.
	Quick Trim	제거할 곳을 선택하여 제거한다.
	Close	원호를 원으로 만든다.
	Complement	원호의 나머지 부분에 원호를 만든다.
	Mirror	대칭성을 이용하여 대칭복사한다.

이미지	이름	설명
	Symmetry	대칭성을 이용하여 이동한다.
	Translate	위치를 이동할 수 있다.
	Rotate	회전할 수 있다.
	Scale	크기를 조절할 수 있다.
	Offset	일정 간격으로 기준으로부터 거리를 떨어지게 한다.
	Project 3D Elements	Sketch에 3차원 요소를 투영하여 가져온다.
	Intersect 3D Elements	Sketch와 교차하는 부분 요소를 투영하여 가져온다.
	Project 3D Silhouette Edges	곡선형상의 부분을 선택 Sketch면에 투영하여 가져온다.
	Constraints Defined in Dialog Box	하나 또는 그 이상의 요소 사이의 관계에 대한 구속을 한다.
	Constraint	하나 또는 그 이상의 요소 사이의 관계에 대한 구속을 한다.
	Contact Constraint	동심원 구속조건이나 특정 요소가 만나는 구속 조건을 준다.
	Fix Together	하나 이상의 요소의 위치를 고정한다.
	Auto Constraint	자동적으로 구속을 한다.
	Animate Constraint	구속값을 변동으로 시뮬레이션을 해본다.
	Edit Multi-Constraint	지정한 구속 조건 값을 한번에 줄 수 있다.

1.2 스케치 진입하는 방법

PartDesgin 작업장을 들어간다. 그 다음
작업을 할 공간인 평면인 Plane을 선택하고
스케치 아이콘을 클릭하여 진입한다.

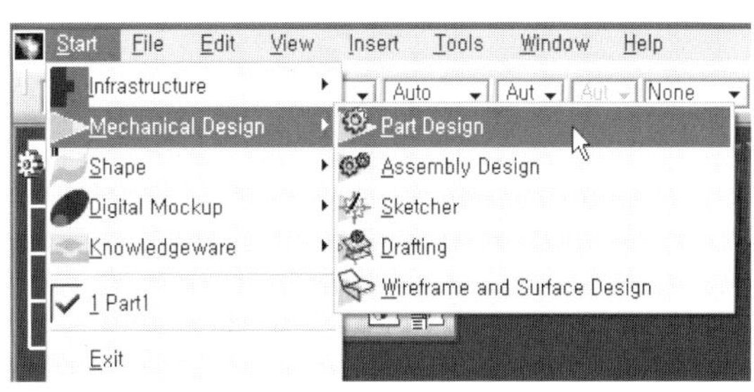

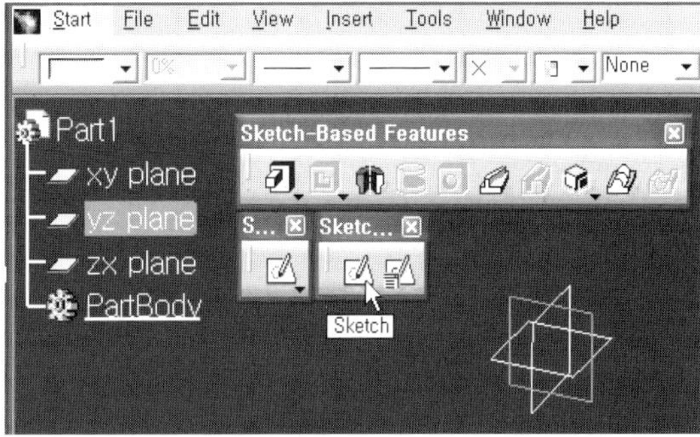

1.3 스케치 아이콘의 기능 적용

1) 배열을 하기 전의 아이콘 상태이다.(모든 툴 바를 화면 중앙의 공간으로 가져다 놓는다.)

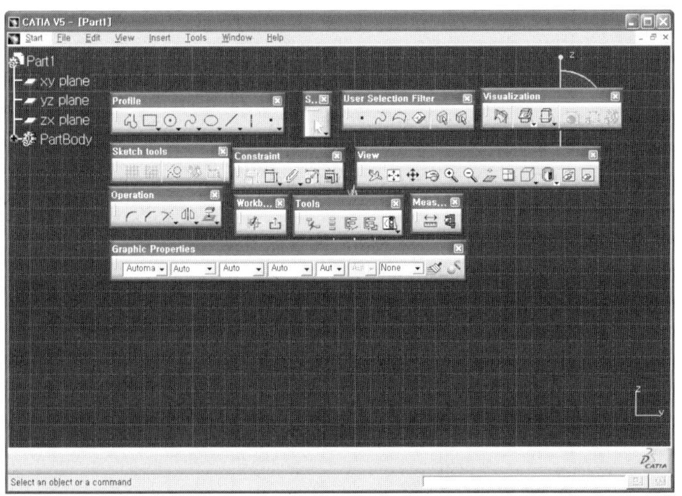

그리고 다음 그림과 같이 툴 바를 배열하도록 하자.

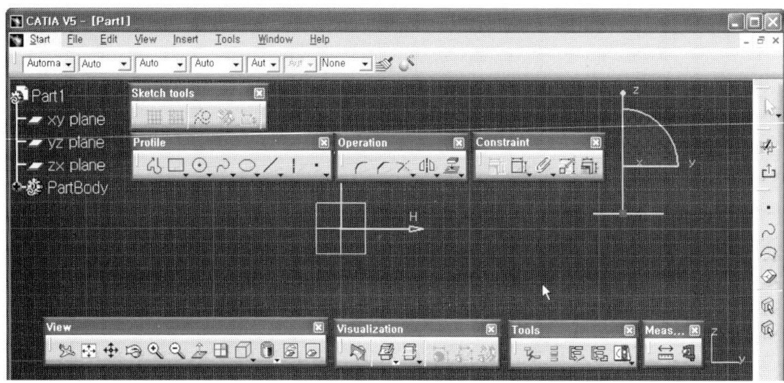

최종 툴 바 배열 상태이다.(이렇게 하는 이유는 같은 기준에서 배우고 익히기 위함이다.)

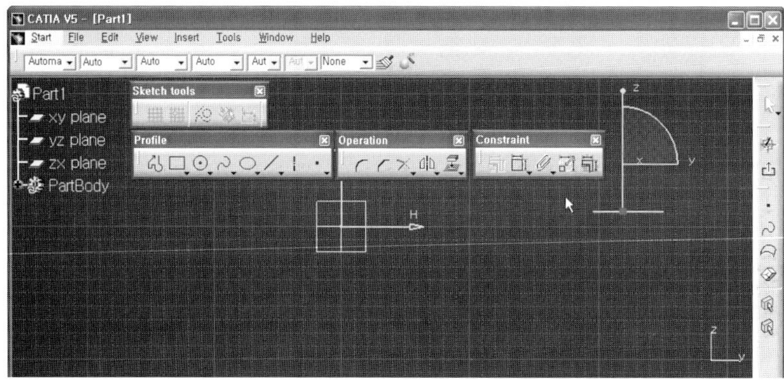

2) Sketch tools 툴 바에 대한 이해

Sketch tools의 기본적인 초기 상태는 그림과 같다.

이 상태를 다음과 같이 변경하여 사용하도록 하는 것이
좋다. 첫번째, 4번째, 5번째 아이콘은 항상 켜져 있는
상태로 두는 것이 좋다.

두 번째 Snap to point 사용 기능은 꺼버린 상태이다.

Sketch tools의 각 기능을 살펴보면,

첫번째 아이콘은 Grid 기능을 가지고 있다. 스케치의 Grid는 간격이 10mm이다.

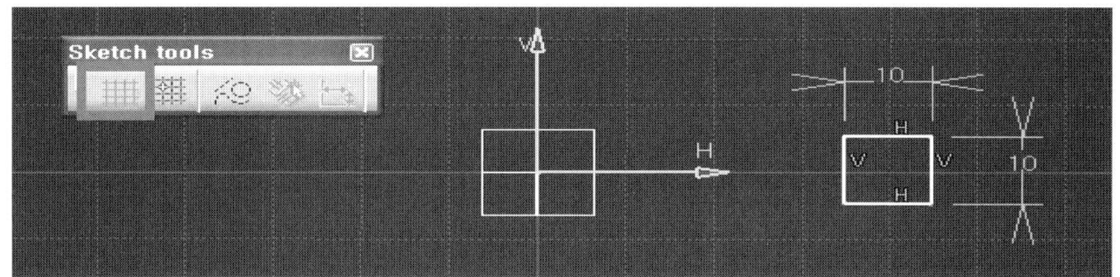

두 번째 아이콘은 Snap to point이다. Grid의 각 포인트로만 선택이 된다. 각 Grid의 중간에는 선택이
되지 않는다. 이 아이콘은 편리하게 10mm 간격으로 일정한 치수로 만들 때 필요하다.

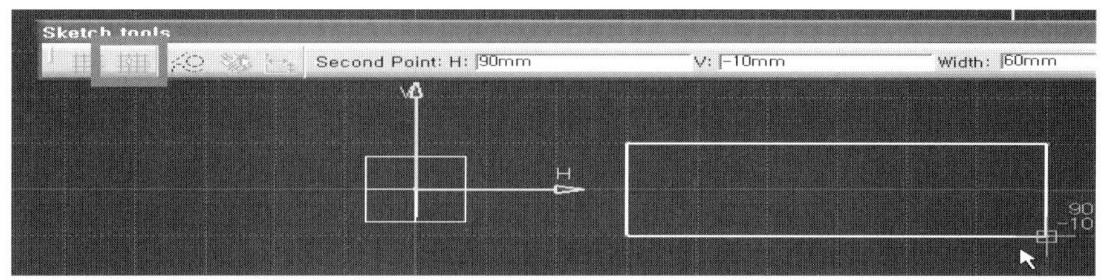

3번째 아이콘은 Construction/Standard Element이다. 실선을 파선으로, 파선을 실선으로 만든다. 파
선은 보조적인 기능을 하며 실제의 형상과는 관련이 없다. 파선은 기준이 되는 선으로 활용하거나, 어떤
치수를 보조하기 위해서 사용하면 편리하다.

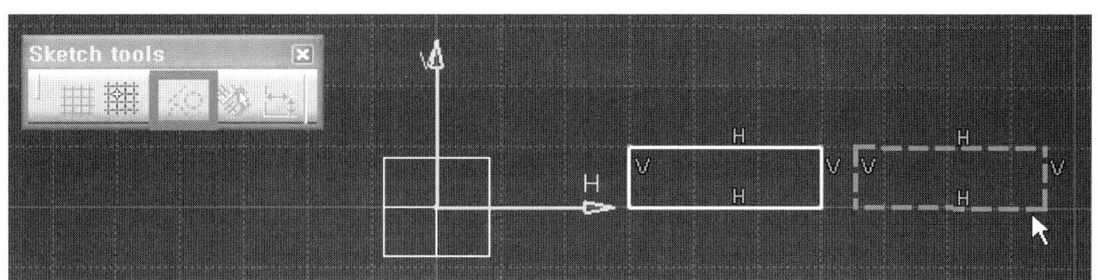

3) Visualization 툴 바에 대한 이해

다음은 Visualization 툴 바의 초기 상태이다. 4, 5, 6번째 아이콘은 항상 켜 두는 것이 좋다. 이 기능은 완전 구속인지를 켜 두지 않으면 식별이 되지 않기 때문이다. 4번째는 Diagnostics 로서, Profile이 완전 구속이 되면 녹색선으로 표시된다.

완전구속이란 것은 CATIA 스케치에서 만들어진 어떤 형상(Profile)이 마우스로 선택한 상태에서 좌우상하로 움직이더라도 고정되어 움직임이 없는 상태이다. 결국, 사각형의 경우에 사각형의 가로와 세로 치수가 주어진 상태가 되면 그 사각형의 길이 변동은 당연히 없을 것이다. 이 상태의 사각형이 스케치의 V-Direction(수직방향)과 H-Direction(수평방향)에서도 어느 정도 거리에 있는지 거리값을 주면 이제는 사각형의 형상도 유지되면서 스케치상에서도 위치 이동이 되지 않는 상태를 말한다. 아래는 완전구속 상태이다.

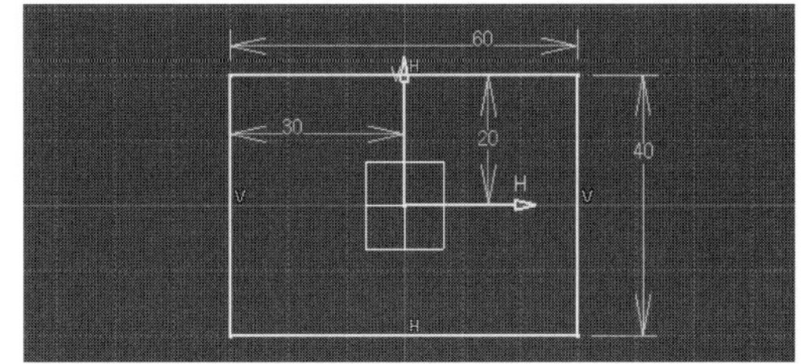

5번째 아이콘인 Dimentsional Constraints가 꺼져 있으면 주어진 치수가 표시되지 않는다.

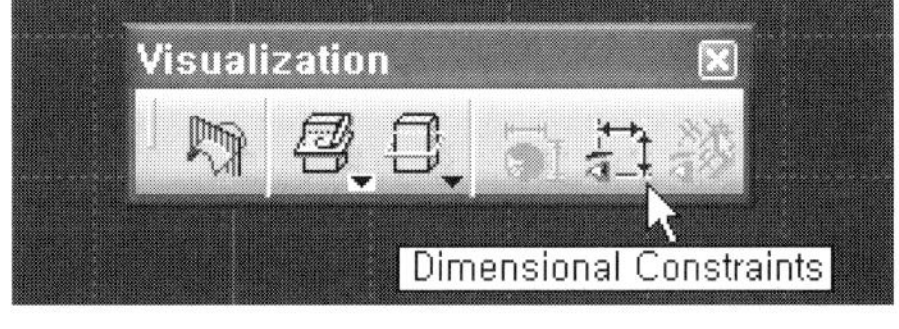

6번째 아이콘인 Geometrical Constraints가 꺼져 있으면 기하학적 형상을 표현하는 수직, 수평인 V, H가 표시되지 않는다. 위의 기능을 사각형을 그린 상태에서 실제로 확인을 해 보면 이해하기가 쉬울 것이다.

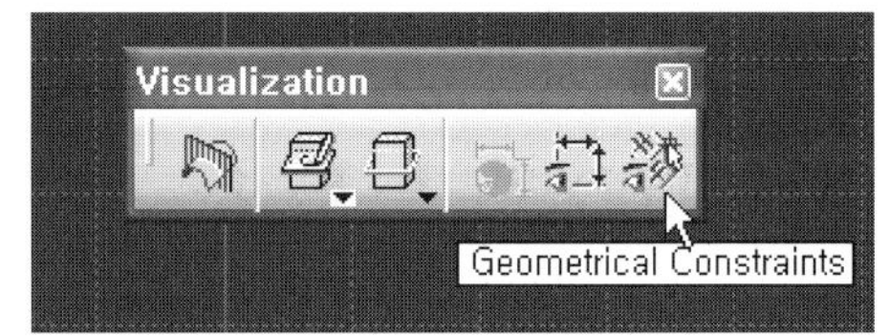

4) Profile 툴 바에 대한 이해

Profile 툴 바는 대략적인 형상을 그리는 기능을
가지고 있다. 원, 사각형, 타원, 직선, 포인트,
축, 자유곡선을 그릴 수 있다.

직선과 원호를 그릴 수 있는 아이콘은 Profile이다. 이 아이콘은 상당히 자주 많이 사용한다. 이 아이콘의
각 기능을 모두 잘 이해하면 스케치 작업이 편해질 수 있다.

1 Profile(　　)은 그 여러 가지 옵션 기능이 Sketch tools에 나타난다. 처음에는 직선을 그리는 부
분에 옵션이 켜져 있다. 이 옵션을 끄고 원호 옵션을 선택하면 원호를 그릴 수 있다. 그린 후에 끝내
려면 마우스를 더블 클릭하거나 Esc 키를 누르면 끝낼 수 있다.

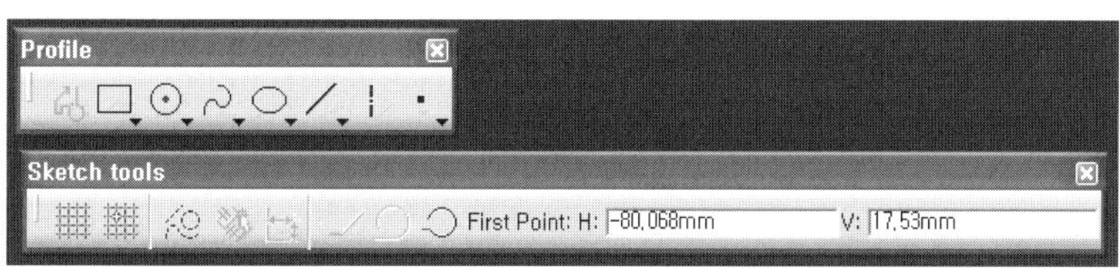

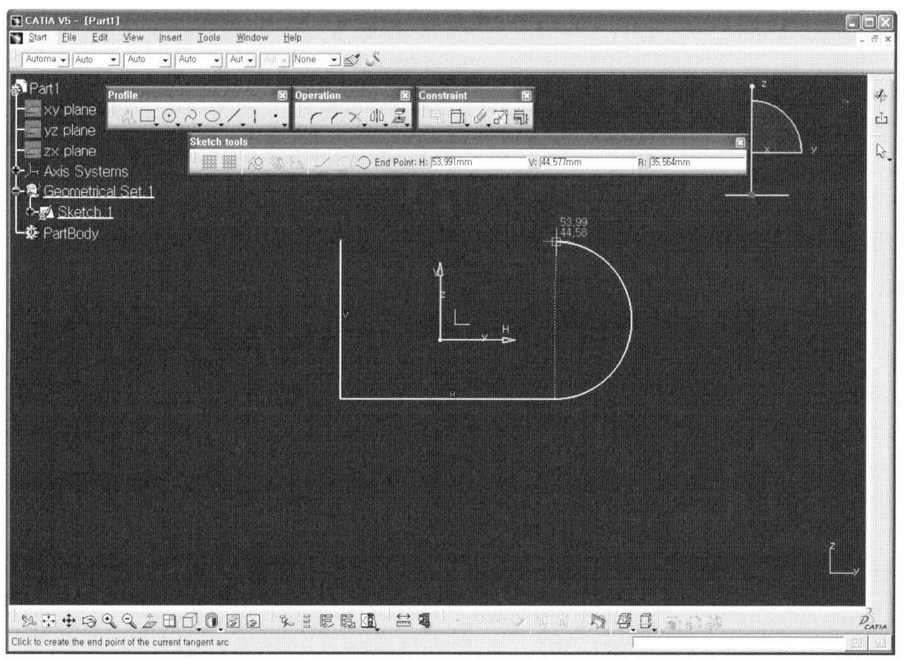

2 Predefined Profile은 사각형 등을 그리는 기능을 가지고 있다.

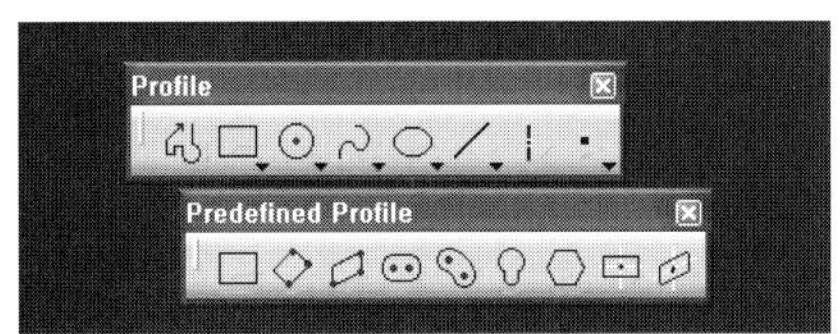

Rectangle(　)는 수직 수평을 유지하는 사각형을 그리는 기능이다.

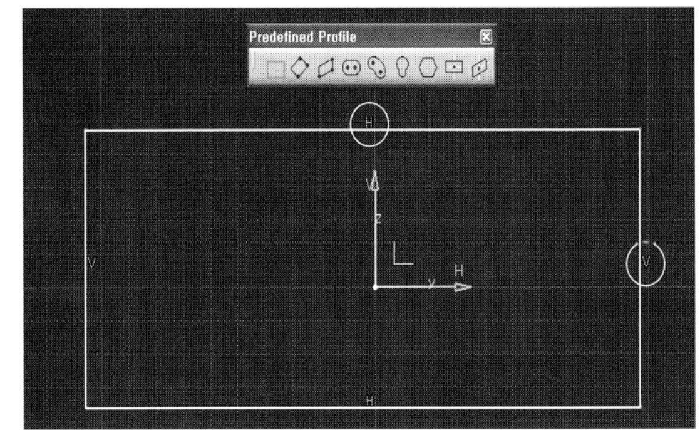

Oriented Rectangle(　)는 평행하면서 수직을 유지하는 사각형을 그린다.

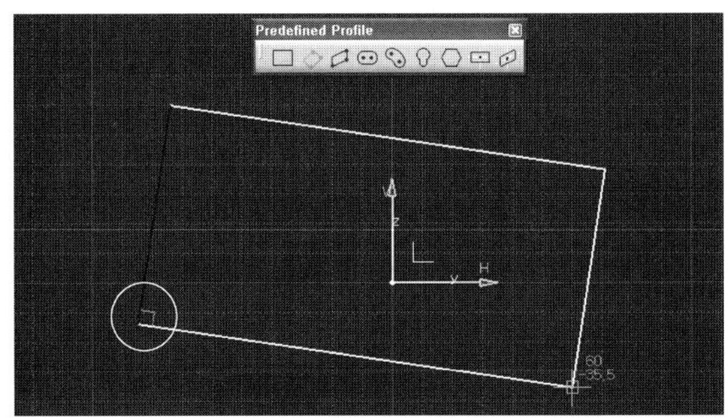

Parallelogram(　)은 평행사변형의 사각형을 만들 때 사용한다.

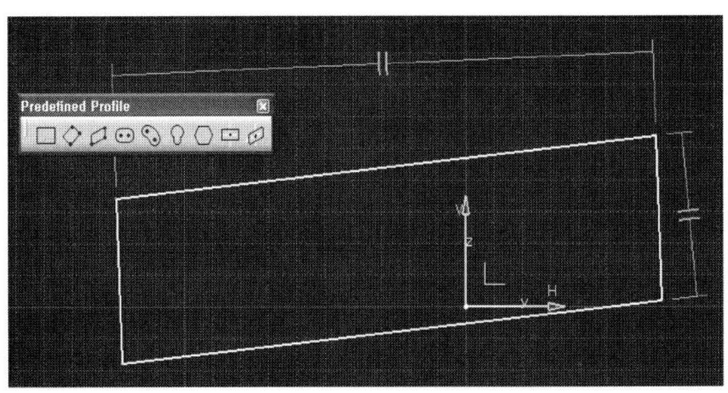

Elongated Hole( )은 Slot Hole을 만들 때 사용한다.

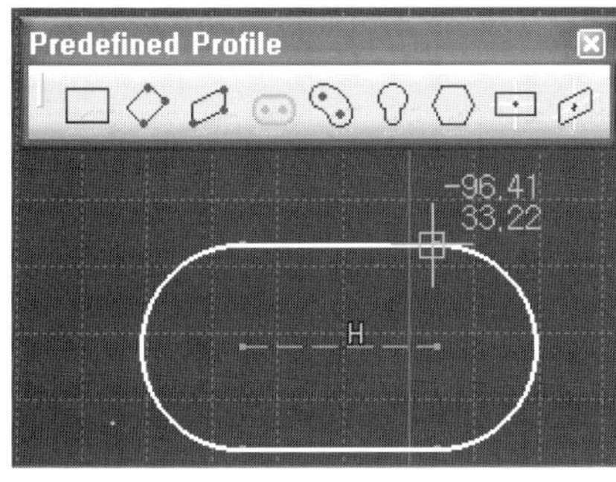
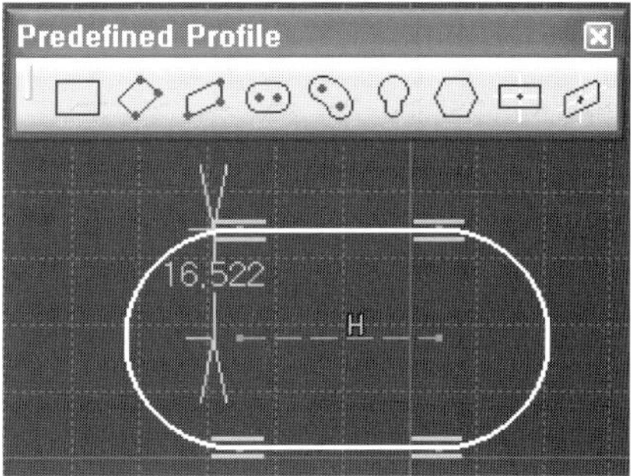

다음은 Cylindrical Elongated Hole( )이다.

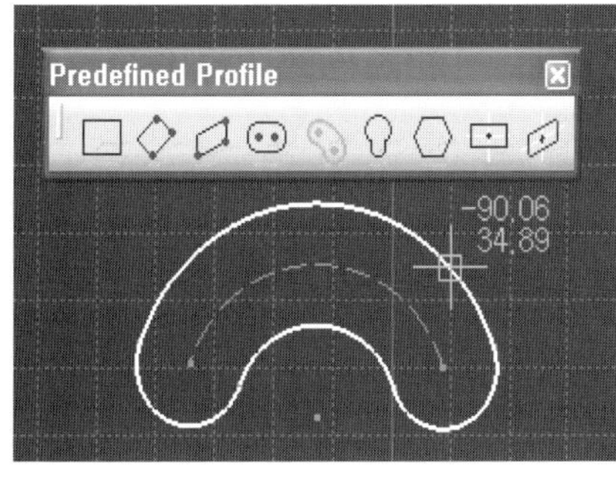
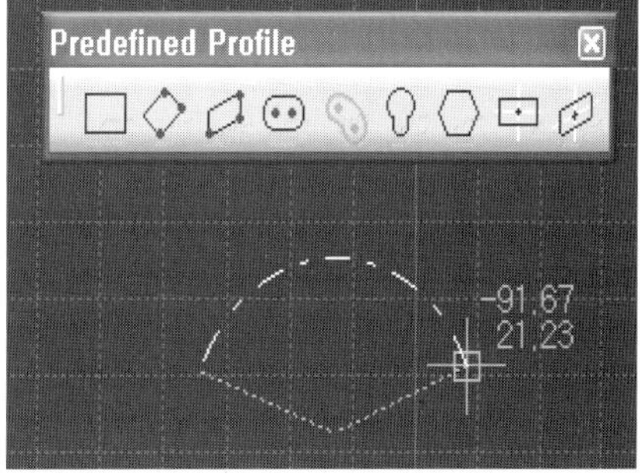

다음은 Keyhole Profile( )이다.

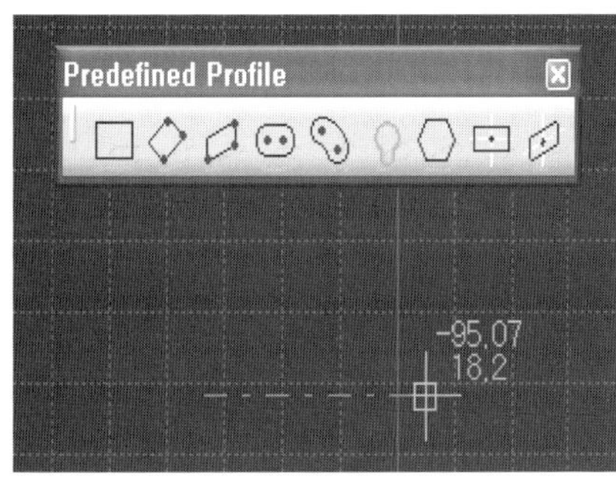
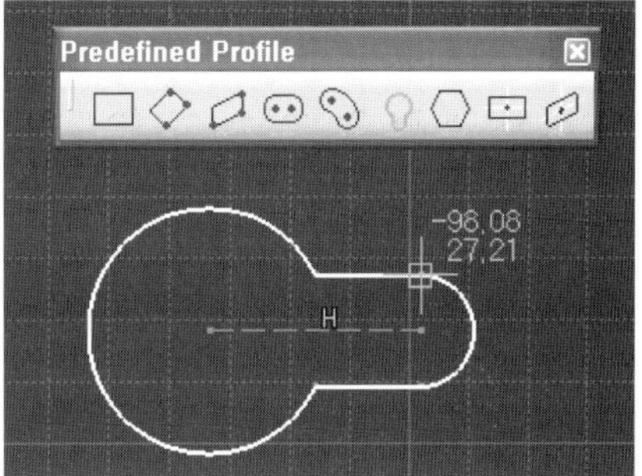

다음은 Hexagon( )이다.

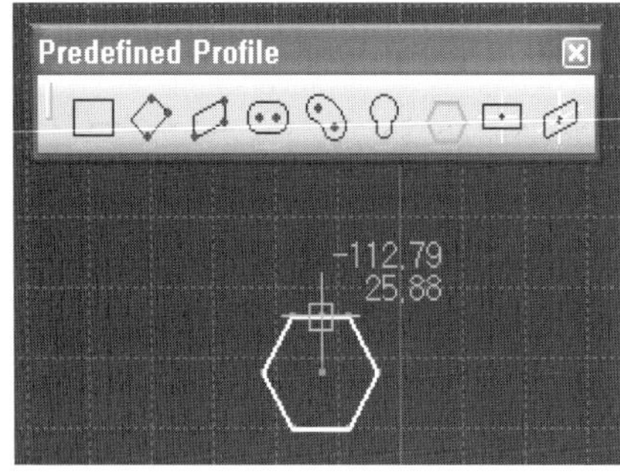
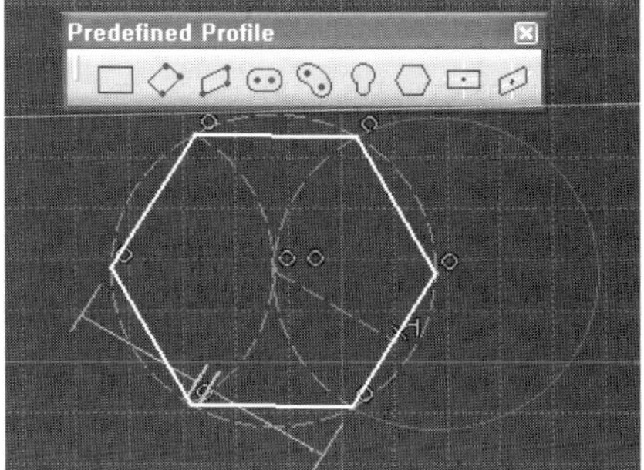

다음은 Centered Rectangle( )이다. 즉, 원점을 가지는 수직/수평 직사각형이다.

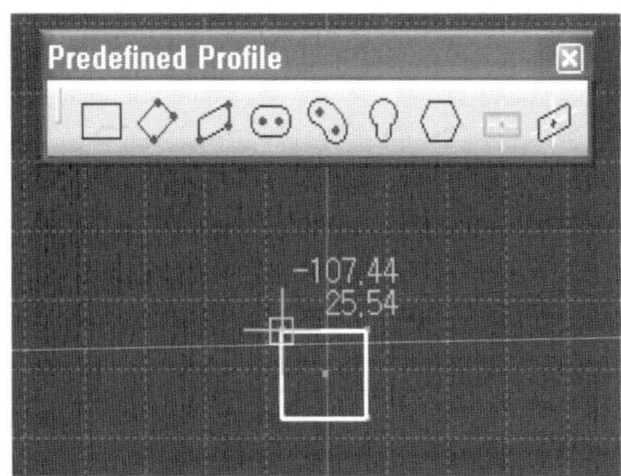
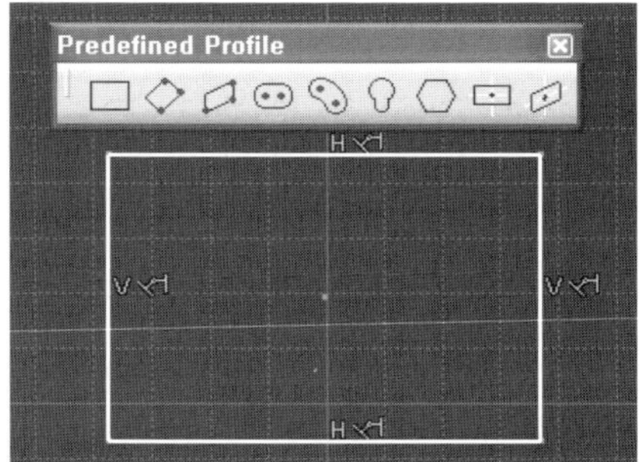

Centered Parallelogram( )이다.

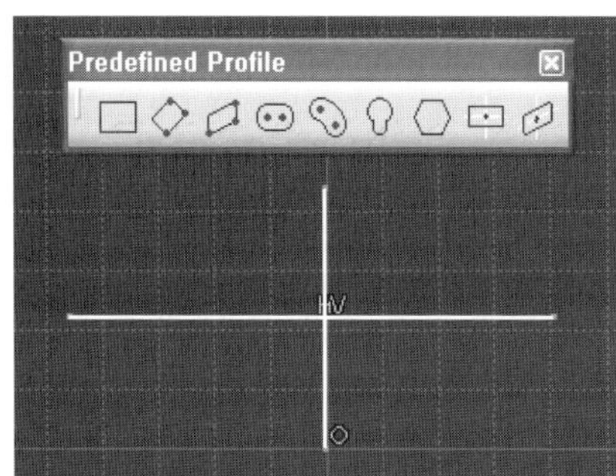
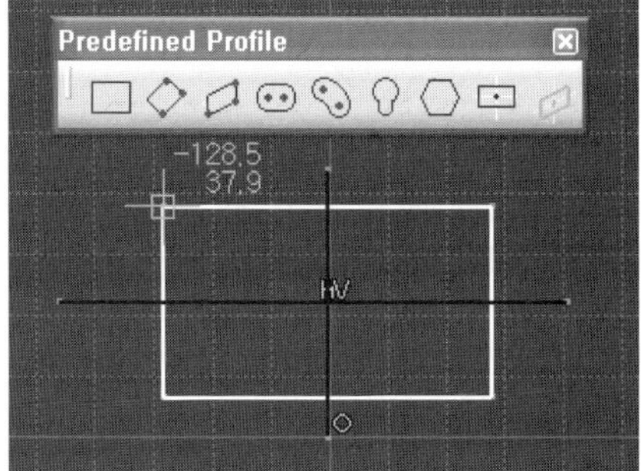

5) Circle 툴 바

원이나 원호를 만드는 기능이다.

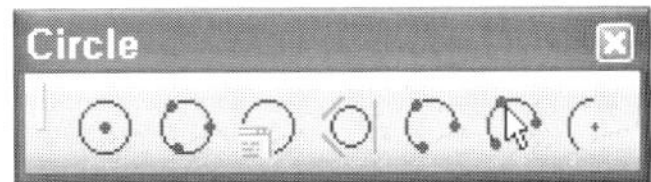

이 툴 바의 맨 앞 아이콘( )은 Circle이다. 원점을 가지면서 임의의 반지름을 가지는 원을 만들 수 있다.

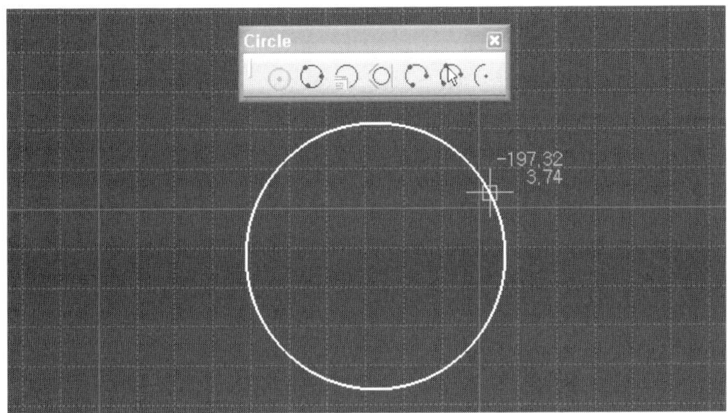

Three Point Circle( )의 기능은 3개의 임의의 포인트로 구성되는 원을 만드는 기능이다.

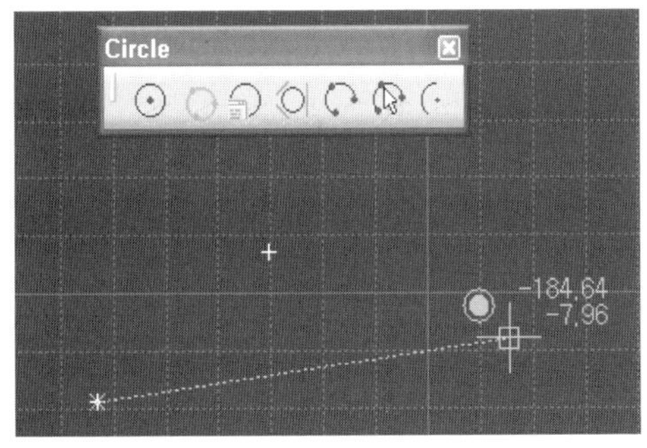

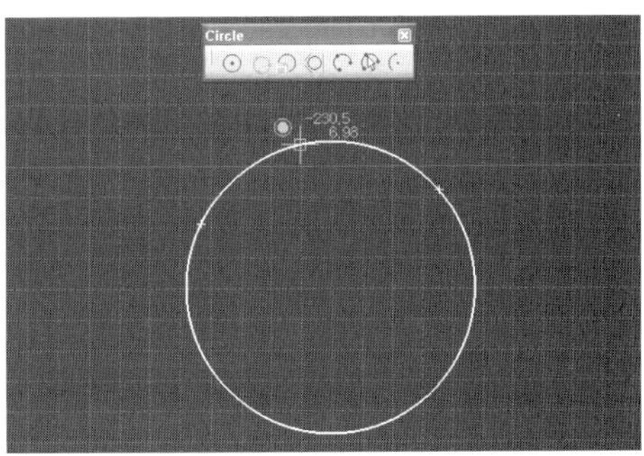

Circle Using Coordinates( ) H, V 좌표값으로 원점을 정하고 원을 만드는 기능이다.

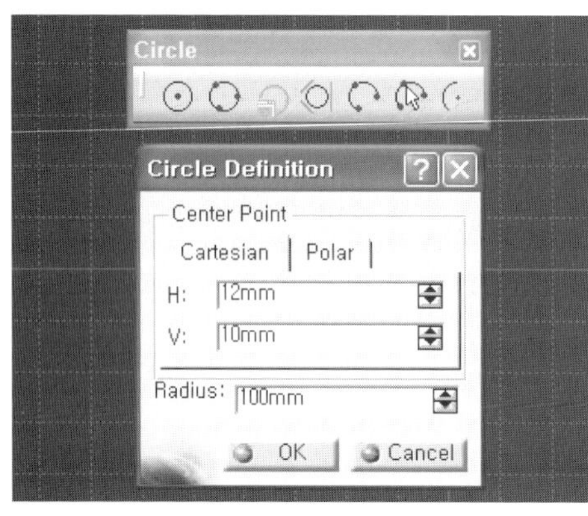
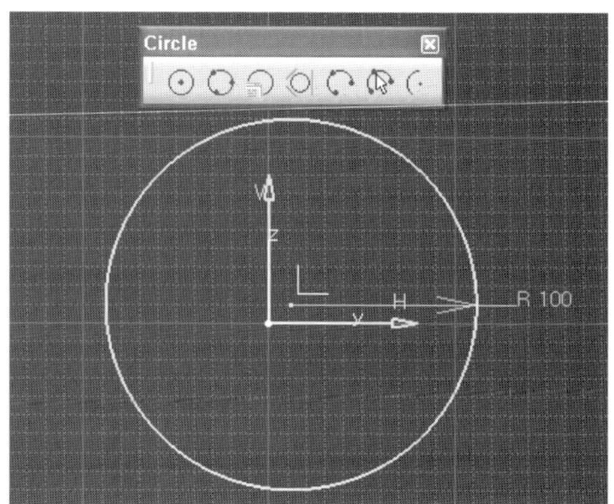

Tri-Tangent Circle( )은 3개의 직선과 접하면서 원을 만들어준다.

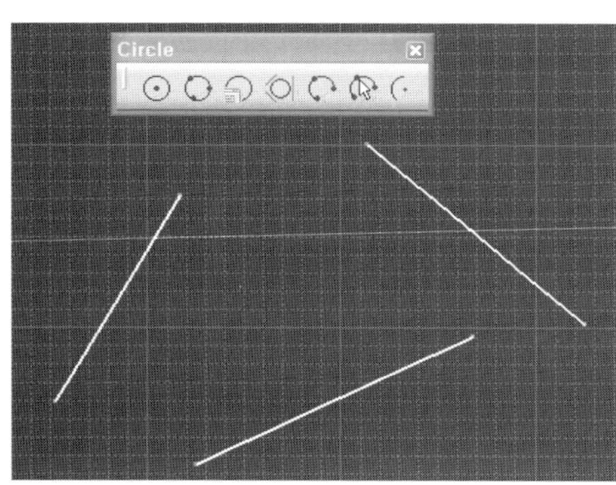
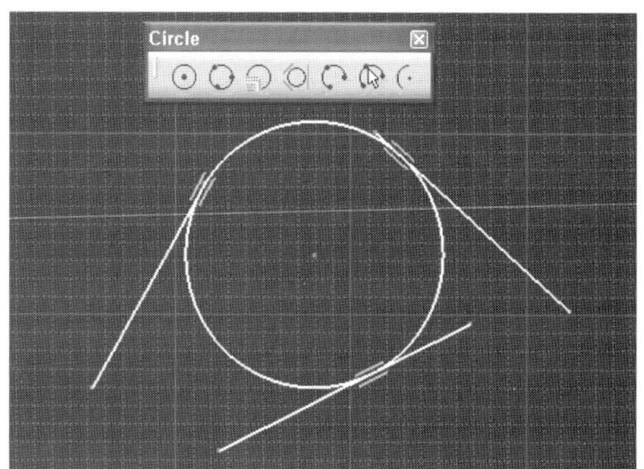

Three Point Arc( )는 3개의 포인트를 선택하게 되면 원하는 원호를 만들어준다.

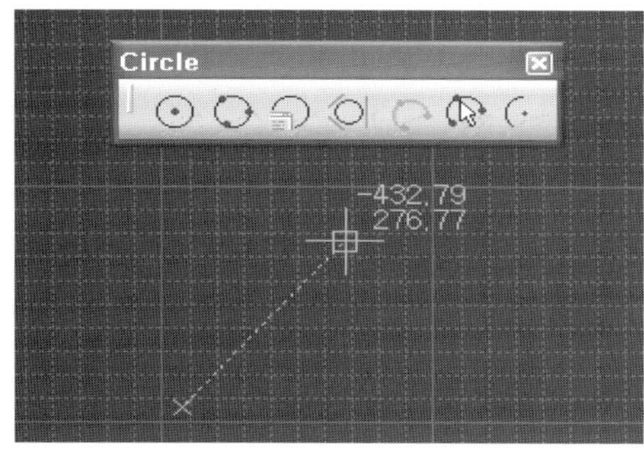
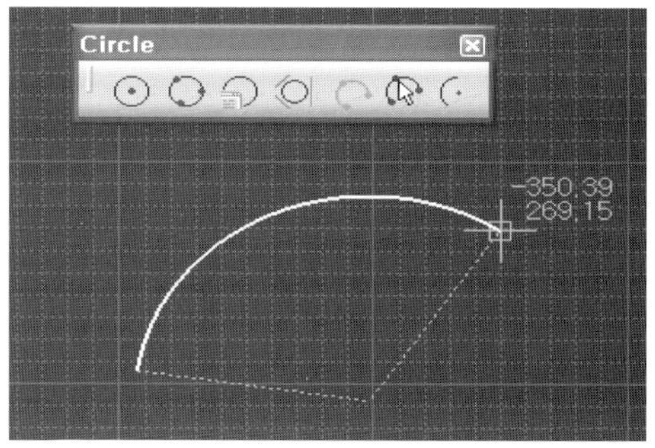

Three Point Arc Starting With Limits(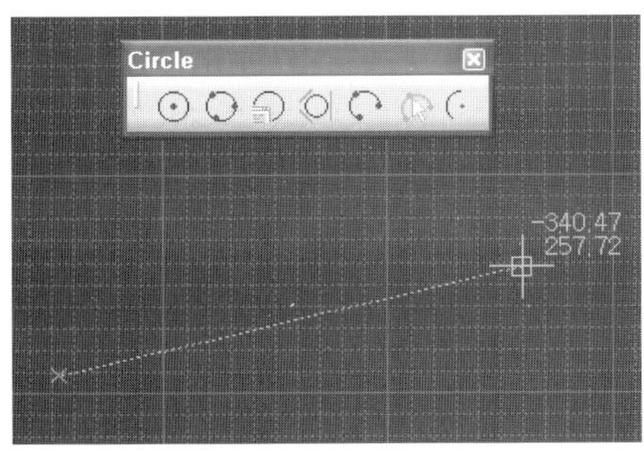)는 2개의 끝단 포인트를 선택하고 원하는 원호를 그린다.

Arc( )는 하나의 포인트를 선택한 후 원하는 크기의 원호를 그릴 수 있다.

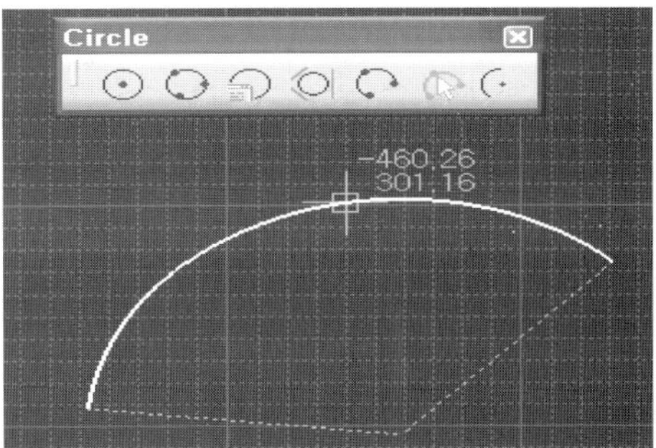

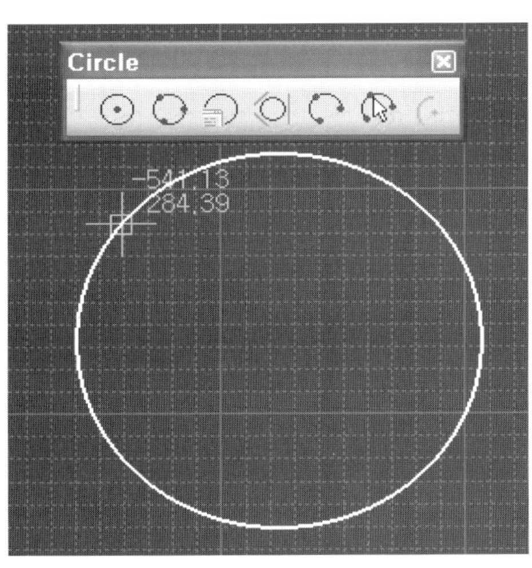

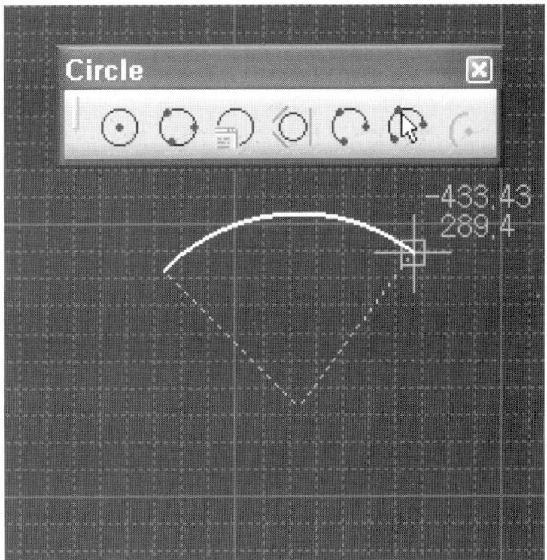

6) Spline 툴 바

Spline( )은 자유곡선을 그리는 기능을 한다.

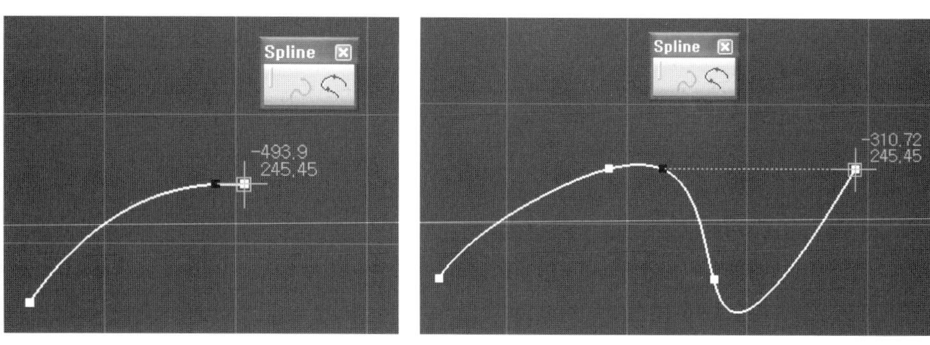

Connect( )는 두 개의 곡선을 잇는 커브를 만들 때 사용한다.
아이콘을 클릭하고, 각각의 곡선을 선택하면 만들어진다.

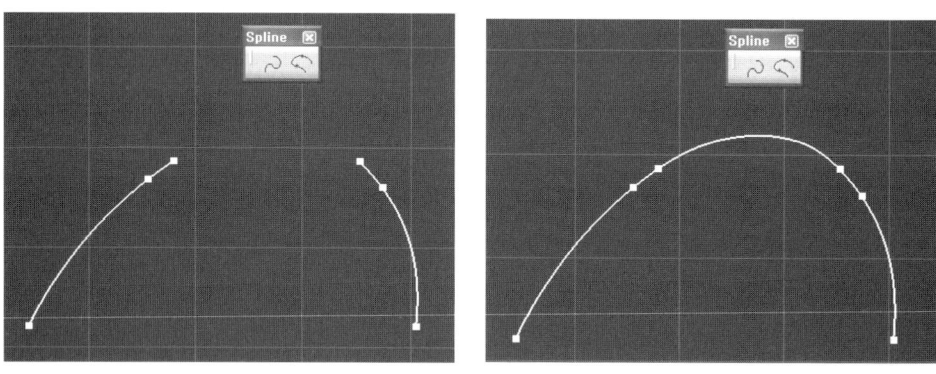

7) Conic 툴 바

Ellipse( )는 타원형을 만들 때 사용한다.

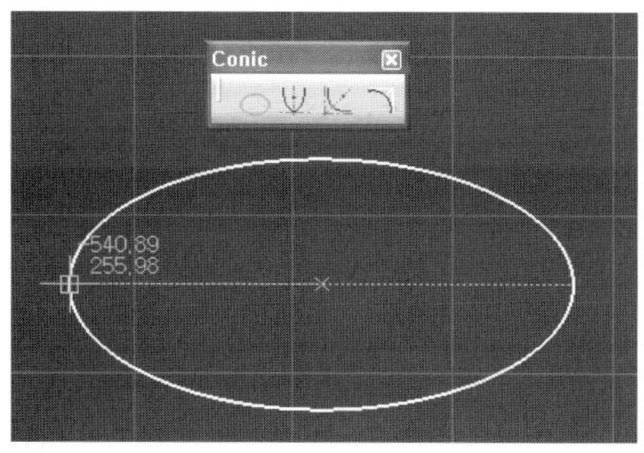
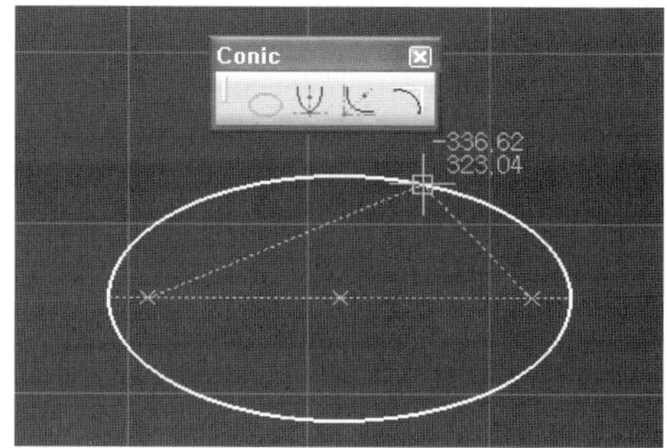

타원은 2개의 Axis를 가진다. 장축과 단축이 있다. 따라서, 원점을 시작으로 양 끝단에 장축을 잡고 다른 단축을 선택을 하면 타원이 만들어진다.

Parabola by focus(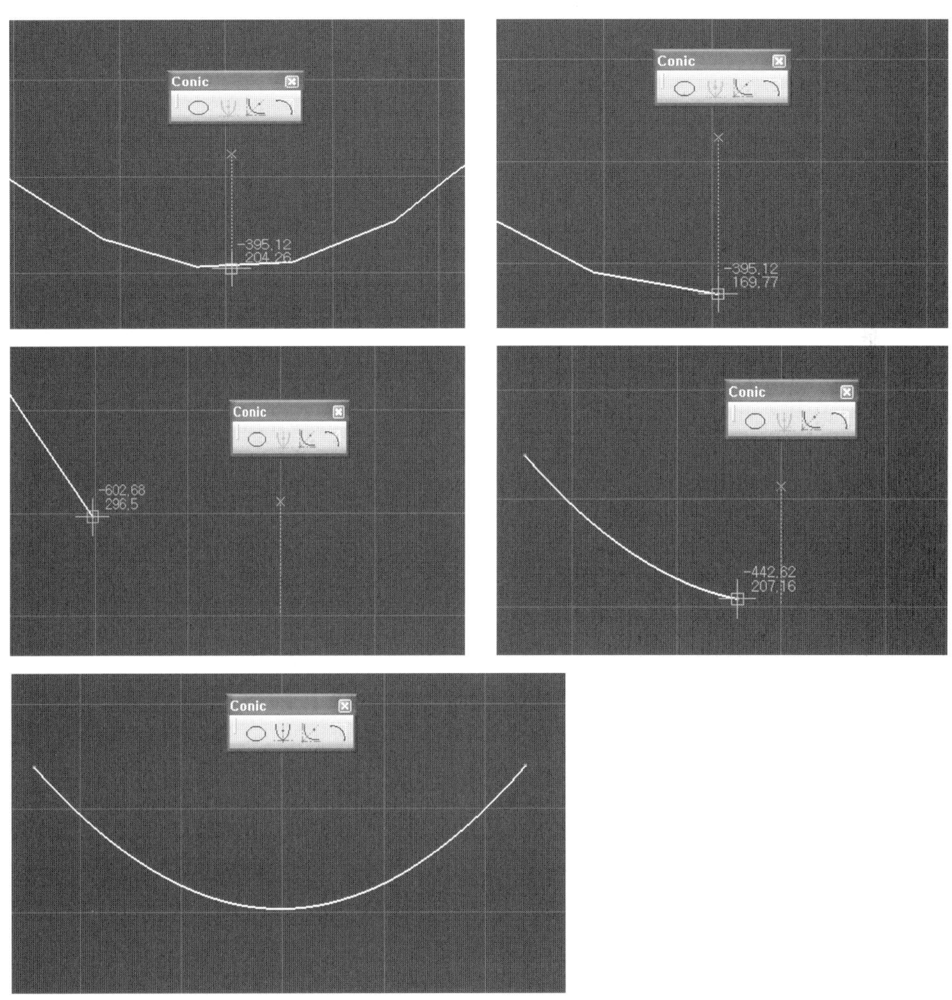)는 포물선을 만들 때 사용된다.

Hyperbola by focus ( ) 는 쌍곡선을 만들어준다.

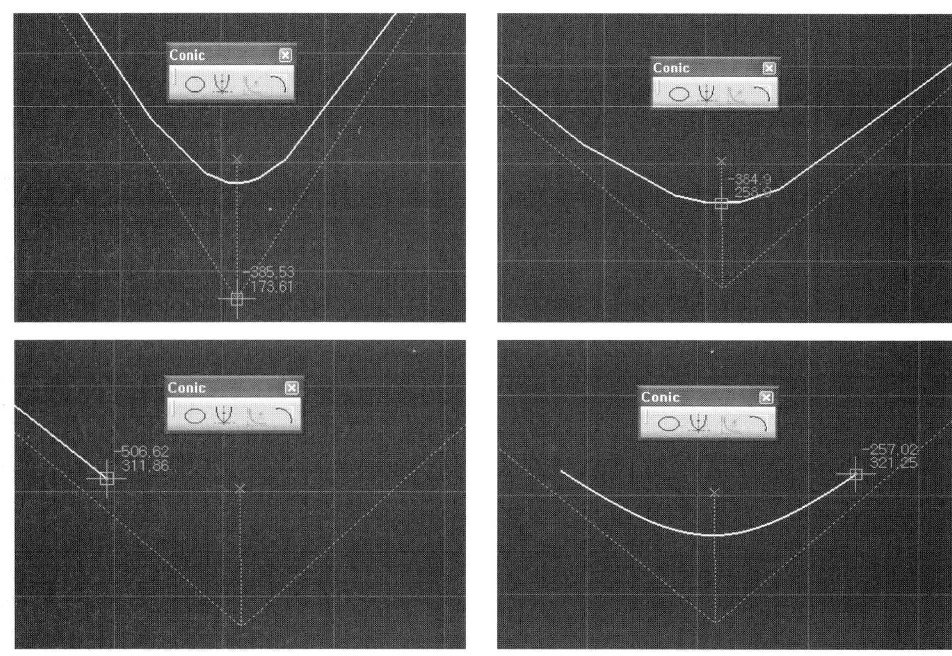

Conic은 원뿔(원추) 형태의 곡선을 만들어준다.

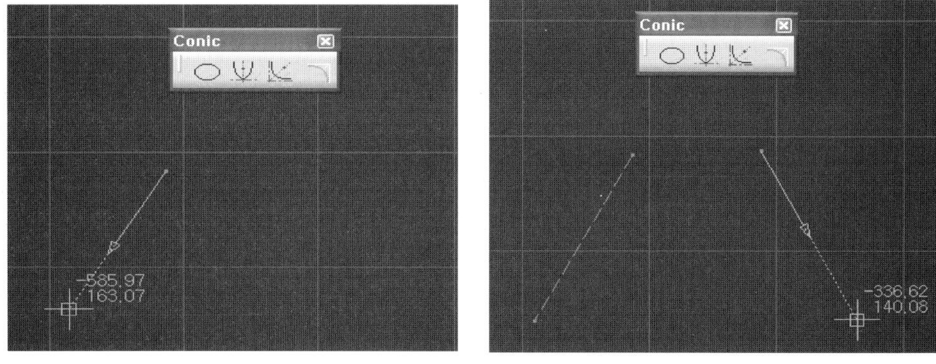

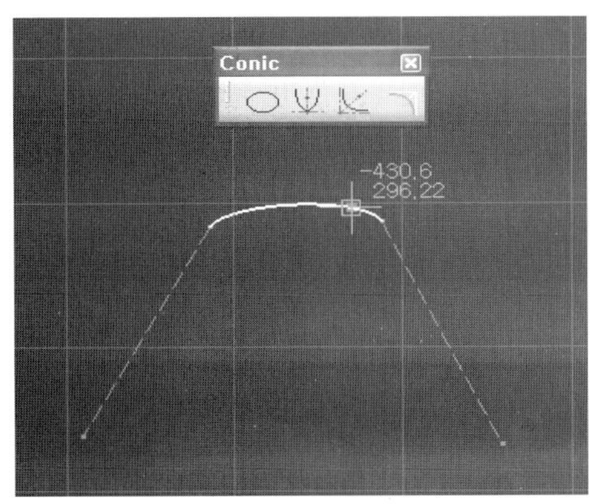 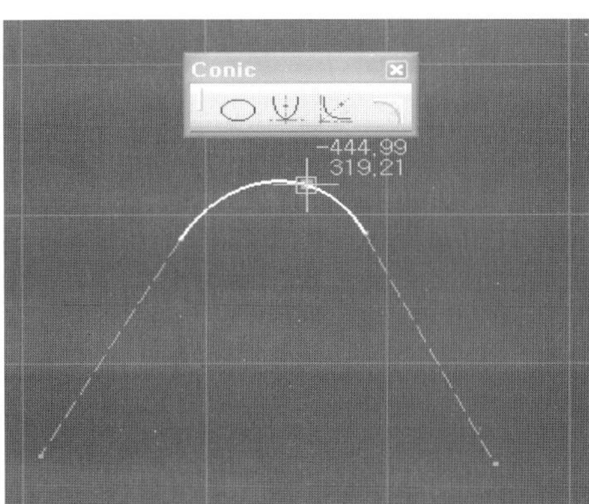

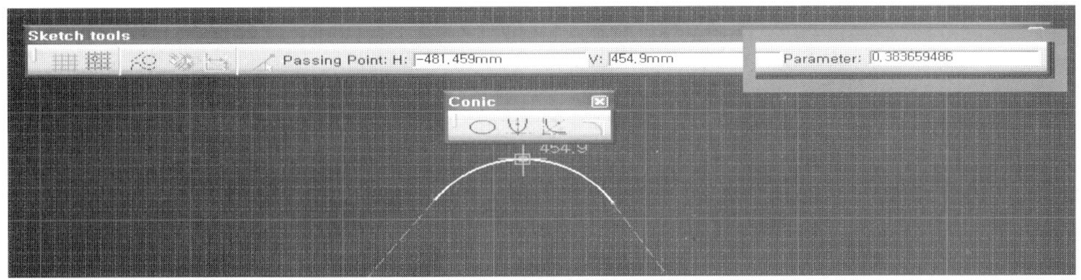

하나의 방향성을 가지는 직선을 그리고 다른 또 하나의 방향성을 가지는 직선을 그리면, 두 직선을 지나며 연결되는 Conic 커브가 만들어진다.

위 그림의 Parameter가 0.5이면 포물선 커브, 0 〈 Parameter 〈 0.5이면 타원형의 Arc가 된다. 0.5 〈 Parameter 〈 1이면 쌍곡선이 된다.(상당히 중요하다. 기억을 하고 활용하기 바란다.)

8) Line 툴 바

Line 아이콘( )은 직선을 만들어준다.

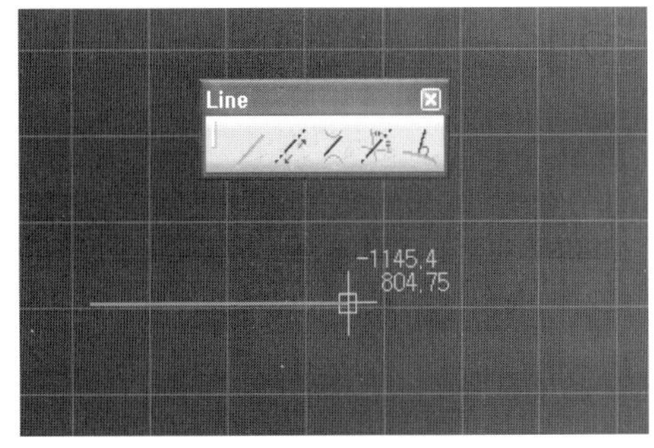 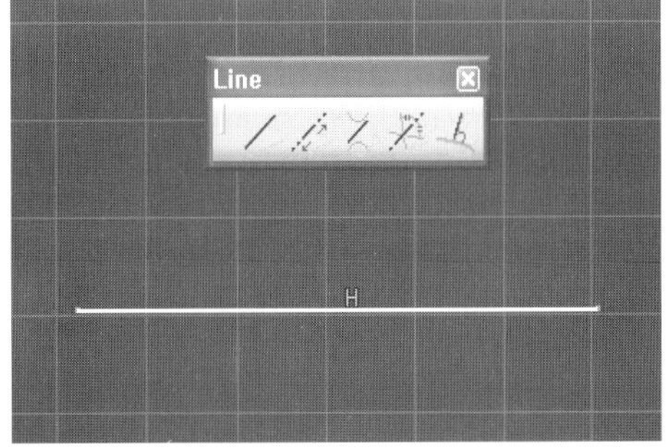

Infinite Line( )은 무한 직선을 만들어준다.

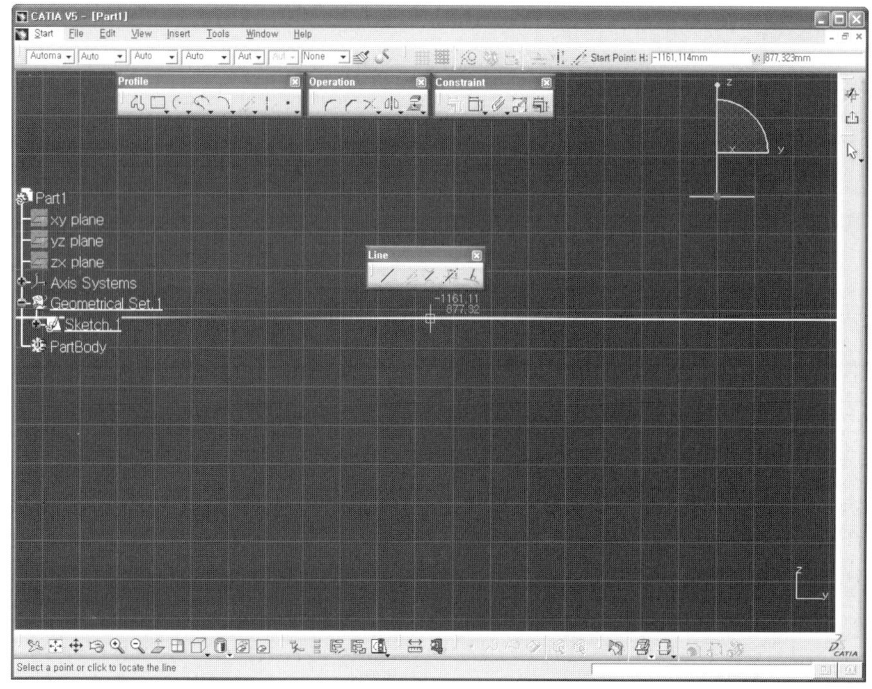

Bi-Tangent Line( )은 두 개의 곡선에 접하는 직선을 만들어준다.

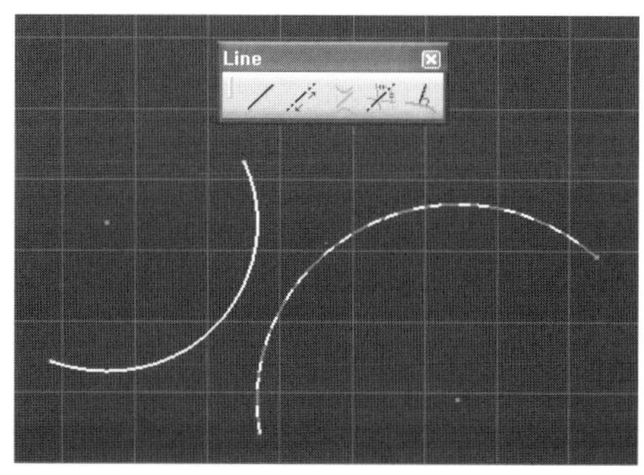
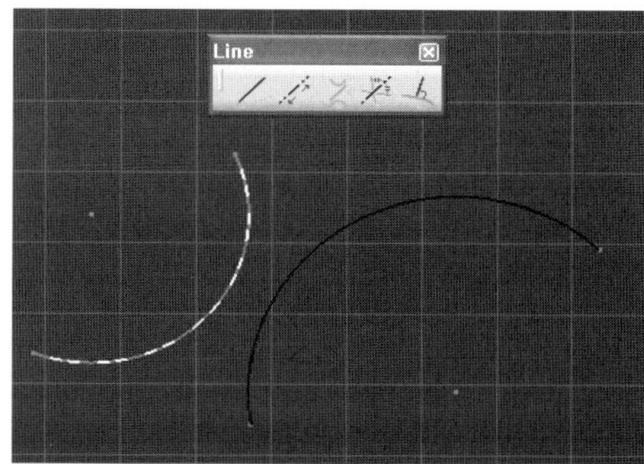

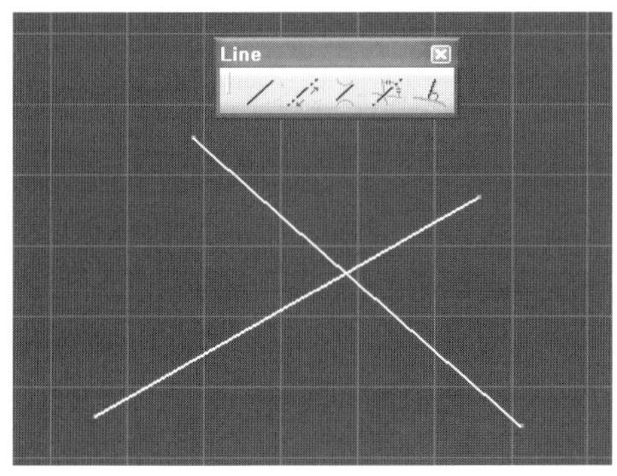

자주 사용하는 기능 중의 하나이다.

Bisecting Line( )은 두 개의 직선의 중간을 지나는 직선을 만들어준다.

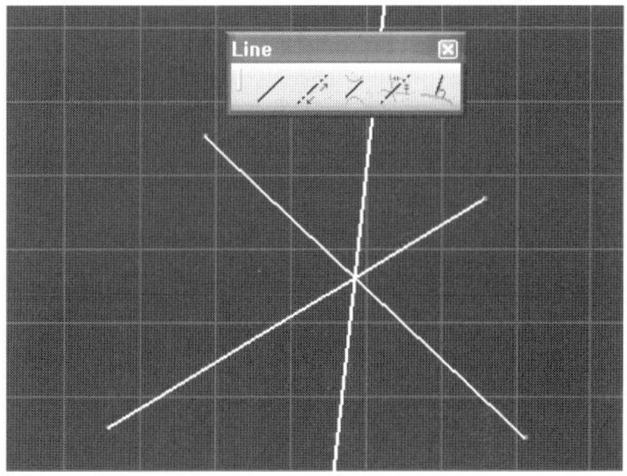

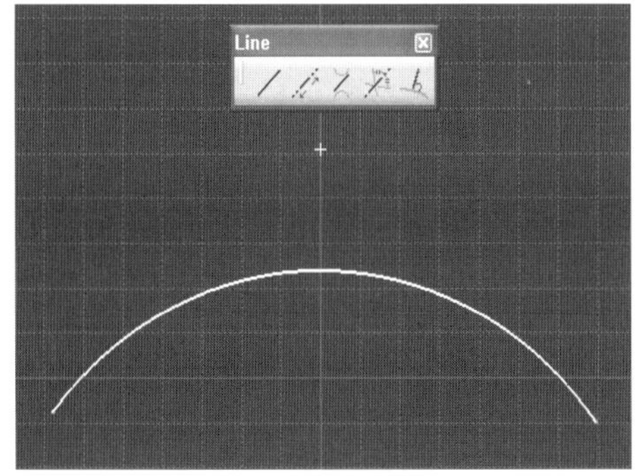

Line Normal To Curve( )는 커브가 있으면 그 커브에 Normal한 라인을 만들어 주는 기능이다. 결국 어떤 커브가 있으면 어떤 포인트에서 그 커브에 수직인 라인을 만드는 것이다.

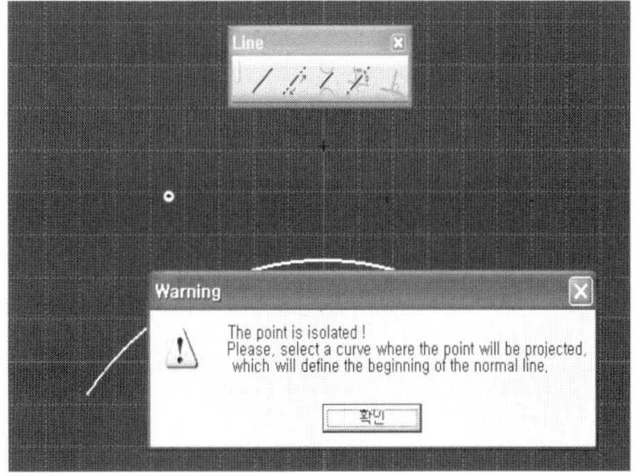

포인트를 선택하였고, 그 다음에 커브를 선택하면 수직인 라인을 구할 수 있다.

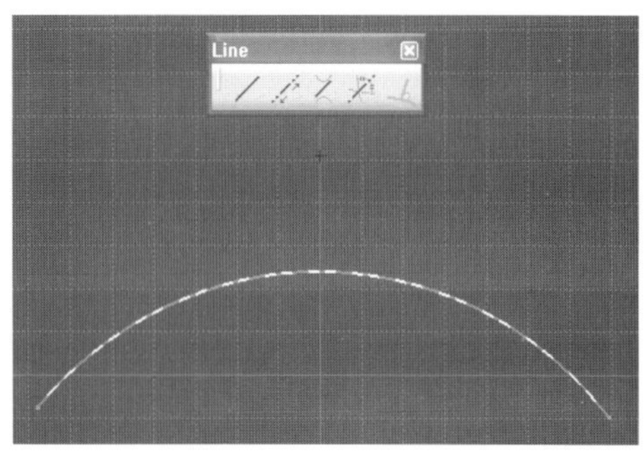

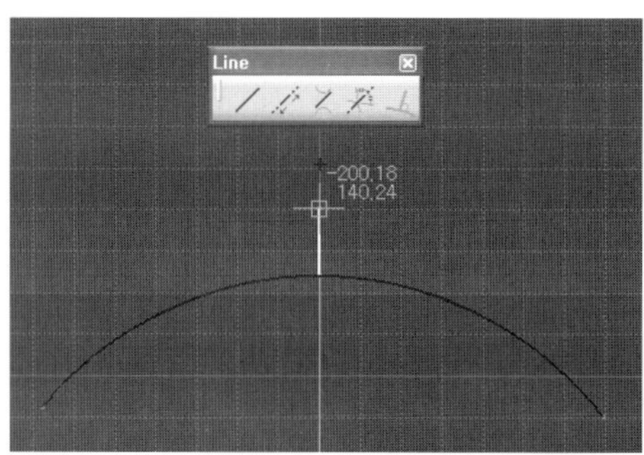

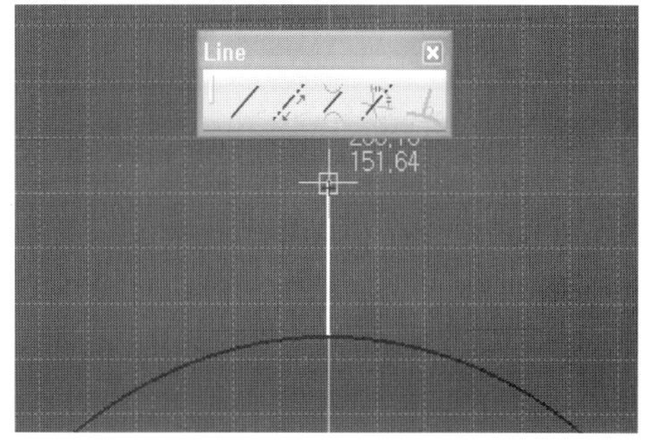

9) Axis

Axis( )는 축으로써, 하나의 스케치에는 하나만 유일하게 존재한다. Axis를 두 개를 연달아 만들게 되면 마지막에 만든 것이 유일한 Axis가 된다. 이 점을 유의할 필요가 있다. 이 Axis는 회전을 할 때 중심축이 된다. 사용법은 아이콘을 클릭하고 라인을 그리듯이 만들면 쉽게 만들 수 있다.

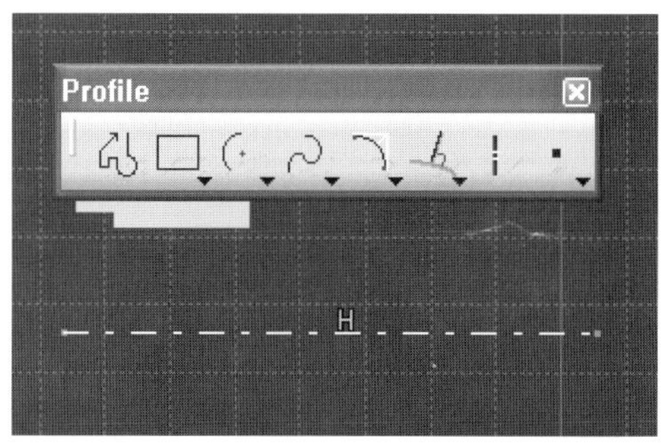

사용하는 경우를 보면, 사각형을 그린다.

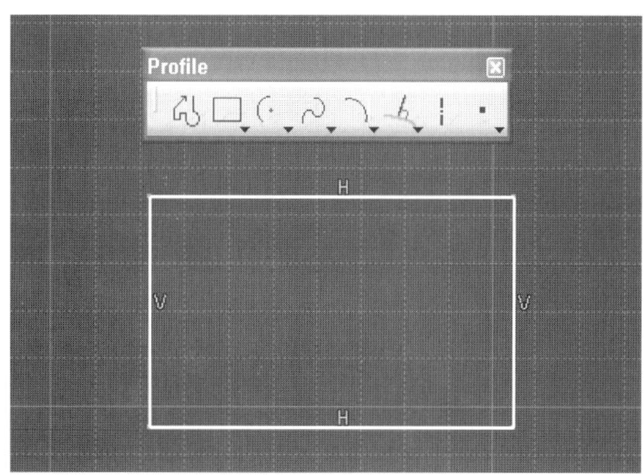

축인 Axis를 만든다.

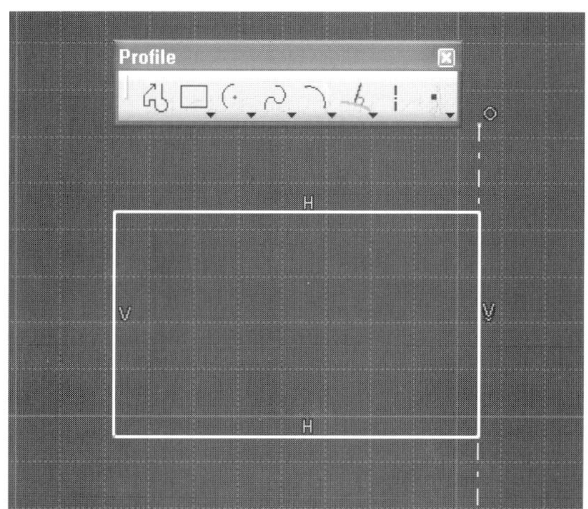

PartDesign의 3차원 공간으로 나간다.

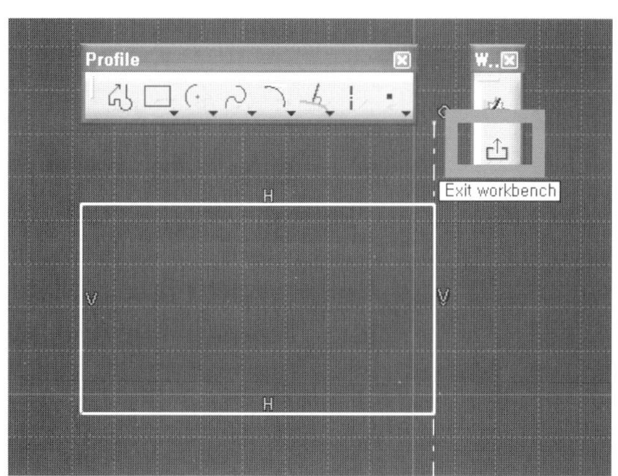

Sketch-Based Features의 Shaft를 클릭
하여 회전체를 만들어 보자.

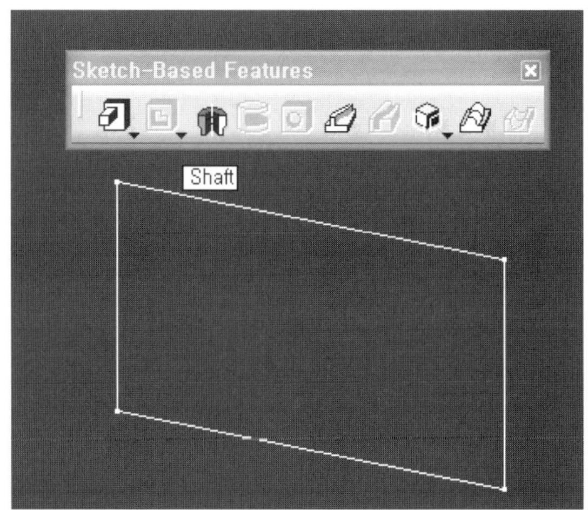

다음 Shaft Definition에 Sketch를 클릭한
다.

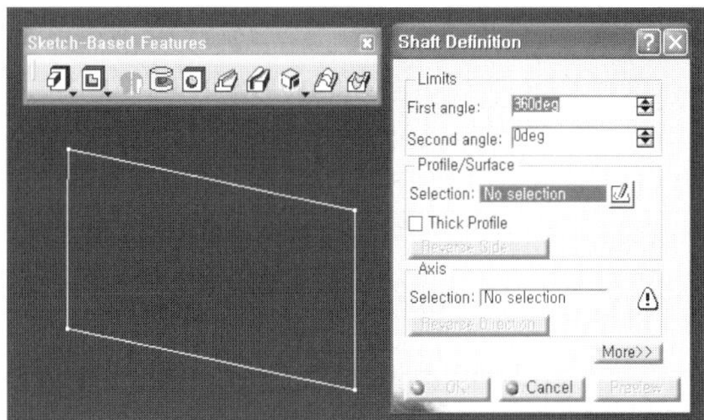

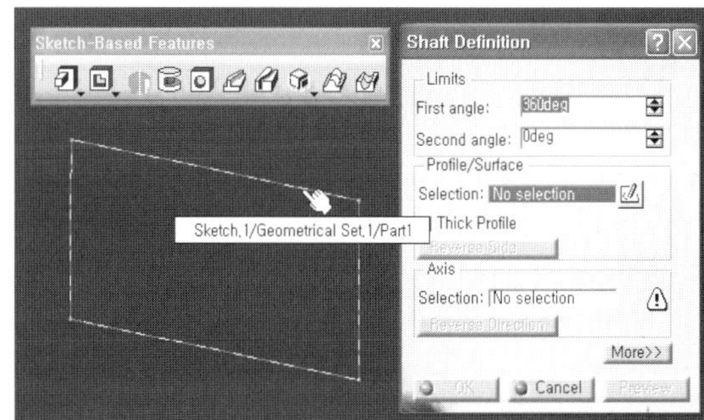

다음 Axis에 Sketch Axis가 별도로 선택하
여 넣지 않아도 스케치에서 Axis를 만들었
기 때문에 자동적으로 적용되어 있음을 볼
수 있다.

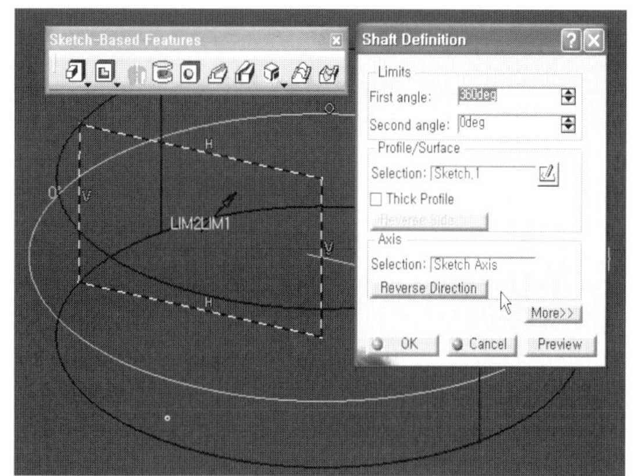

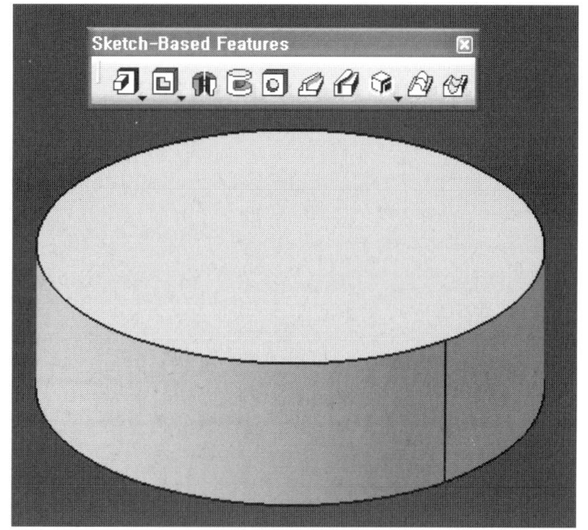

10) Point 툴 바

Point by Clicking(■)은 마우스를 포인트가 생성되기를 원하는 곳에 클릭하면 포인트가 생성된다.

※ 툴 바의 아이콘을 더블 클릭하면 아이콘의 기능을 여러 번 반복하여 실행할 수 있다. 예를 들어, 포인
트를 10개 만들려면 포인트 아이콘을 10번 클릭해야 하지만, 더블클릭하면 원하는 횟수만큼 반복하여
사용할 수 있다.

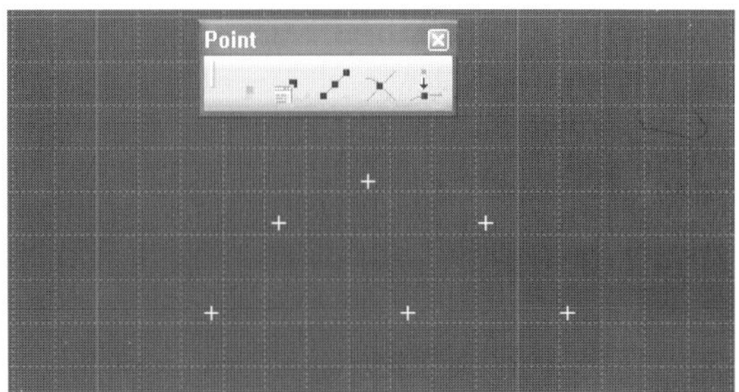

Point by using coordinates(　　)는 좌표값을 입력하여 원하는 좌표값에 포인트를 생성하는 기능이
나.

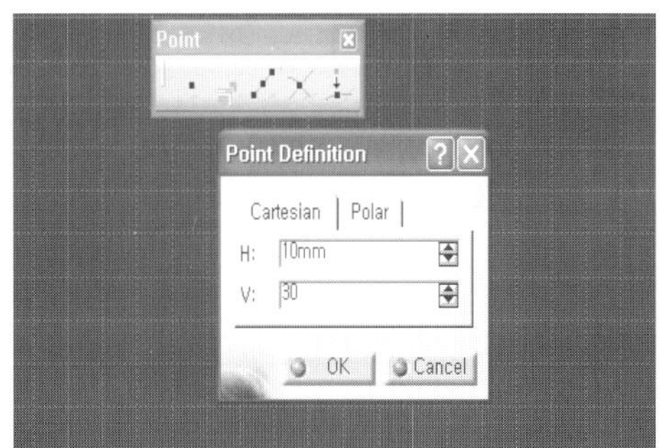
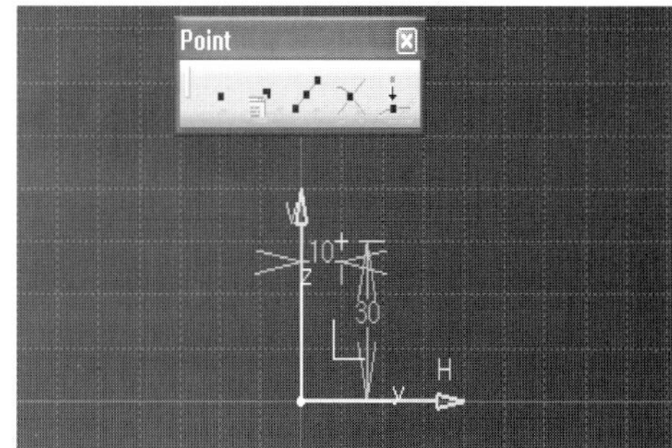

Equidistant Points(　　)는 곡선이나 직선 위에 원하는 등간격으로 원하는 포인트 개수를 얻으려고 하
는 경우에 사용한다.

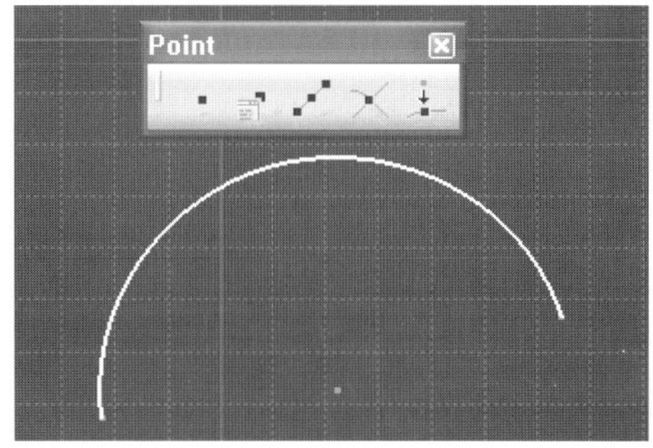
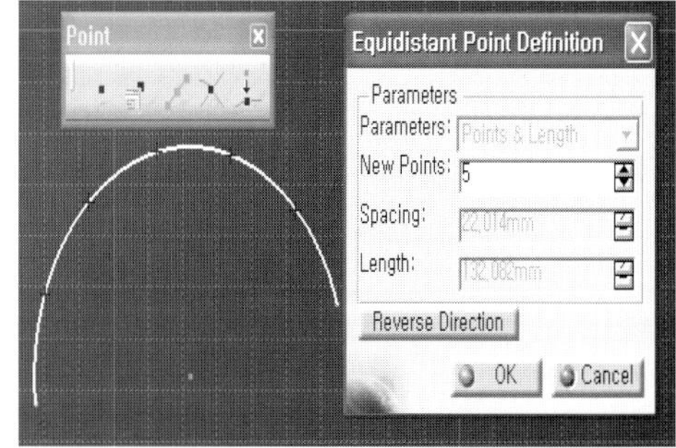

Intersection Point(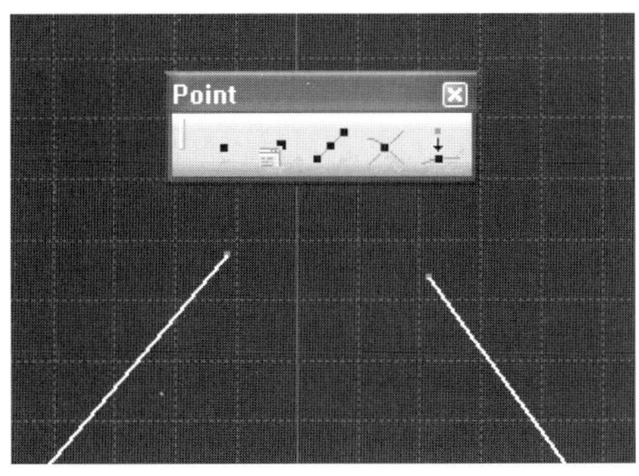)는 서로 교차하는 포인트를 생성할 때 사용하는 기능이다.

교차되는 포인트를 만들려면 아이콘을 클릭하고 각각의 라인을 선택을 하면 만나는 점이 만들어진다.

Projection Point(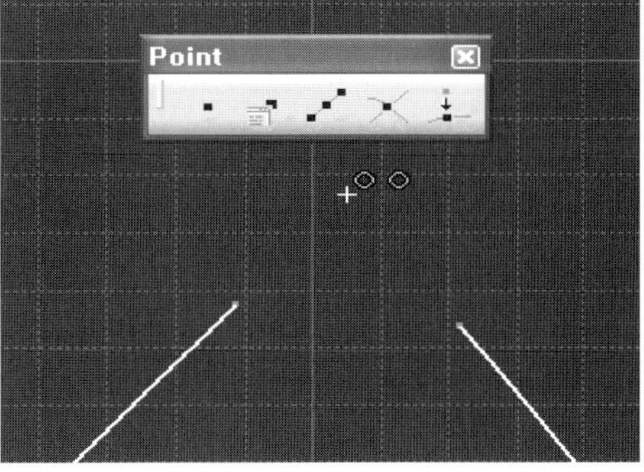)는 어떤 포인트가 어떤 곡선상에 투영되어 만들어지게 한다. 이 때 수직으로 투영된다.

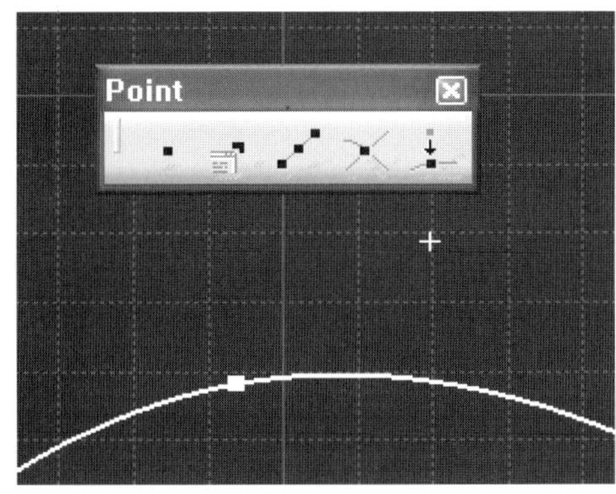
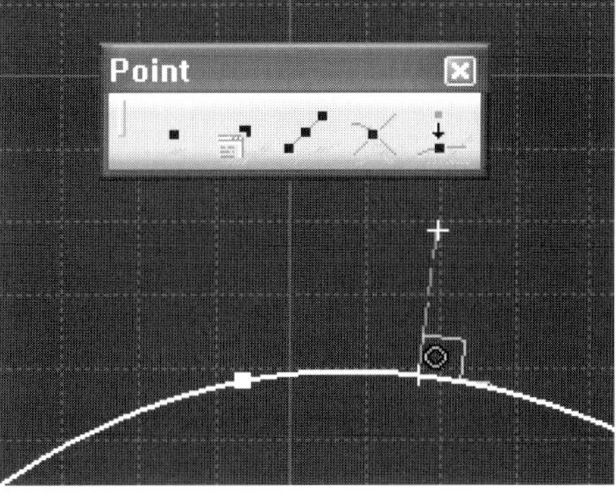

해당 아이콘을 클릭한 후, 투영할 포인트를 선택하고 투영될 곡선을 선택을 하면 수직으로 투영된 포인트가 만들어진다.

11) Operation 툴 바에 대한 이해

Operation 툴 바(   )는 Profile 툴 바로 만들어진 형상을 다듬어 원하는 최종 형상을 만드는 기능을 한다. 즉, Profile로 대략 형상을 만들고 난 이후에 정확한 형상으로 늘리고 줄이고 지우는 기능이다.

Corner(   )는 모서리 부분을 원호 형태로 만드는 기능을 한다.

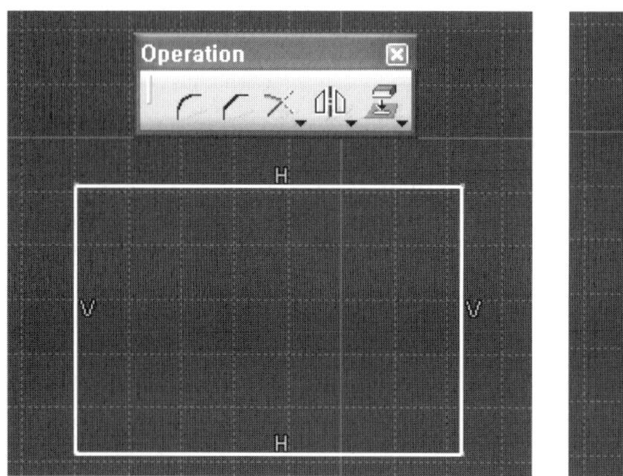

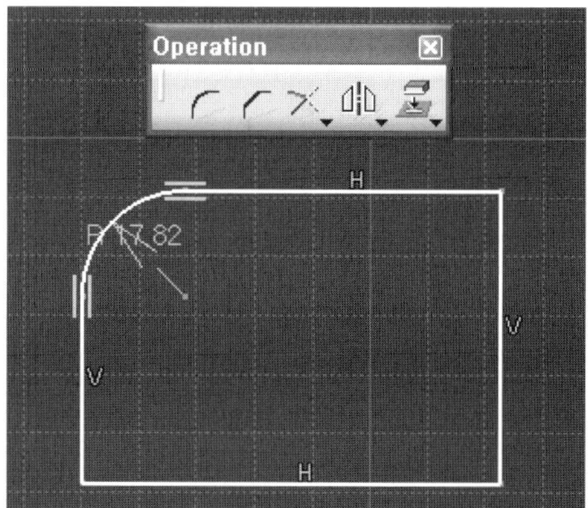

아이콘을 클릭한 후에 각 모서리의 두 군데 라인을 클릭하면 만들어진다.

Chamber(   )는 모서리 부분에 모따기 형태를 만들 때 사용한다.

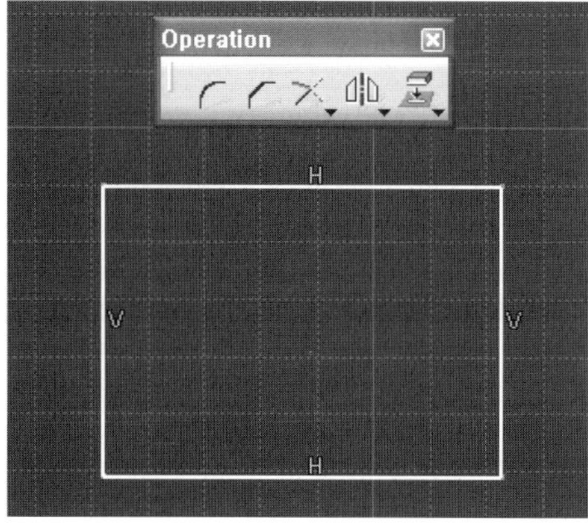

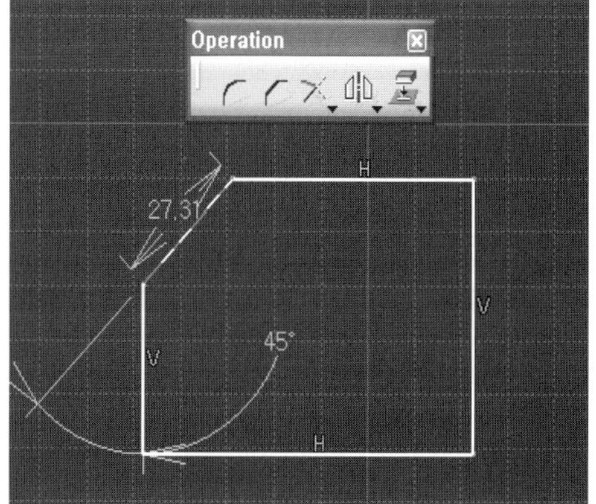

아이콘을 클릭한 후에 각 모서리의 두 군데 라인을 클릭하면 만들어진다.

Operation 툴바의 Trim 아이콘에는 서브
(Sub) 툴 바가 있다. 이름은 Relimitations
이다.

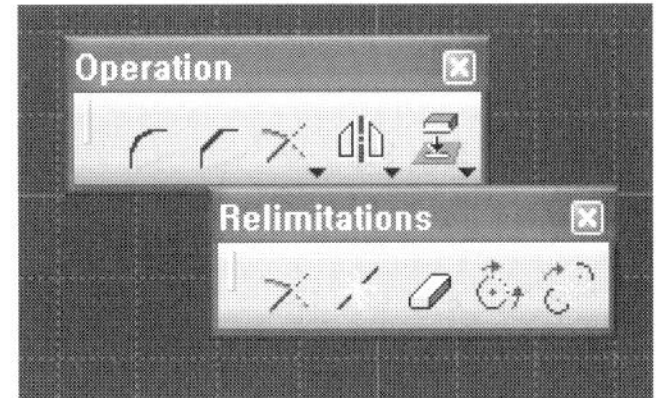

Trim( )은 길이를 늘리고 줄이고 연결하는 기능을 한다. 상당히 자주 많이 사용하는 기능이다.

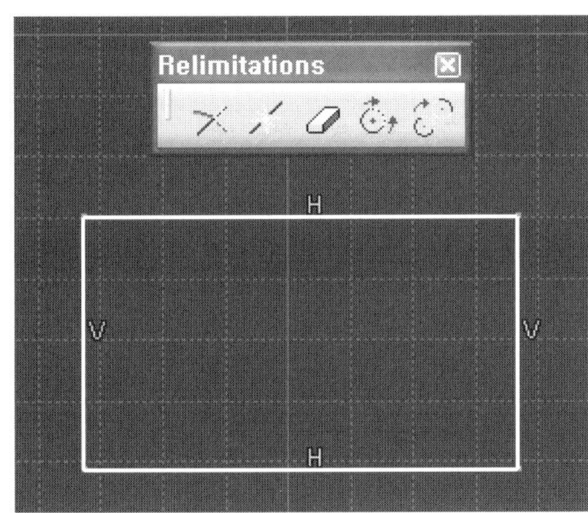

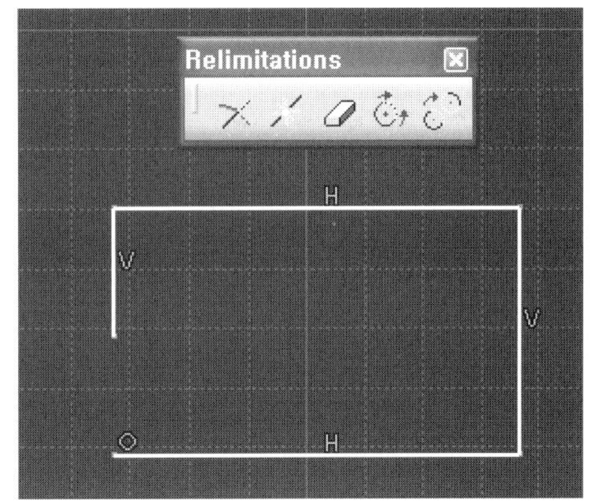

길이를 줄이려는 라인이 있다면, 해당 아이
콘을 선택한 후에 해당 라인을 선택을 하면
원하는 길이로 줄일 수 있다. 다음처럼 길이
를 더 길게 늘릴 수도 있다.

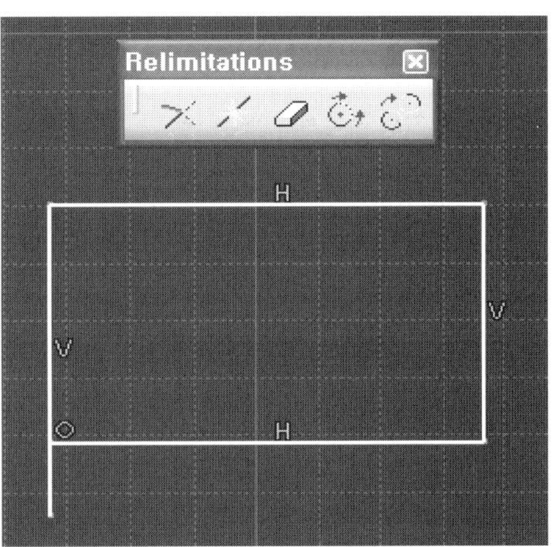

불필요한 부분을 없애고 필요한 부분만을 남길 수 있다. 남기려는 부분을 선택을 하면 그 부분은 남게 되고, 선택되지 않은 부분은 삭제된다.

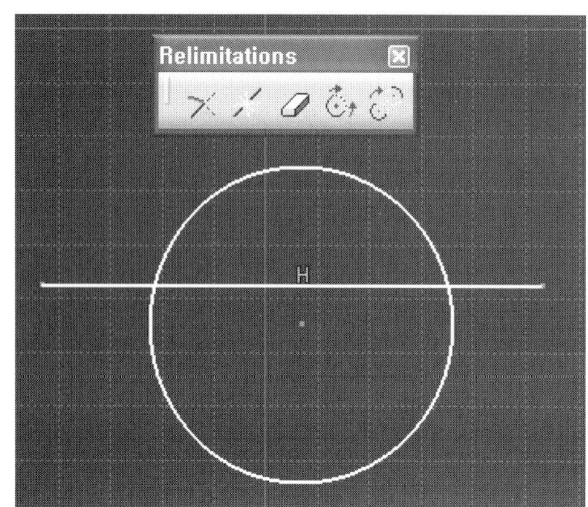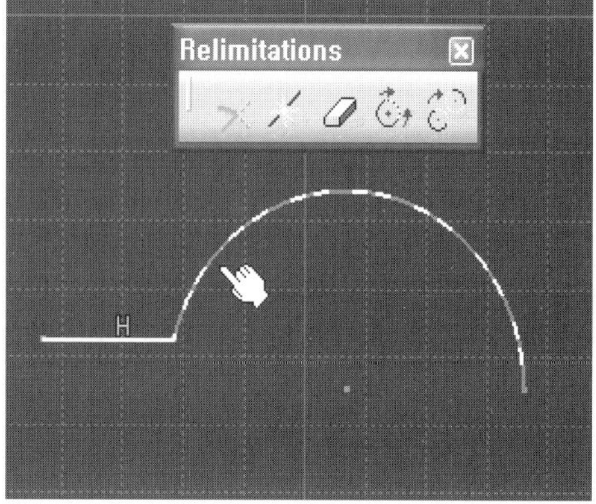

Break(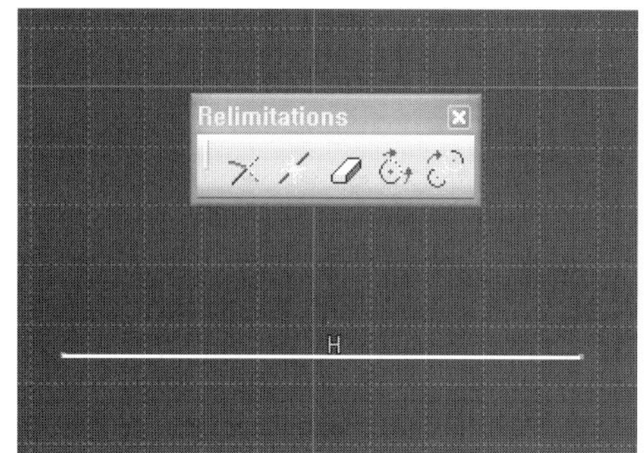)는 라인이나 곡선을 절단되어 분리시킬 때 사용한다. 의외로 실무에서 많이 사용하는 기능 중의 하나이다.

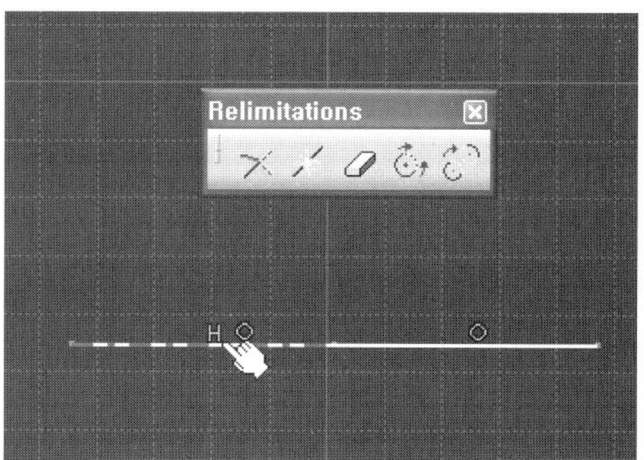

아이콘을 클릭하고 라인을 선택한 후 라인을 분리시킬 곳을 클릭하면 라인이 분리된다. 또는 라인 위에 포인트를 하나 생성한 후 분리할 라인을 먼저 클릭하고 그 다음에 분리할 위치의 포인트를 클릭하면 그 포인트 위치에서 분리된다.(아이콘을 클릭하고 라인 어느 위치에 분리하려고 하면 되지 않는다. 분리할 대상인 라인이나 곡선을 선택하고 그 다음에 한 번 더 분리하길 원하는 곳을 클릭하여야 된다.)

Quick Trim(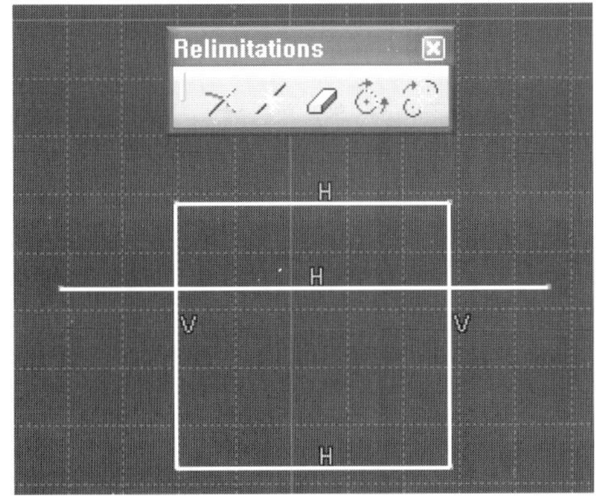)은 서로 만나는 어느 곳을 지울 때 사용한다.

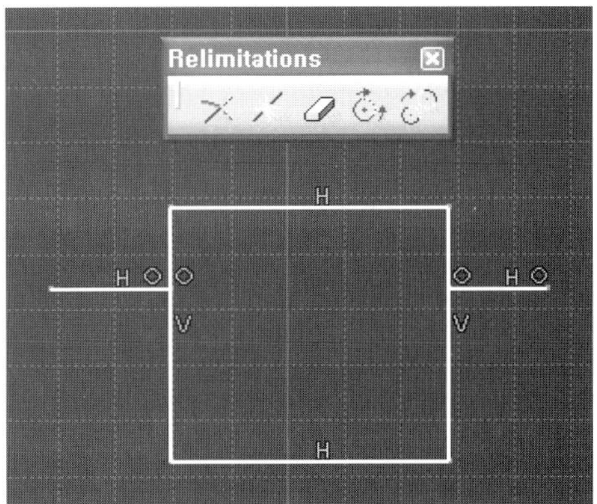

해당 아이콘을 클릭한 후, 원의 그림에서 사각형 안쪽 라인을 선택하면 지워진다.

Close Arc(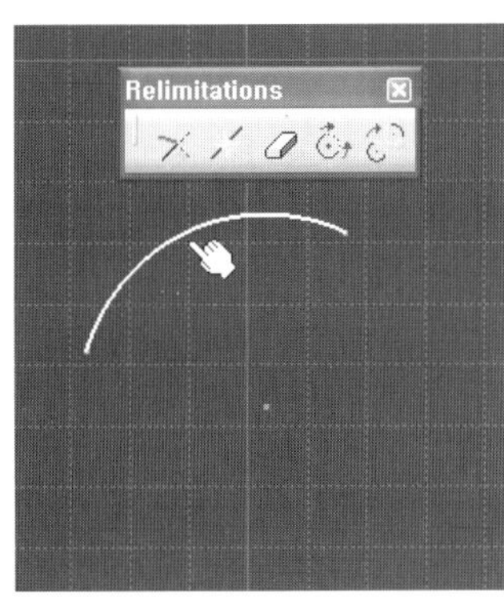)는 원호를 원으로 만들어준다.

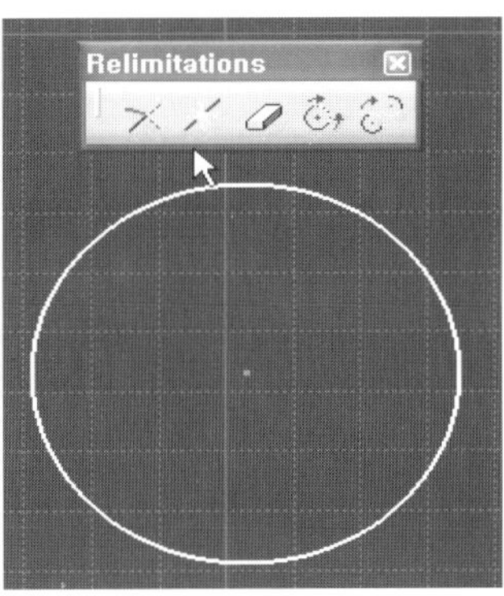

Complement( )는 원호의 나머지 부분으로 만들어준다.

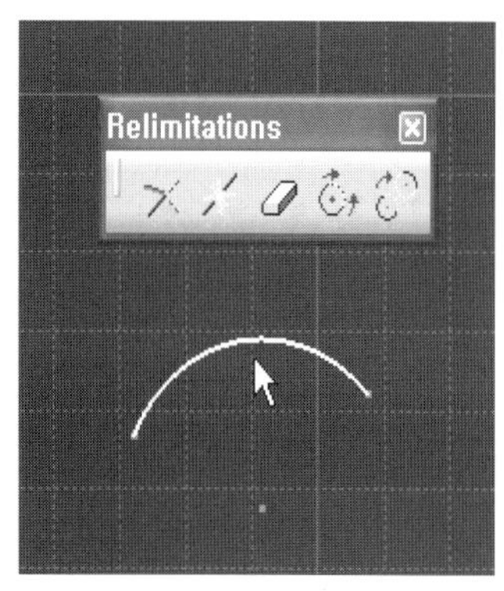 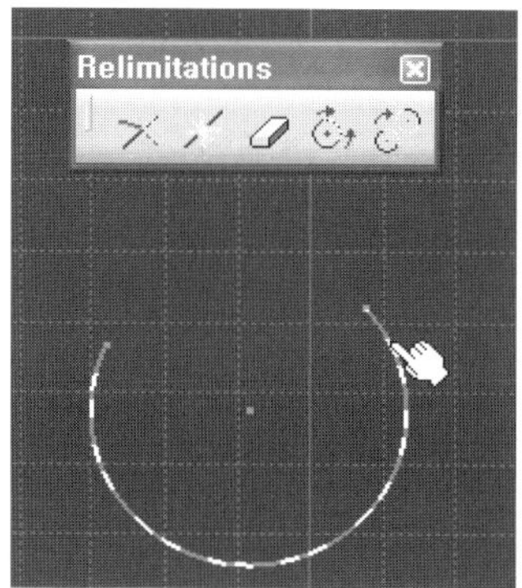

해당 원호를 클릭하면 만들어진다.

Operation 툴바의 Mirror 아이콘에는 서브
(Sub) 툴 바가 있다. 이름은 Transforma-
tion이다.

Mirror( )는 대칭축을 중심으로 반대편에 같은 형상을 만드는 것을 말한다.

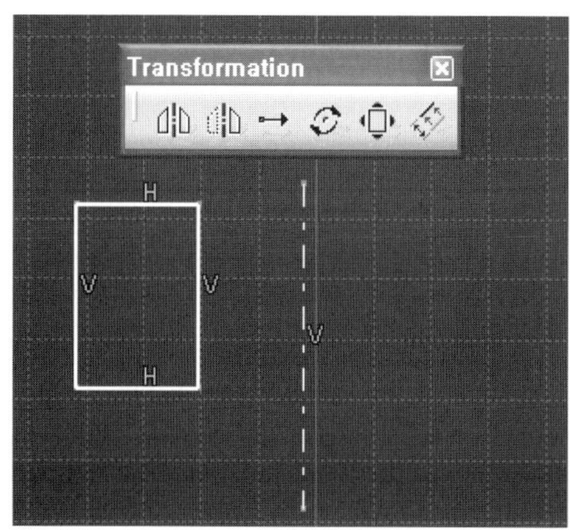 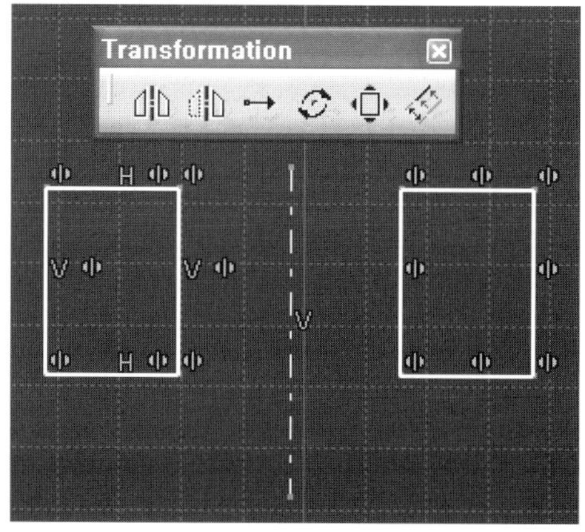

형상을 만들고 대칭의 기준이 될 수 있는 축도 하나 만든다. 그런 후 만들어진 형상을 선택하고 축을 클릭
하면 반대편에 같은 형상이 만들어진다.

Symmetry(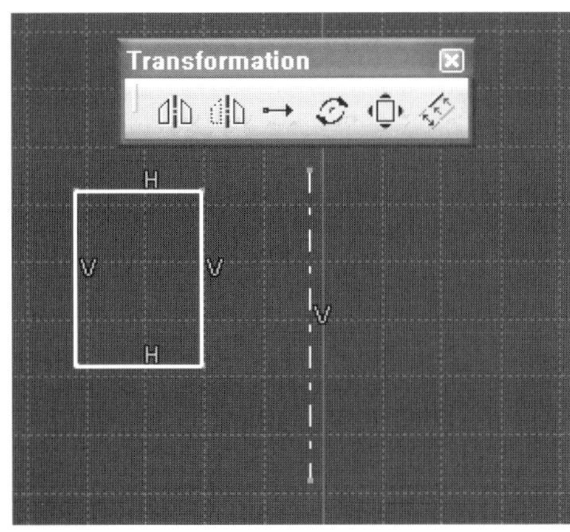)는 대칭축의 반대편으로 형상이 이동한다.

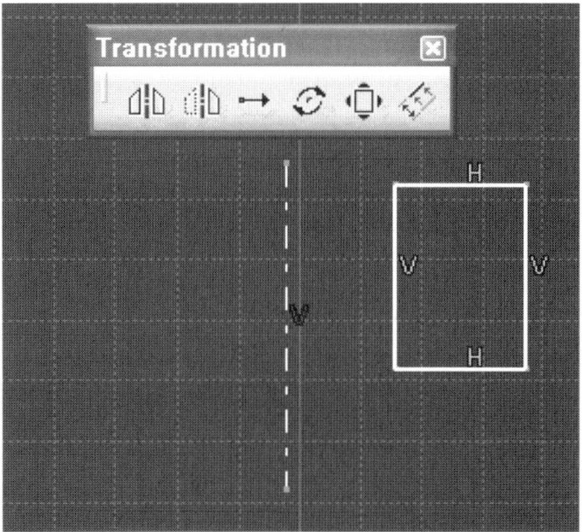

형상을 만들고 대칭의 기준이 될 수 있는 축도 하나 만든다. 그런 후 만들어진 형상을 선택하고 축을 클릭
하면 반대편으로 형상이 이동된 것이 만들어지는 것을 볼 수 있다.

Translate(➡)는 형상을 이동시키는 것이다.

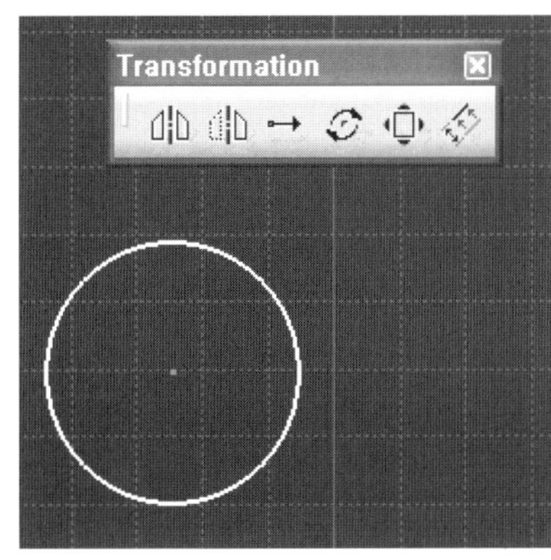

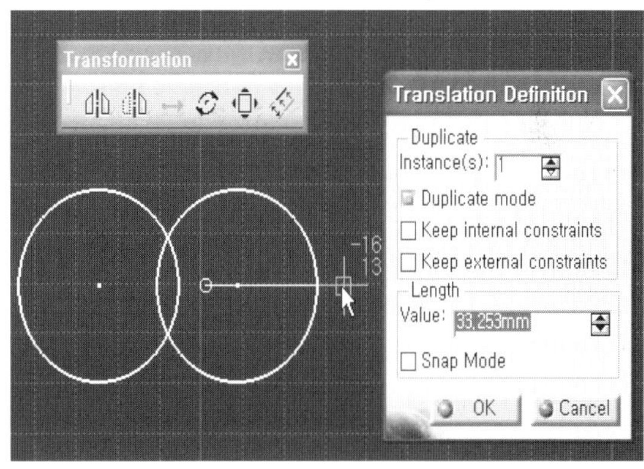

해당 아이콘을 클릭하고 이동할 형상을 선택한 후 원하는 거리만큼(위 그림은 33.253mm) 이동하여 복
사한 형상이 생긴다. 복사 형상을 만들지 않고 이동만 하려면 Duplicate을 Translation Definition창에서
체크를 해제하면 된다.

Rotate( )는 어떤 형상을 회전시키는
기능을 한다.

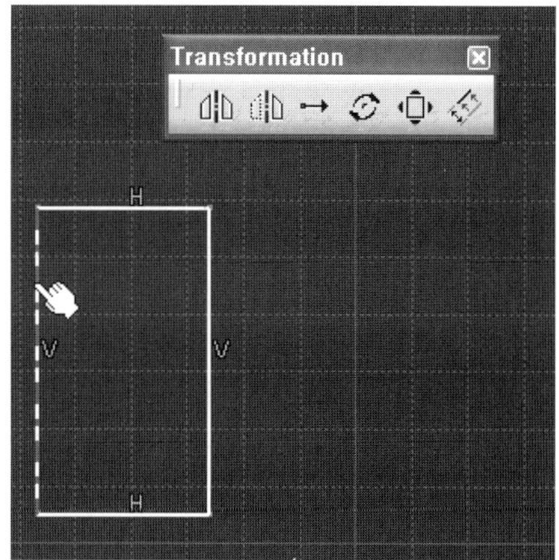

회전시킬 대상인 형상을 선택하고 어떤 회전 중심이 되는 포인트를 정하고 원하는 각도만큼 회전시키면
된다.

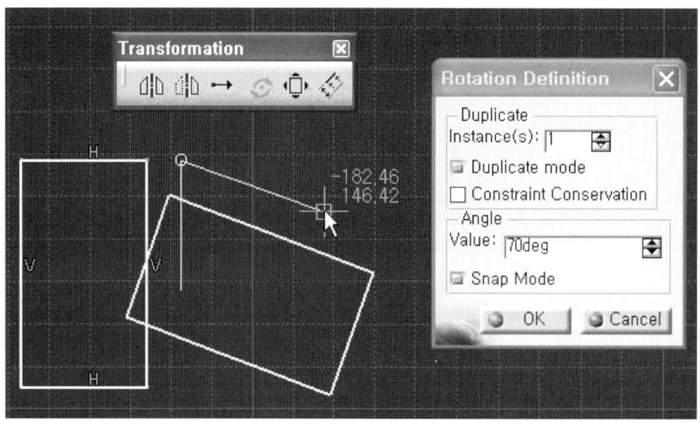

Scale( )는 어떤 형상을 축소, 확대시키는 기능을 한다.

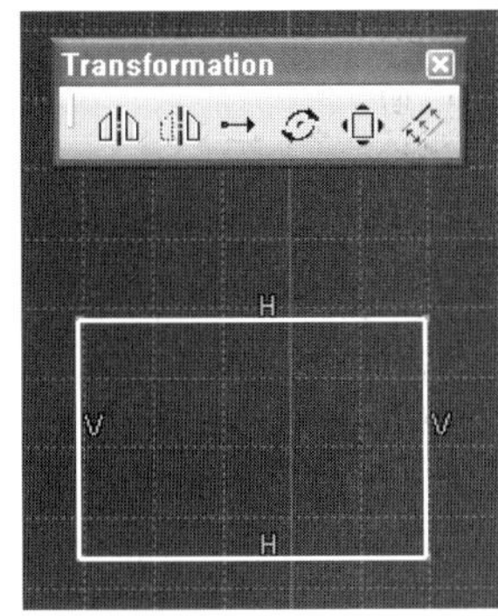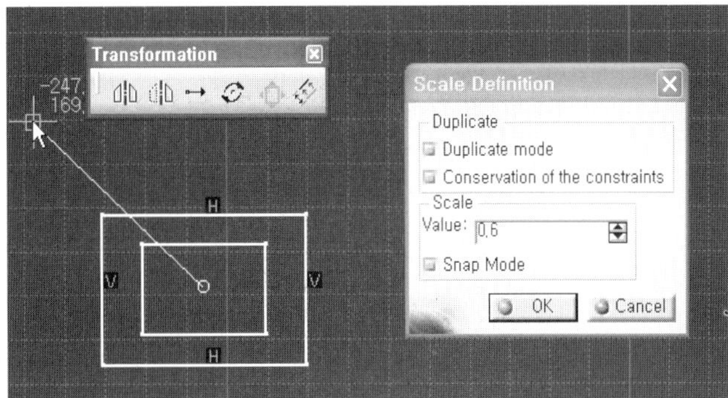

축소, 확대를 할 대상을 선택하고 어떤 포인트를 선택하여 중심을 잡고 크기를 늘리고 줄일 수 있다.

Offset( )는 어떤 형상을 어느 정도 거리를 떨어진 상태로 이동하여 만들게 하는 기능을 한다.

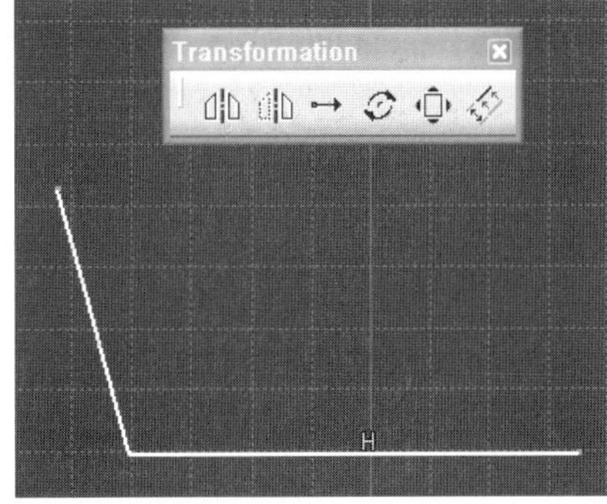

아이콘을 클릭하고 대상이 되는 형상을 선택한다. 그리고 어느 정도 거리가 떨어진 상태에서 원하는 형상을 만든다.

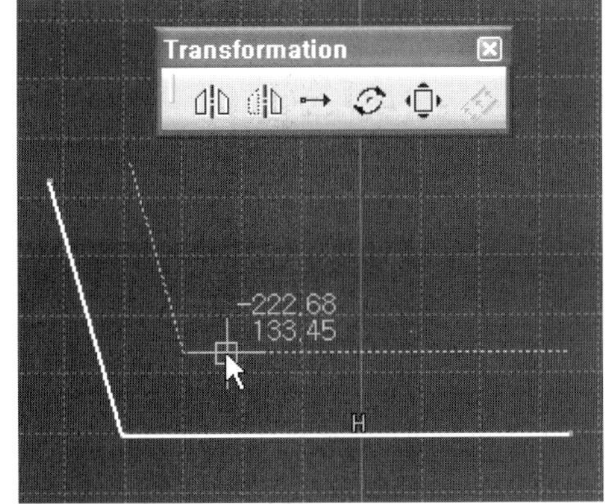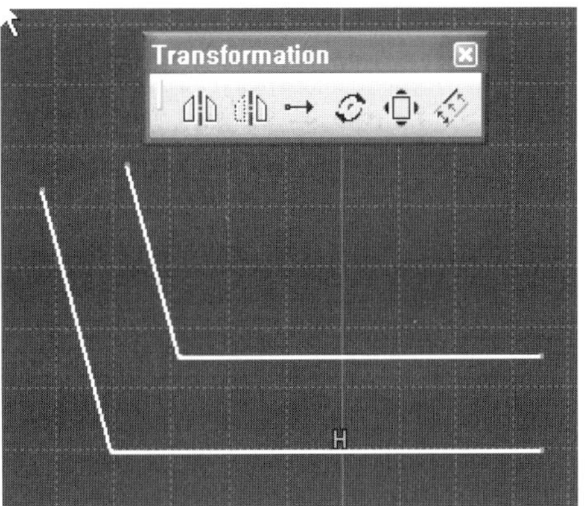

Operation에는 3D Geometry라는 서브
툴 바가 있다.

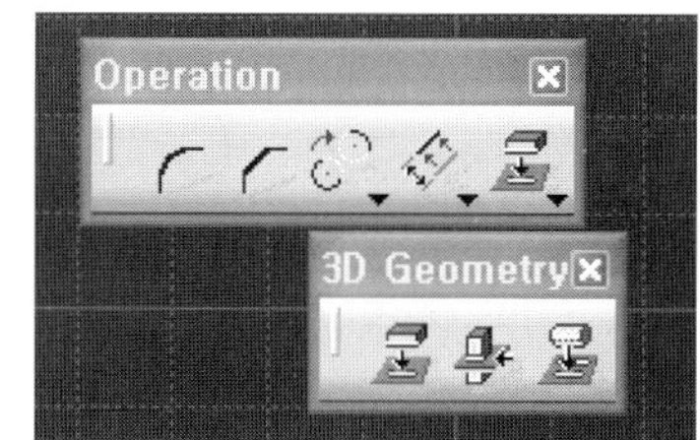

Project 3D Elements(　)는 어떤 Solid 덩어리 형상이 있는 경우에 스케치로 그 형상의 일부를 따
가지고 와서 사용하고자 할 때 필요하다.

먼저, 스케치로 들어가서 임의의 사각형을 그린다. 그리고 스케치를 빠져나간다.

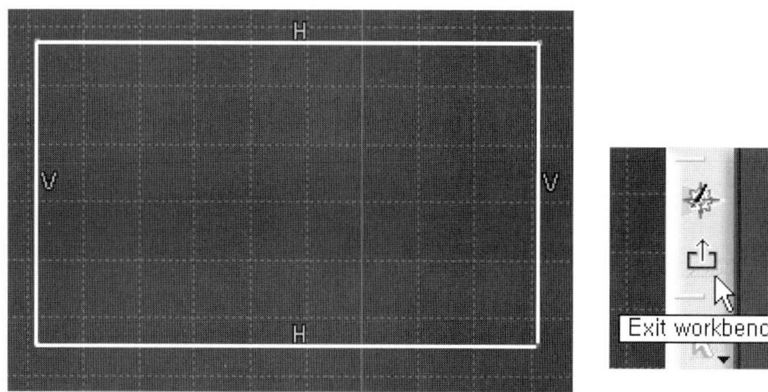

스케치를 빠져나가는 것은 Exit workbench(　)를 클릭하면 된다.

그 다음 만든 사각형의 스케치를 가지고 Pad를 사용하여 Solid를 만든다. Pad 아이콘을 클릭하고 Solid
를 만들 사각형의 스케치를 선택한다.

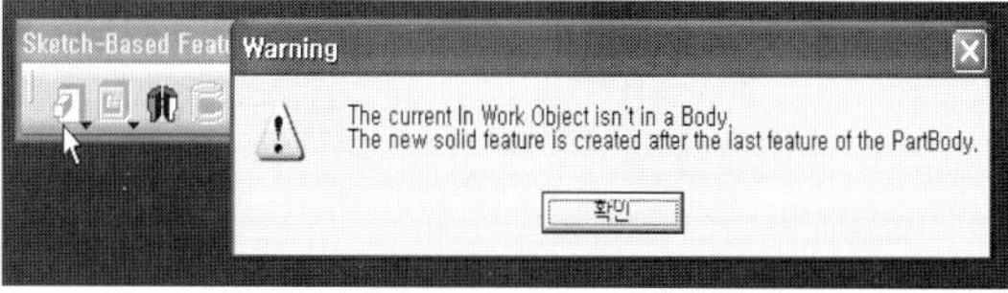

스케치를 클릭하면 Warning 창이 나온다. 이것은 Solid를 만들려고 하는데 Solid를 담을 Body가 없다는 것이다. 만들려는 Solid를 Partbody에 담고 싶다는 내용이다. 확인을 클릭한다.

Pad Definition 창이 나온다. Length를 100mm로 하고 Profile/Surface Selection 에는 만든 스케치를 넣을 것이다. 스케치를 넣으려면 만든 스케치를 선택하면 들어간다.

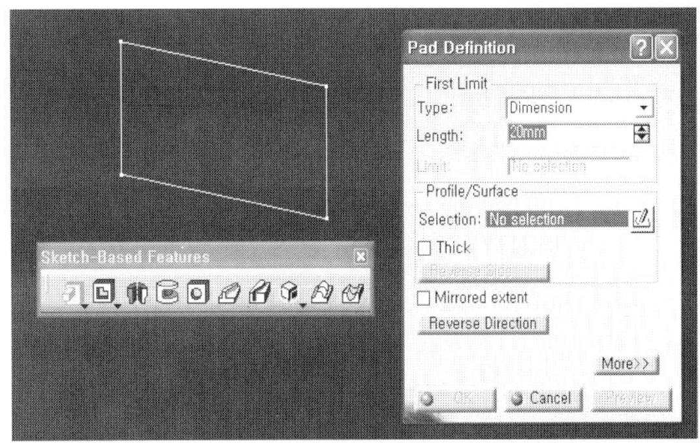

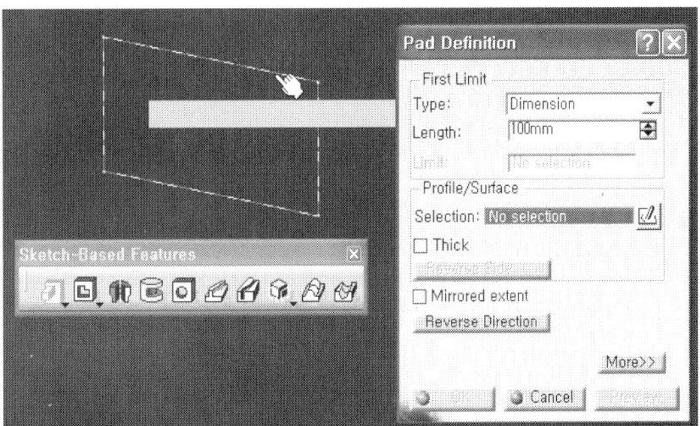

그리고 Mirrored extent을 사용하기 위해 체크를 하고 OK를 선택한다.

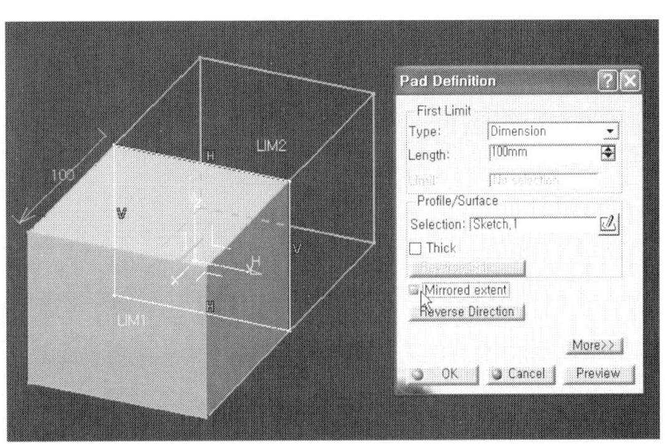

다시 하나의 새로운 스케치를 만들기 위해
스케치로 들어간다. 진입은 yz plane을 잡
고 들어간다. 그러면 Solid의 중간 지점에
스케치가 만들어진 것이다. 결국, Solid의
중간 면과 스케치가 만난다. 이 상태에서
Solid의 어떤 외관선을 가지고 오고 싶을

때, Project 3D Elements( )를 사용
한다. 해당 아이콘을 선택하고 원하는 외관
선을 가지고 와 보자. 다음 그림처럼 앞쪽
면을 선택해 보자.

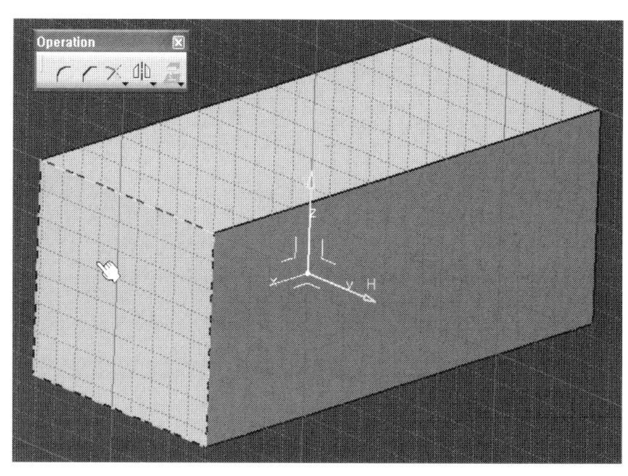

그러면 앞쪽 면의 사각형 외관선이 스케치
에 만들어져 보일 것이다. 그리고 그 외곽선
은 노란색이다.

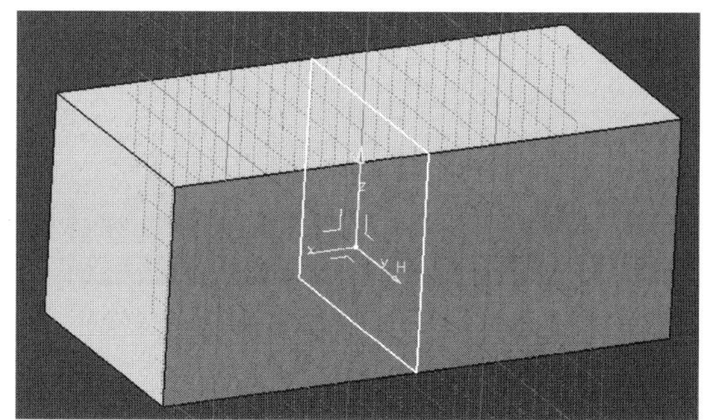

이렇게 Solid에서 가지고 온 부분인 노란색
부분은 Solid의 크기가 변경되면 같은 크기
로 같이 변경됨을 확인할 수 있다. 확인을
하려면 Pad를 만들게 된 스케치로 다시 들
어가서 크기를 변경해 그 결과를 알 수 있
다.

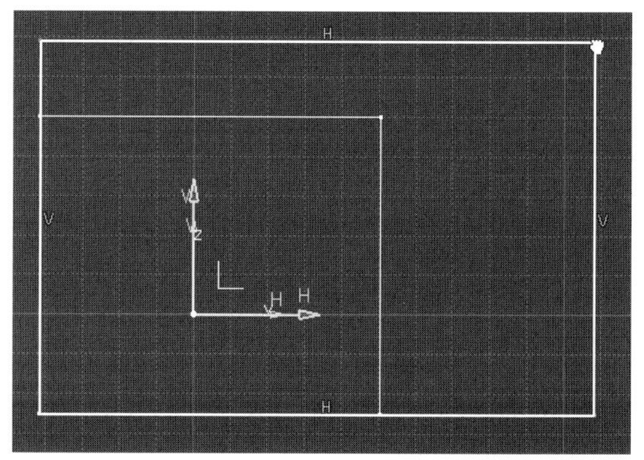

위는 사각형의 크기를 늘리는 그림이다.

그 결과는 같은 크기로 다음 그림과 같이 변
경됨을 최종 확인할 수 있다.

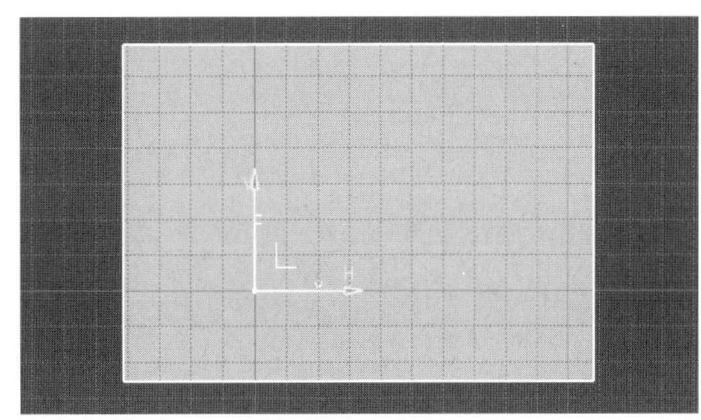

12) Constraint 툴 바에 대한 이해

Constraint 툴 바(　　　　　)는 형상에 주로 치수를 부여하는 기능을 한다.

가장 많이 사용하는 Constraint 아이콘(　　)기능을 먼저 알아보자.

Constraint는 우리말로 제약, 통제란 사전
적 뜻을 가지고 있다. CATIA의 스케치에서
는 치수를 부여하도록 한다. 위의 사각형은
Profile에서 Rectangle로 그린 것이다. 자
세히 보면 V, H가 나타나 있다. 'V'는
Vertical로 수직임을 뜻하고, 'H'는 Hori-
zontal로 수평임을 뜻한다. 그런데 위의
Profile을 보면 사각형이 수직 수평을 유지
하지만 그 크기는 변화한다. 이 각 크기에
치수값을 주면 수직 수평을 유지하면서 크
기도 변하지 않을 것이다. 가로, 세로에
Constraint 아이콘을 사용하여 치수를 부여
하여 보자. 먼저 해당 아이콘을 클릭하고 치
수를 주려는 양쪽 라인이나 포인트를 선택
하면 치수를 줄 수 있다.

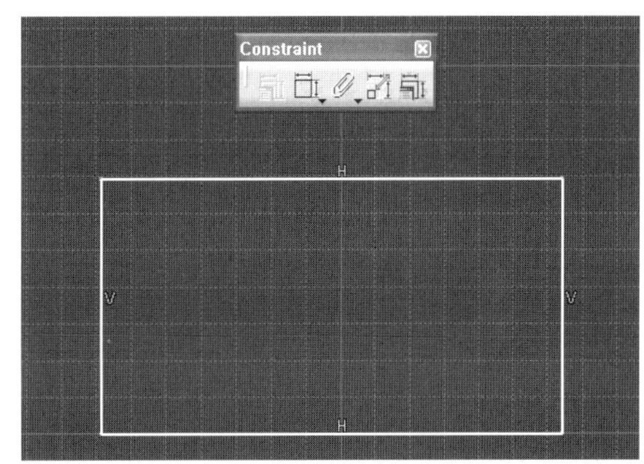

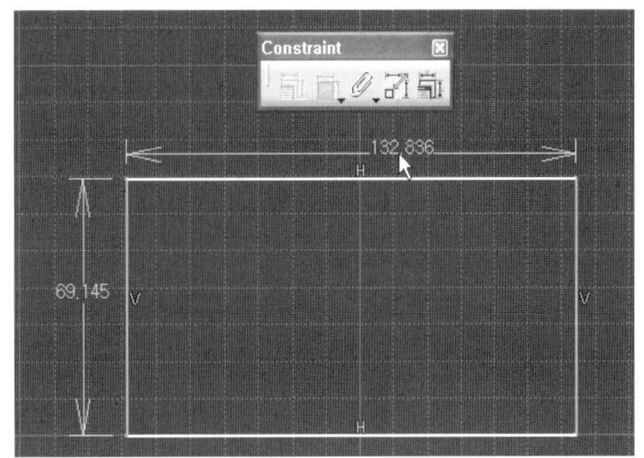

다만 치수를 부여함으로써 모양에 해당하는
형상의 크기에는 변화가 없지만, 마우스로
클릭하여 상하좌우로 이동하여 보면 움직인
다. 스케치에서 이 형상이 움직이지 않게 하
려면 어떻게 하여야 할까?
움직이지 않게 하려면, 스케치에 항상 존재
하는 다음 그림의 V와 H축에서 어느 정도
떨어져 있는지 치수값을 주면 움직이지 않
게 될 것이다.

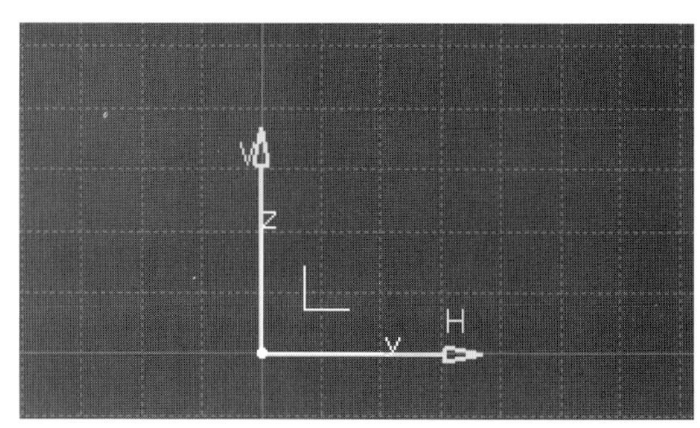

V축과 18mm의 치수값을 부여하면 좌우 수
직 라인이 초록색으로 변화한다. 이 초록색
의 의미는 스케치에서 좌우로는 형상이 움
직이지 않는다는 것을 뜻한다.

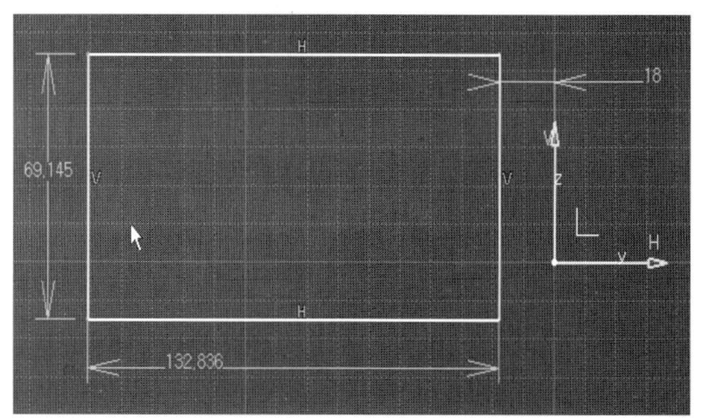

이렇게 움직이지 않는 상태를 '완전 구속'이
되었다고 한다. 그럼, 상하로도 완전 구속을
하려면 어떻게 할까? 좌우처럼 H축과의 거
리만큼 치수를 부여하면 될 것이다.

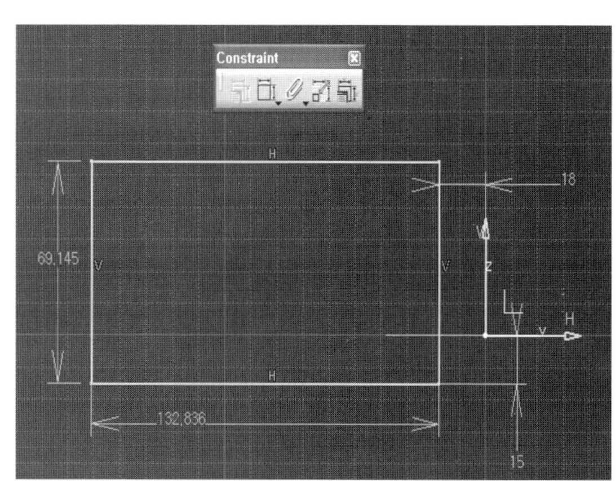

• 완전 구속의 의미 •

 스케치에서 어떤 형상을 그린 경우에 그 형상이 가지는 기하학적인 모양이 있을 것이다. 원인 경우에는 반지름이 있을 것이다. 원에 반지름을 주게 되면 원의 크기는 변화하지 않을 것이다. 이렇게 형상의 크기를 결정지어주게 되면 이것을 기하학적으로 구속을 하였다고 한다. 그런데 이 기하학적으로 형상의 크기가 결정되더라도 스케치에서 선택하여 좌우 상하로 움직여 보면 이동이 될 것이다. 이 이동도 되지 않게 하려면 V, H축으로부터 어느 정도 떨어져 있는지 치수값을 부여하면 된다. 이렇게 최종적으로 스케치에서 어떤 형상이 크기의 변화와 움직임의 변화도 없게 하는 것을 완전 구속이 되었다고 한다. 이 완전 구속이 되면 형상의 각 선이나 곡선은 초록색으로 변화하게 된다. 완전 구속을 한다는 것은 치수를 모두 결정지었다는 것이고, 설계를 하는 측면에서는 설계값을 모두 부여하였다고 할 수 있다. 원의 경우에 완전 구속을 한다면 어떻게 하여야 할까? 먼저 원의 형상을 그린다. 그런 다음, 형상의 크기를 결정지으려면 반지름 치수값을 주어야 할 것이다. 그 다음에 이 원이 스케치에서 이동이 되지 않도록 구속을 하려면, 원의 중심점이 H, V축에서 각각 얼마나 떨어져 있는지 치수값을 주면 될 것이다. 그러면 최종적으로 완전 구속이 되고 원 둘레의 색깔은 초록색이 될 것이다.

Edit Multi-Constraint( )는 어떤 기능을 할까? 이 아이콘은 형상을 대략 그리고 난 이후에 그 형상에 원하는 치수를 한꺼번에 부여할 때 사용하는 기능이다. 우리가 형상을 만들고 난 후에 각 치수를 하나씩 부여할 수도 있지만, 그렇게 되면 번거로울 수 있다.

원에 대한 완전 구속을 한 상태

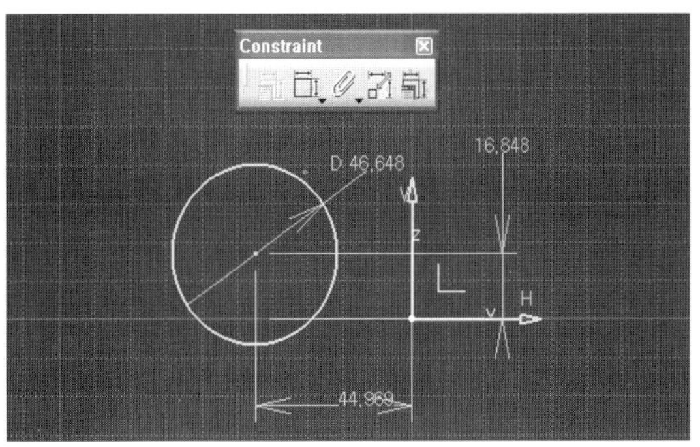

Edit Multi-Constraint( )기능을 사용한 경우

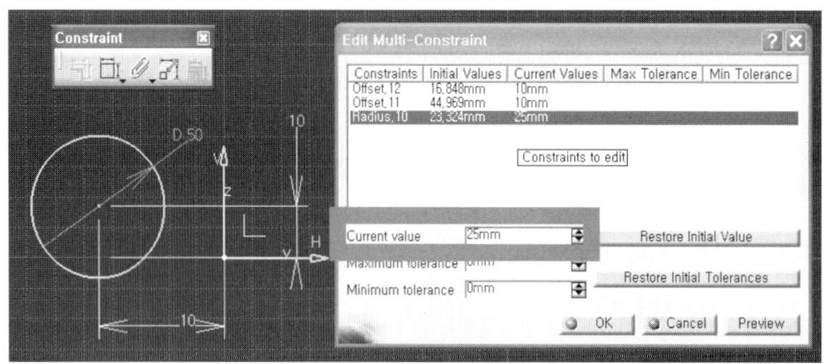

Current value에 주고자 하는 치수 값을 부여할 수 있다.

13) Tools 툴 바에 대한 이해

Tools 툴바( )의 기능도 주요한 내용들이 있다. 먼저 Output Feature
( )에 대하여 알아보자. 이 아이콘은 스케치에 있는 라인이나 곡선의 일부를 독립시키
는 기능을 한다. 예를 들어 보면, 스케치에 수직 수평을 유지하는 사각형을 그린 경우에 이
사각형은 4개의 포인트와 4개의 라인으로 구성되어 있을 것이다. 이런 스케치를 3차원 공
간에서 선택하게 되면 그 구성 요소인 4개의 포인트와 4개의 라인이 하나의 객체로 선택된
다. 이런 스케치로 작업을 하는 경우도 있겠지만, 만약에 4개의 라인에서 1개의 라인을 독
립시키고 싶다. 이런 경우에 사용하는 것이 Output Feature( )이다.

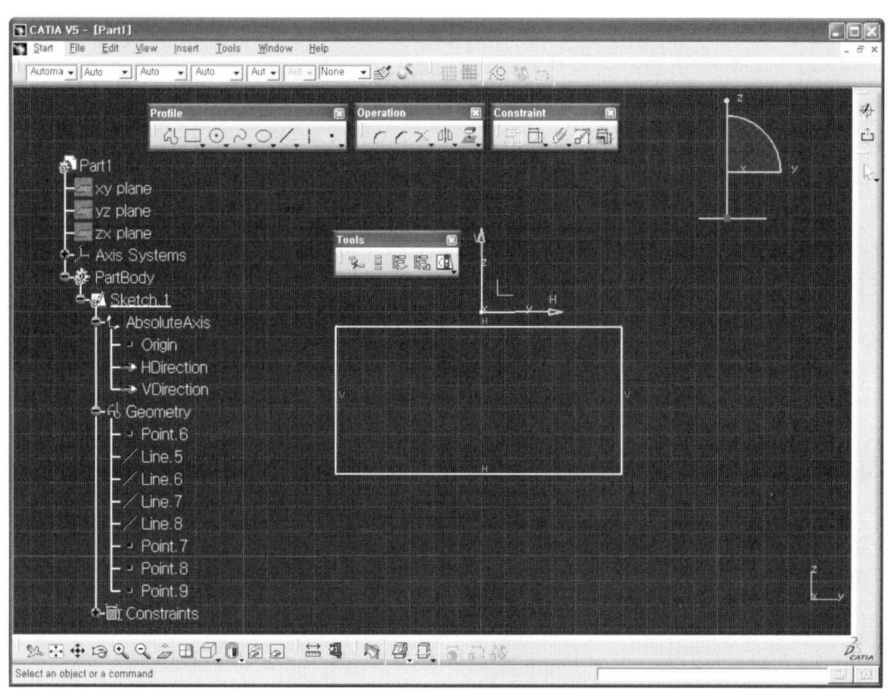

다음은 Output Feature(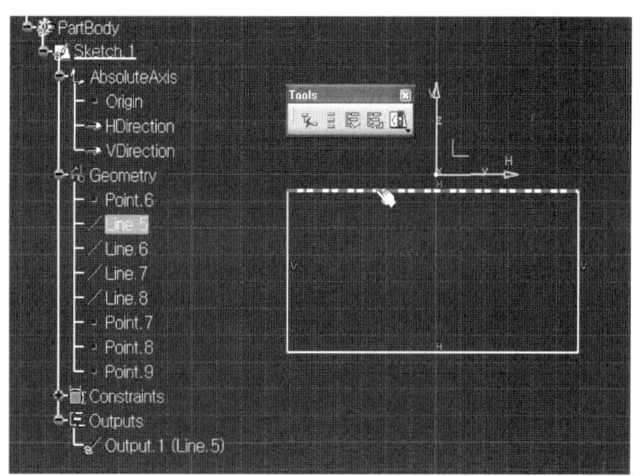)를 사용한
경우이다.

위의 그림을 보면 Tree의 Constraints 아
래에 Outputs가 있고 그 아래에 Line.5가
있는 것을 볼 수 있다. 이것이 독립된 단위
가 된 것이다. 따라서, 3차원에서 스케치를
선택하여도 독립된 Line.5는 분리된 것을
확인할 수 있을 것이다.

이렇게 독립된 Output Feature 결과물을
다시 분리되기 전의 상태로 되돌리려면 해
당 스케치로 진입하여 Output의 Line.5를
삭제하면 된다.

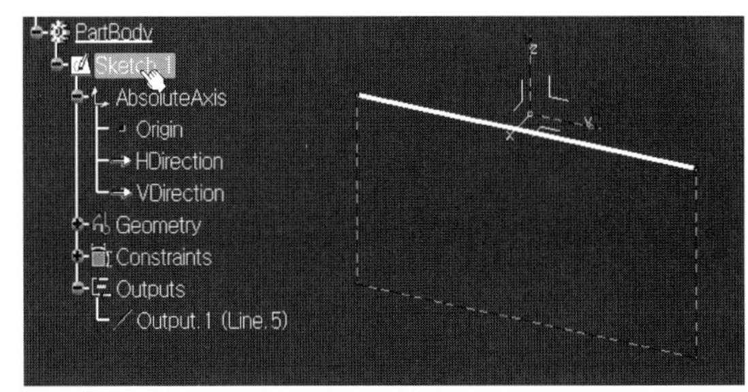

다음은 Profile Feature(　)이다. 이 아
이콘은 Output Feature(　)가 하나 하
나의 단위로 독립시키지만, Profile Feature
(　)는 해당 Profile을 모두 한꺼번에
독립시킨다. 결국, 사각형의 경우에는 사각
형 전부가 한꺼번에 독립이 된 요소가 될 것
이다.

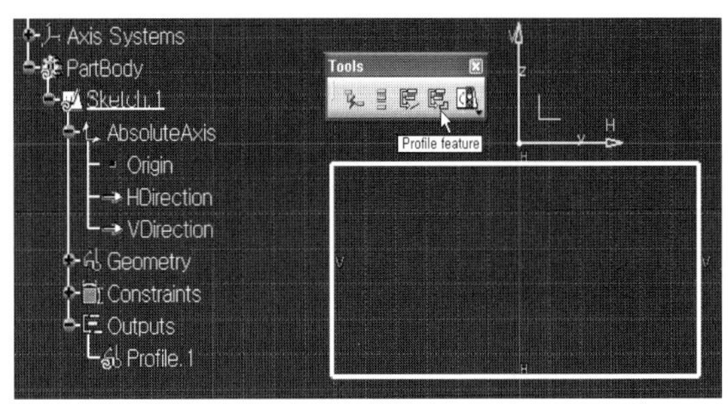

다음은 Toos 메뉴의 Sketch Analysis이
다. 이 아이콘은 Tools 툴 바의 Sketch
Solving Status의 서브 툴 바에 있기도 하
다. 이 아이콘의 기능은 Sketch에서 원하는
형상을 만들고 난 이후에 형상의 연결 상태
나 어떤 요소들이 존재하는지를 알려주는
기능을 한다.
이 기능은 초보자의 경우에는 스케치의 문
제점을 찾게 해주는 중요한 기능인만큼 충
분히 숙지하고 있어야 한다. Solid를 만들
기 위한 PartDesign에서 작업을 하는 경우
에 많은 에러가 발생할 수 있는데, 스케치에
서 작업을 잘못하는 경우가 그 원인이 되는
경우가 많다. 예를 들어 4각형 안에 포인트
가 하나 존재한다면 Pad 기능으로 Solid를
만들 수 없다.

스케치의 문제점을 찾을 때 사용하는 Sketch Analysis에 대하여 사례로 알아보자.

다음의 그림은 사각형이 있다. 그런데 자세
히 살펴보면 오른쪽 위 모서리가 서로 이어
져 있지 않고 끊어져 있다. 이런 경우에 아
주 자세히 확대하여 보지 않고 더 적게 축소
하게 되면 이어져 보인다. 이런 경우에 사용
을 하면 끊어져 있음을 확인할 수 있다. 그
리고 사각형으로 Pad로 Solid를 만들려면
불필요한 포인트가 스케치에 존재하면 에러
가 발생하여 Solid를 형성할 수가 없다.

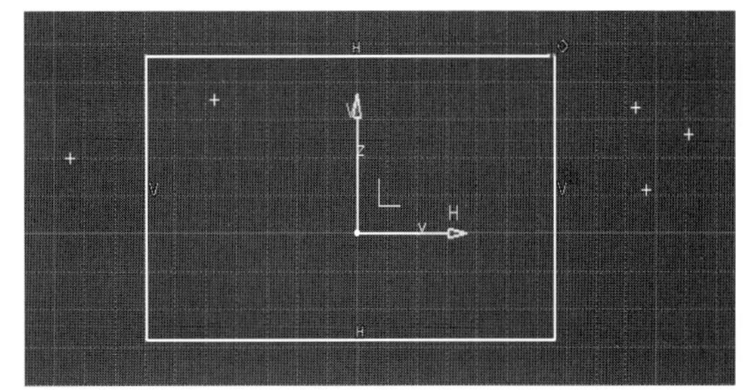

이런 문제점을 가진 스케치로 Pad를 해보
자. 위와 같이 스케치를 만들고 3차원 공간
으로 스케치를 빠져나가보자.

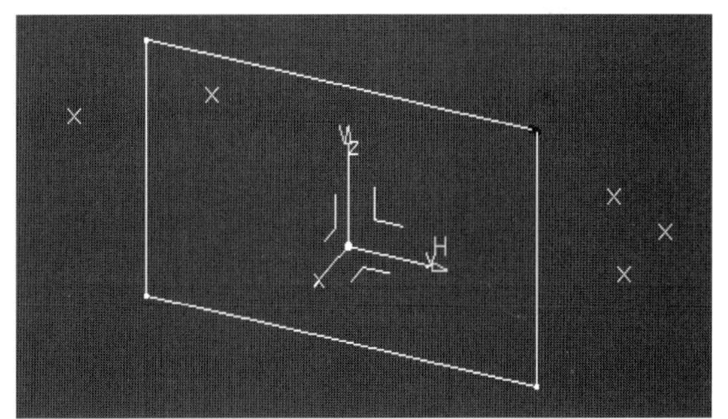

그리고 Pad를 사용해보자.

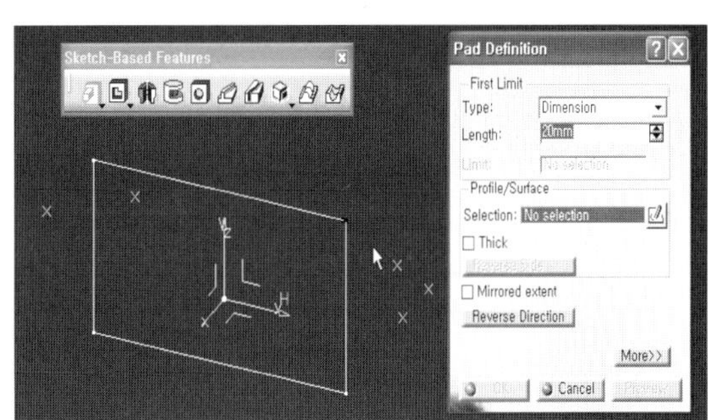

다음과 같은 에러 메시지가 나온다. 이것은 선택한 스케치에 불필요한 포인트가 있다고 나온다. 이것을 이런 문제점을 Sketch Analysis를 사용하여 쉽게 찾을 수 있다.

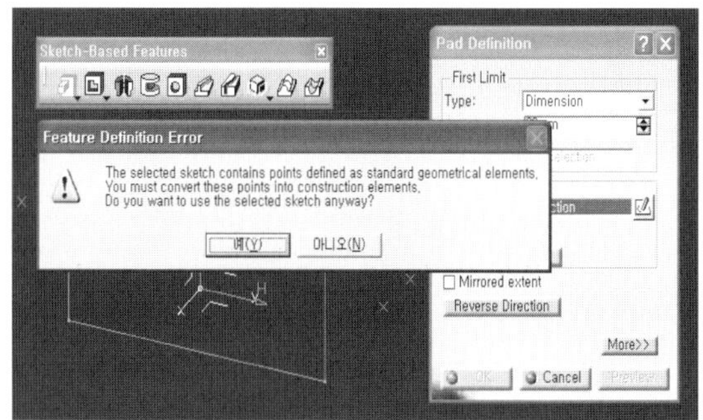

다시 해당 스케치로 들어가서 Sketch Analysis를 사용하여야 한다.

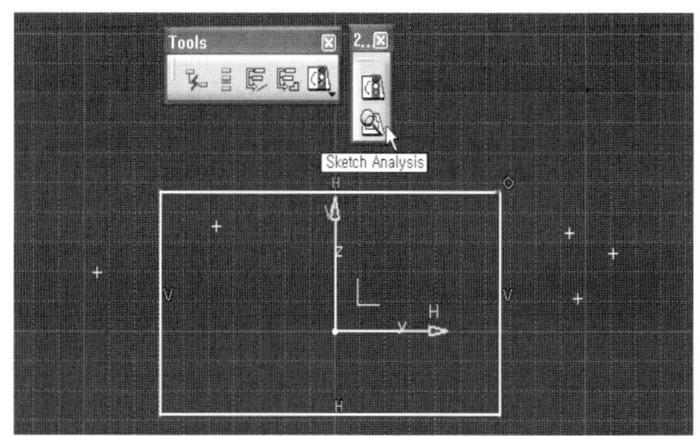

사각형의 모서리가 끊어져 있음을 확인할 수 있다. Sketch Analysis 창에서 Implicit Profile을 보면 Status에 Opened로 되어 있다. 그러면 이 부분을 이어주고 폐곡선으로 만들어야 한다. 또한 Point.5~Point.9 까지 Isolated이며, Warning이 나온다. 이 부분은 불필요하기 때문에 삭제하여야 한다. 이렇게 스케치의 문제점을 찾는데 유용하게 사용할 수 있다. 이렇게 문제점을 찾고 해결한 다음 3차원 공간으로 다시 빠져나가 Pad를 하면 Solid가 만들어질 것이다.

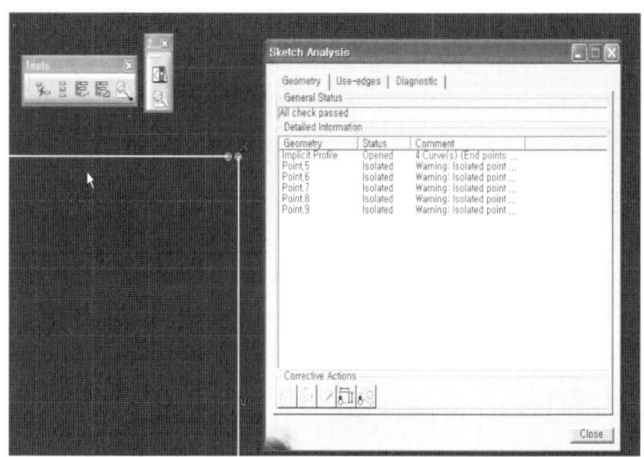

14) Sketcher툴 바의 Sketch()와 Positioned Sketch( ) 차이점에 대한 이해

Sketch( )는 3차원의 원점을 스케치의 원점으로 하는 경우에 사용한다. 또한 어떤 평면을 잡고 들어갈 때 스케치의 방향성을 사용자가 정하는 것이 아니라, 본래 정해진 방향으로 스케치 작업을 하는 경우에 사용한다. 실제로는 모델링을 하는 경우에는 Positioned Sketch( )를 사용해야 한다. 왜냐하면 3차원의 원점만을 스케치의 원점으로 하려면 번거로운 경우가 발생하며, 모델링을 편리하게 하려면 원하는 원점을 잡아 스케치를 하는 것이 더욱 효율적인 경우가 많기 때문이다. 또한, Positioned Sketch( )는 사용자가 스케치에서 원하는 원점과 원하는 스케치 상하좌우 방향을 설정하여 스케치 작업을 할 때 사용한다. 이에 대한 적용 사례를 통하여 더 자세히 알아보자.

Sketch( )아이콘을 클릭하고 yz-plane 를 잡고 스케치를 들어가 보자.

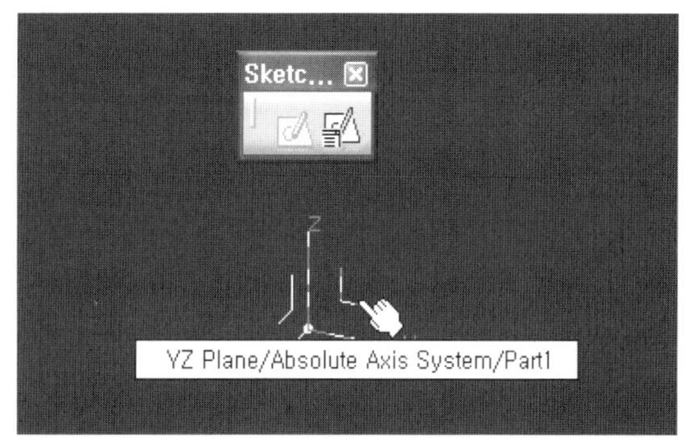

진입해보면 3차원 공간의 원점이 스케치의 원점임을 알 수 있다.

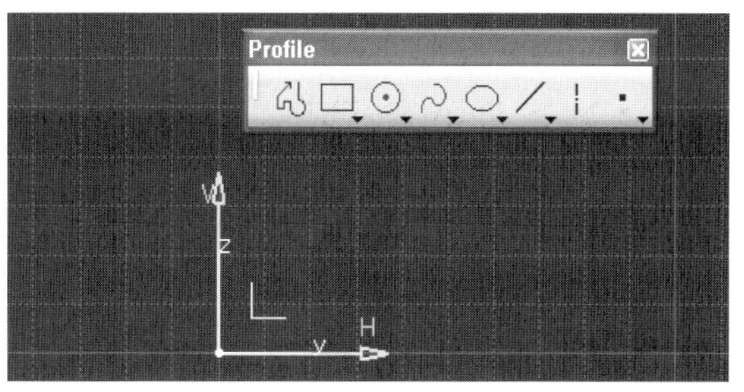

하나의 사각형 형태의 Solid에서 차이점을
살펴보자.

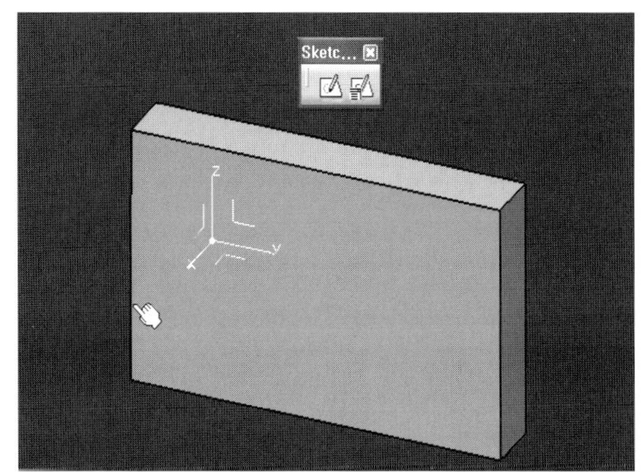

위의 그림에 있는 Solid 오른쪽 모서리를
원점으로 잡아보려고 하는 경우에 Sketch
( )를 사용해서는 불가능하다. 왜냐하면
Sketch( )는 3차원 원점 한 곳만을 원
점으로 하기 때문이다. 이런 경우에는
Positioned Sketch( )를 사용하면 된
다. 먼저, Solid의 면을 선택하고 오른쪽 모
서리를 원점으로 잡는다.

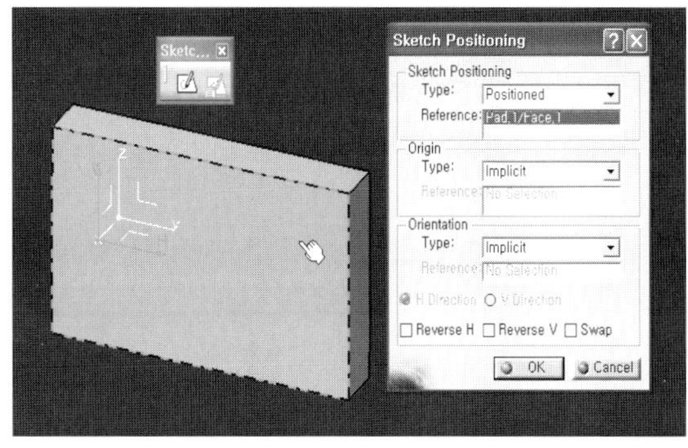

그 다음은 Origin Type에 들어가 Projec-
tion point를 선택한다.

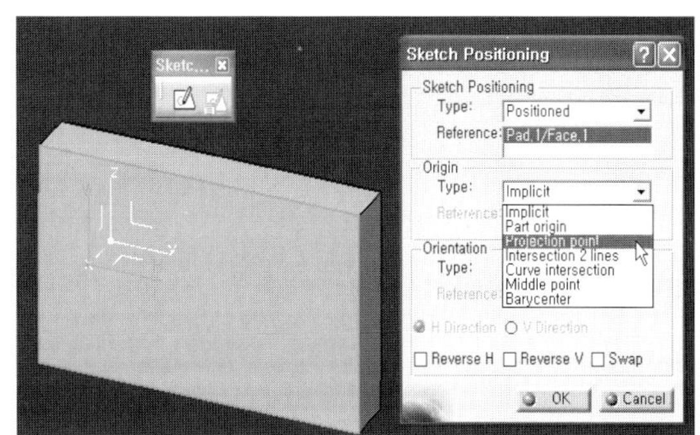

그 다음에 Reference로 오른쪽 모서리를
선택한다.

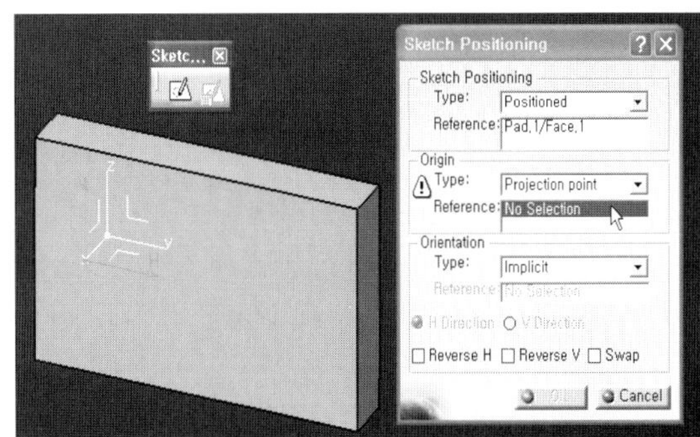

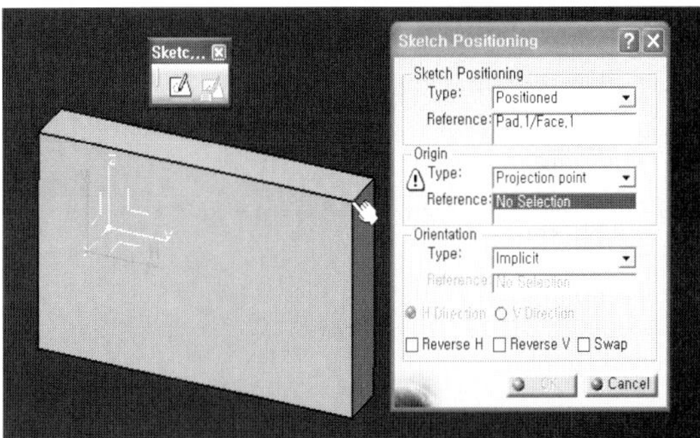

모서리에 스케치에서 볼 수 있는 V, H
Direction이 보이는 것을 알 수 있다.
방향성은 다음 그림의 사각형 내 Reverse
H, Reverse V, Swap를 체크해 보면 바꿀
수 있음을 확인할 수 있다.

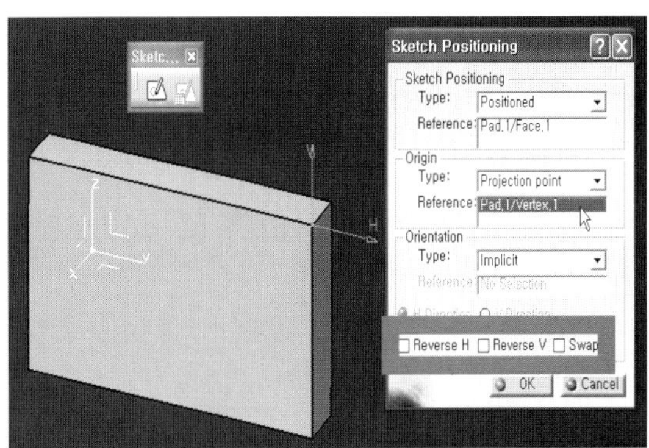

05

Sketch 연습과제 및 풀이

Chapter 5

Sketch 연습과제 및 풀이

1. Sketch 예제 따라하기 실습

스케치를 하는 순서는 Profile(　　　　　)을 사용하여 대략의 형태를 만든다. 그리고 Operation(　　　　　)으로 대략의 형상을 구체적인 형태로 만든다. 그 다음, Constraint(　　　　　)로 해당 모양에 구속을 한다.

최종적으로는 구속상태나 불필요한 포인트 등이 모델링할 때 문제가 있는지 없는지를 알아보는 Sketch Analysis(　, 메뉴의 Tools에 있다.)를 사용한다. 위의 순서를 꼭 지켜야 할 필요는 없으나, 스케치의 문제점을 없애고 정확도를 높이는 좋은 방법인만큼 가능하면 습관적으로 위의 순서를 지키는 것이 올바른 사용방법이라고 할 수 있다.

1.1 도면 따라하기 예제 1(아래 도면 참조)

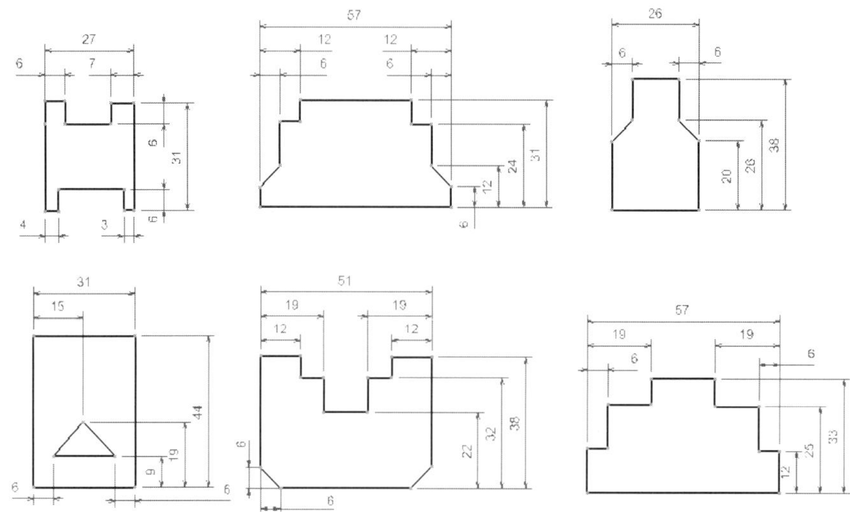

위의 예제에 대한 스케치를 한다. 단, 도면에 주어진 위치에서의 치수만을 기입하여 구속을 하도록 한다.

Sketch Tools는 [Sketch tools] 상태를 기본 조건으로 하는 것이 좋다.

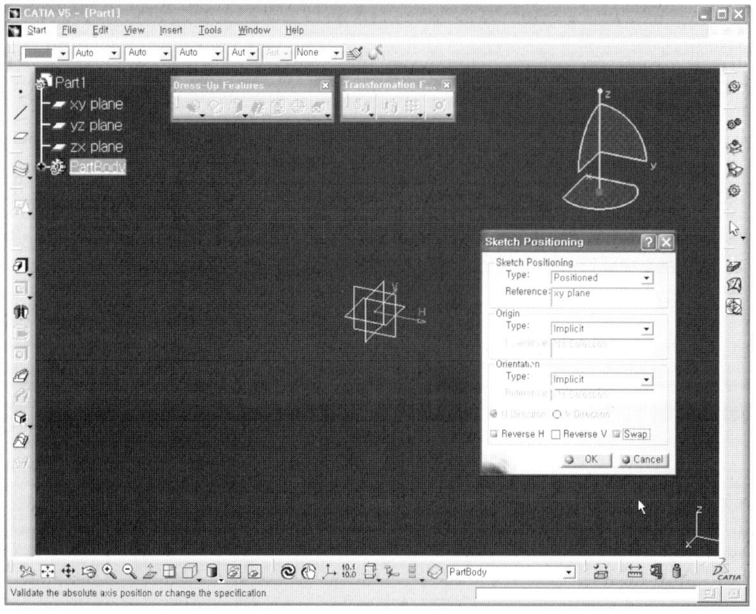

Sketch Positioning 아이콘을 선택하고 xy plane으로 진입한다.

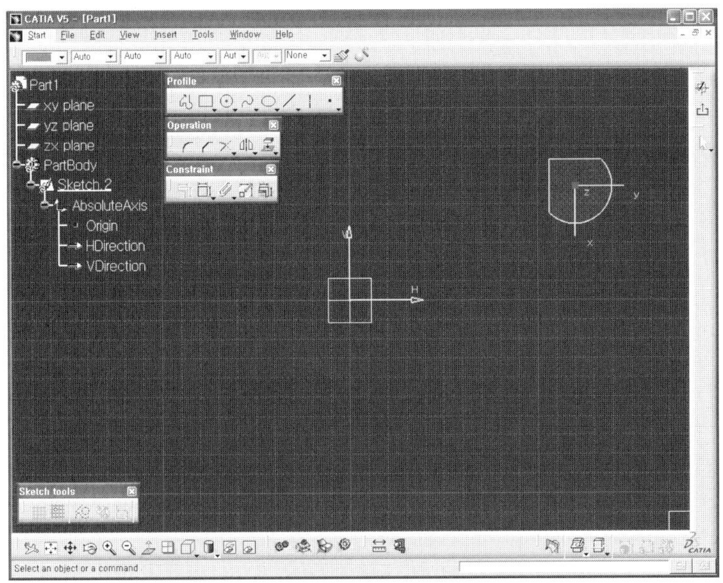

스케치로 진입하면 중앙에 축이 있고 그 축은 Origin 포인트와 H Direction, V Direction이 나타난다.

먼저 Profile 파일 툴 바( )의 Profile 아이콘( )을 선택하여 대략적인 형상을 그린다.

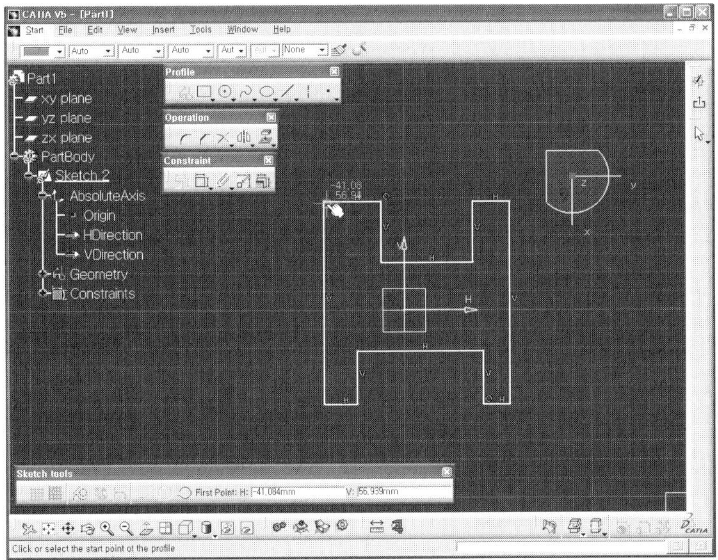

Profile 아이콘의 기능은 직선과 원호를 그릴 수 있는 기능이 있다. 그리고 다 그렸으면 마우스를 더블클릭하면 끝나고, 또는 자판의 Esc 키를 두 번 누르면 된다. 또는 클릭을 한 Profile 아이콘의 선택을 해제하여도 된다. 다른 아이콘을 클릭하면 해제된다. 위의 경우는 H와 V가 나타나 있다.

이것은 수평과 수직으로 구속을 하면서 Profile을 사용한 경우이다. 이것을 'SmartPick'이라고 한다. 이것을 피하고 싶으면 자판의 shift키를 누른 상태에서 Profile을 사용하면 적용되지 않는다. 또는 Tools〉Options〉Mechanical Design〉Sketcher〉Constraint〉SmartPick를 클릭하여 각 경우를 해제하여 주면 된다. 이것을 사용하면 자동적으로 수평과 수직 등의 구속을 자동적으로 해주기 때문에 편리하다.

다음은 대략적인 형상을 만드는 다른 경우로 해 보도록 한다.

먼저 사각형을 그린다.

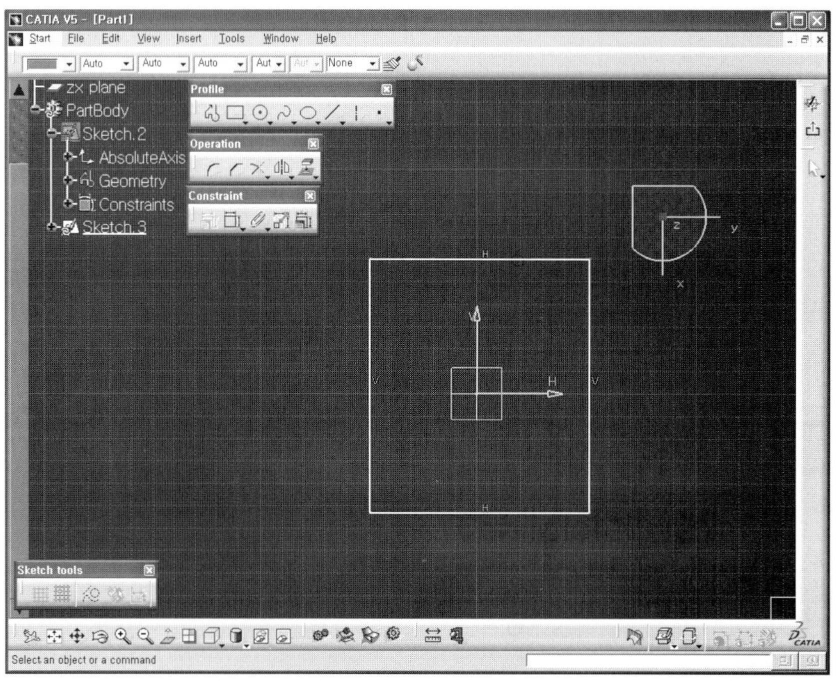

다음은 겹치게 두 개의 사각형을 그린다.

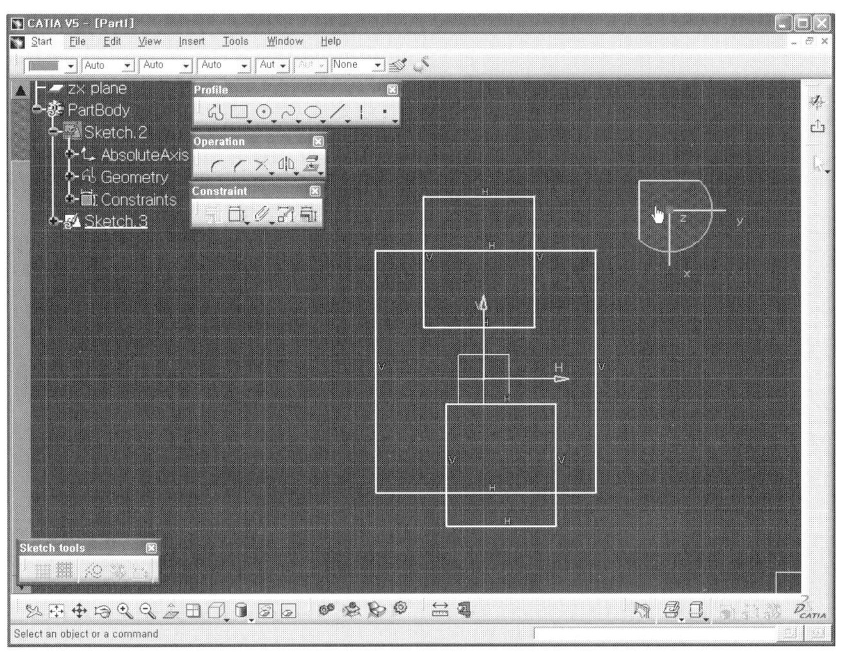

대략적인 형상을 만들기 위해서 Operation 툴 바의 아이콘들을 사용한다.

Operation 툴 바(　　　　　　　　)의 Trim 아이콘(　　)의 서브 툴 바가 있다. Relimitations 툴 바

(　　　　　　　　)의 Quick Trim 아이콘(　　)으로 불필요한 부분을 없앤다.

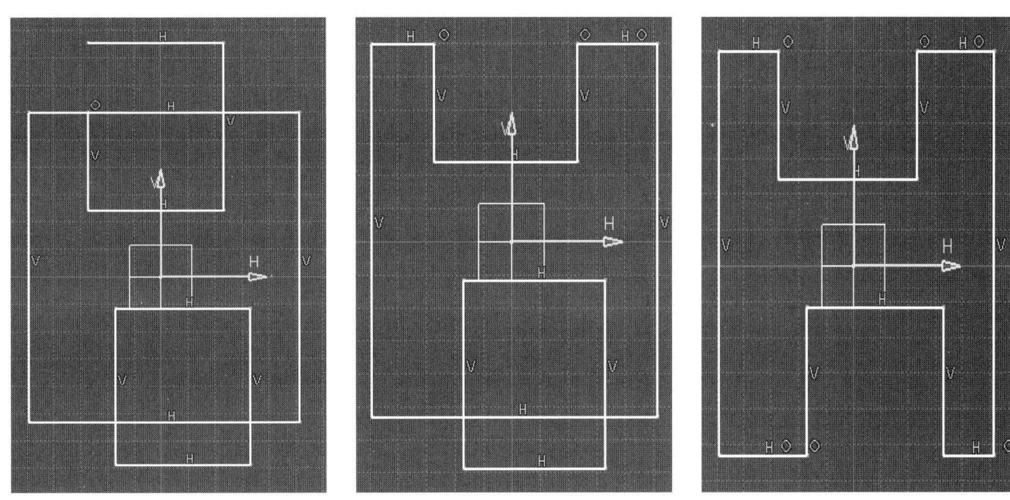

지금까지 대략적인 형상을 만들고 Operation을 하였다. 마지막으로 수평, 수직, Coincidence(서로 만나게 한다. 서로 만나다), 대칭의 구속과 치수를 기입하는 구속을 하여 완전 구속을 해 보도록 하겠다. 구속을 하지 않으면 얼마의 값을 주지 않은 경우가 되고 기준 값이 없다는 것은 어떤 모델링 결과를 만들더라도 의미가 없다. 치수와 형상이 없는 것은 설계 값이 없는 것과 같다.

Constraint 툴 바(   )의 Constraint 아이콘(   )을 클릭하여 도면과 같이 치수선을 뽑아낸다. 정확한 치수 기입은 해당 치수값을 더블 클릭하여 수정하거나, Constraint 툴 바(   )의 Edit Multi-Constraint 아이콘(   )을 클릭하여 기입한다.

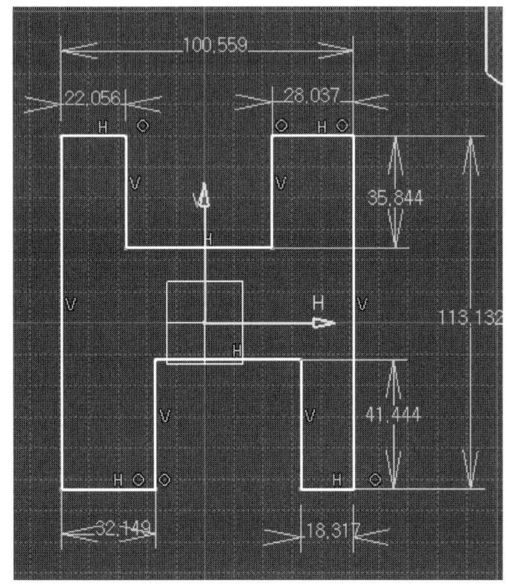
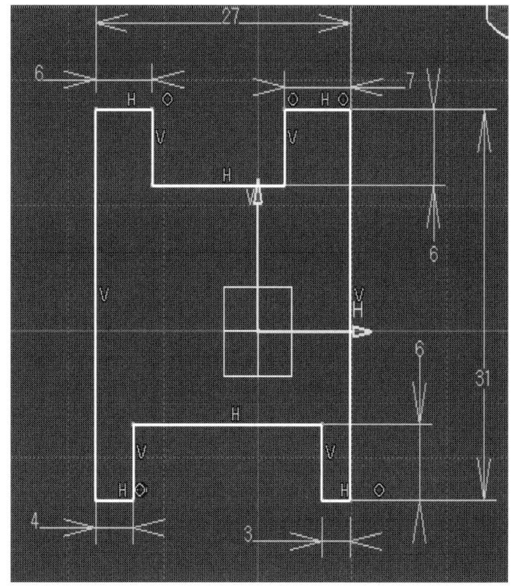

치수를 다 기입하여도 완전 구속을 나타내는 녹색 선으로 바뀌지 않았다. 이것은 축으로부터 어느 정도 형상이 떨어져 있는지에 대한 정보가 없다는 것이다. 구속의 중요한 개념이다. 즉, 스케치 형상은 형상 나름대로의 치수값을 가지고 축으로부터 어느 정도 떨어져 있는지를 알려주어야 한다.

완전 구속의 핵심 개념이다. 그럼 축에 대한 정보값을 주도록 한다.

치수 27에 해당하는 수직 두 선이 축으로부터 값은 거리에 있다. 즉, 두 개의 라인이 어는 한 선으로부터 같은 거리에 있다는 것은 서로 한 선에 대칭이라는 것이다. 두 개의 라인(선)을 선택하고 Constraint 툴 바(   )의 Constraint 아이콘(   )을 클릭한다.

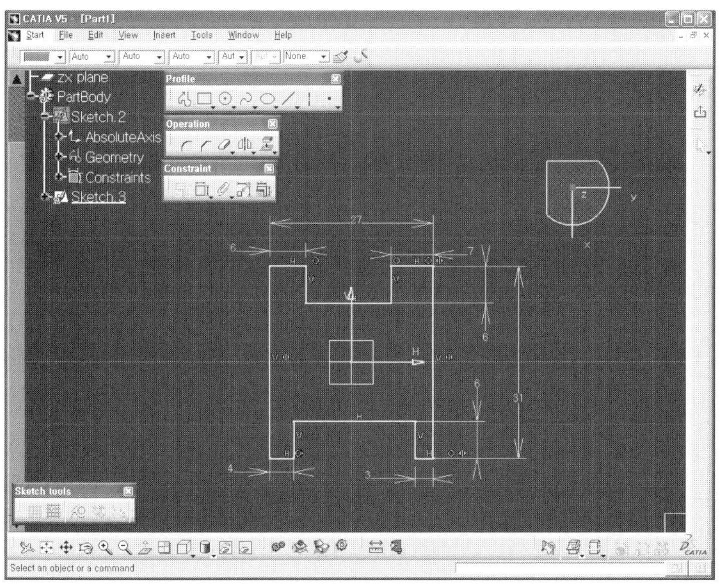

그리고 3번 마우스를 클릭하면 'Allow symmetry line'이 나타난다. 클릭하고 축의 V Direction을 클릭하면 아래와 같이 구속된다. 결국, 2개의 라인은 치수값 27의 대칭인 경우로 13.5만큼 V Direction 떨어져 있다는 것이다. 마찬가지로 치수값 31에 해당하는 두 개의 라인도 H Direction에 'Allow symmetry line'을 적용하면 완전 구속이 된다. 나머지 예제도 같은 방법을 적용하면 된다.

1.2 도면 따라하기 예제 2(아래 도면 참조)

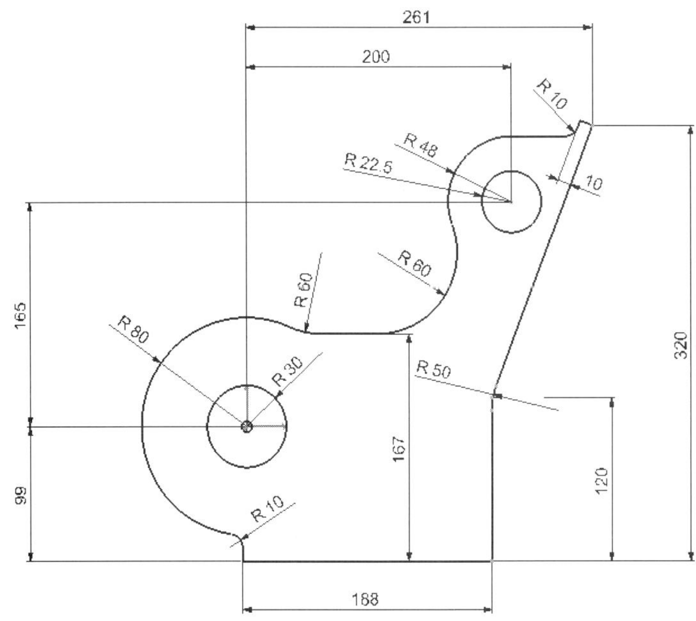

1 원, 원호, 선, Profile을 사용하여 대략
적인 형상을 그린다.

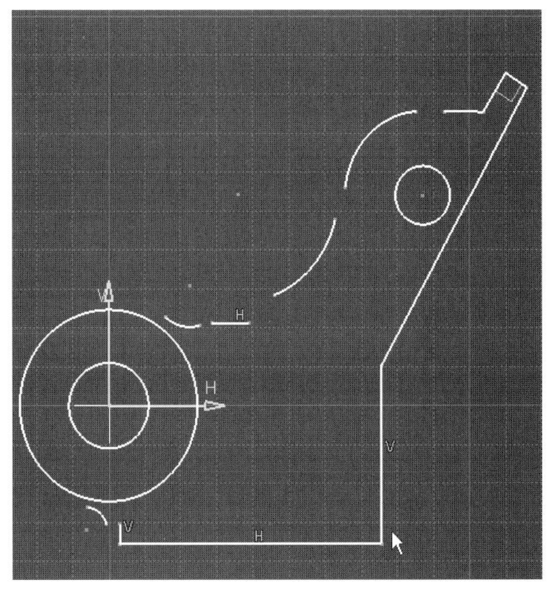

2 Operation을 사용하기에 앞서 위의 경우는 각각 떨어져 있는 원호와 라인을 적정 위치를 잡아가기 위한 Tangent 구속을 한다.(서로가 접하게 한다.)
방법은 Tangent 구속을 하기 위한 두 개의 객체(원과 원호, 원과 직선, 원호와 원호 등)을 선택하고 Constraint 아이콘(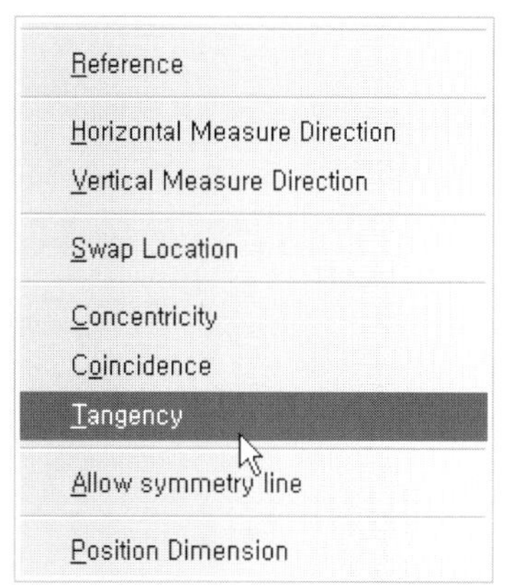)을 클릭하고 마우스 3번 버튼을 클릭하고, Tangency를 선택하면 된다.

3 Tangency 구속이 된 결과값은 다음과 같다.

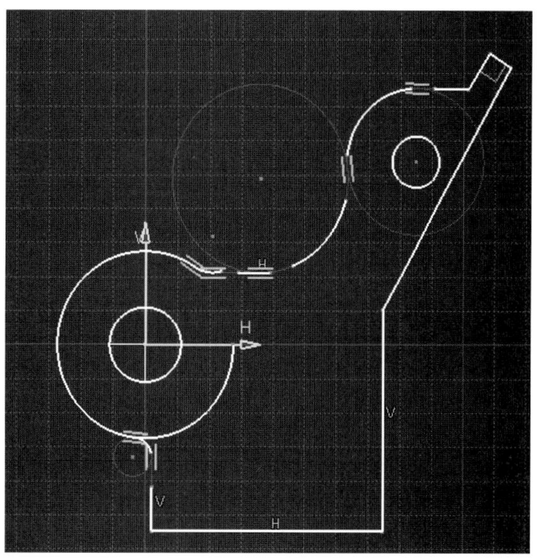

4 불필요한 것을 지울 때는 Quick Trim (　)이 효과적이지만, 위의 경우처럼 연결하면서 형상을 만드는 경우에는 Trim(　)이 효과적이다. Trim을 사용하여 연결한다. 연결하고 남는 부분은 Quick Trim(　)을 사용하여 제거한다. 다음의 원하는 형상이 나왔다. 'A' 부분은 Operation 툴바(　)의 Corner 아이콘(　)을 사용한다.

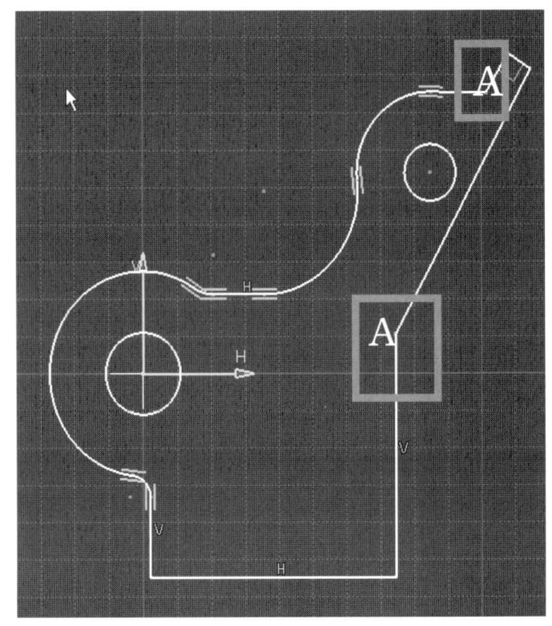

5 주어진 치수값을 주어 구속을 한다.

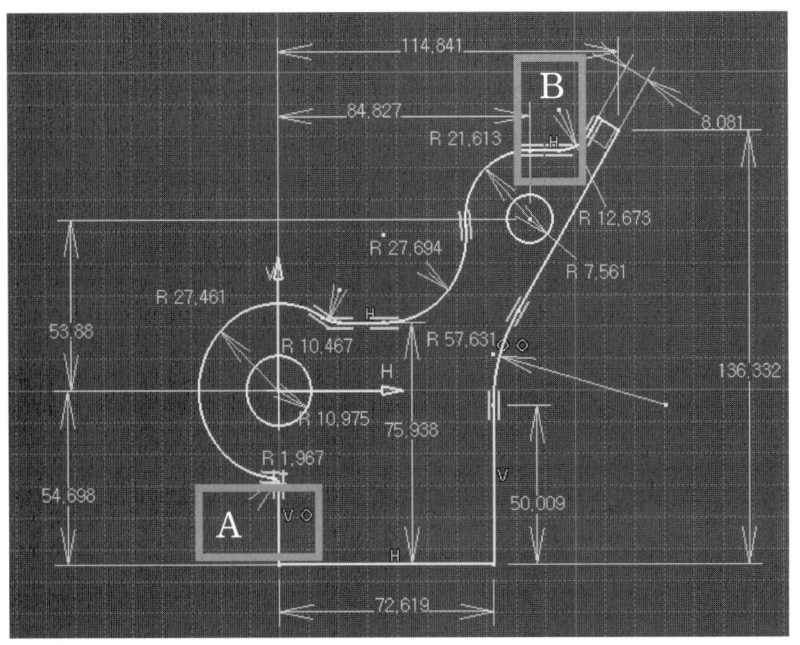

6 치수 구속을 한다.(도면의 치수로 기입하는 것은 아니다.)

'A' 부분은 V Direction과 coincidence하여 주어야 한다.

'B' 부분의 Line은 Horizontal 구속을 한다.(Line 선택)3번 마우스)Horizontal 선택)

7 도면에 주어진 치수로 Edit Multi-Constraint을 사용하여 기입한다.

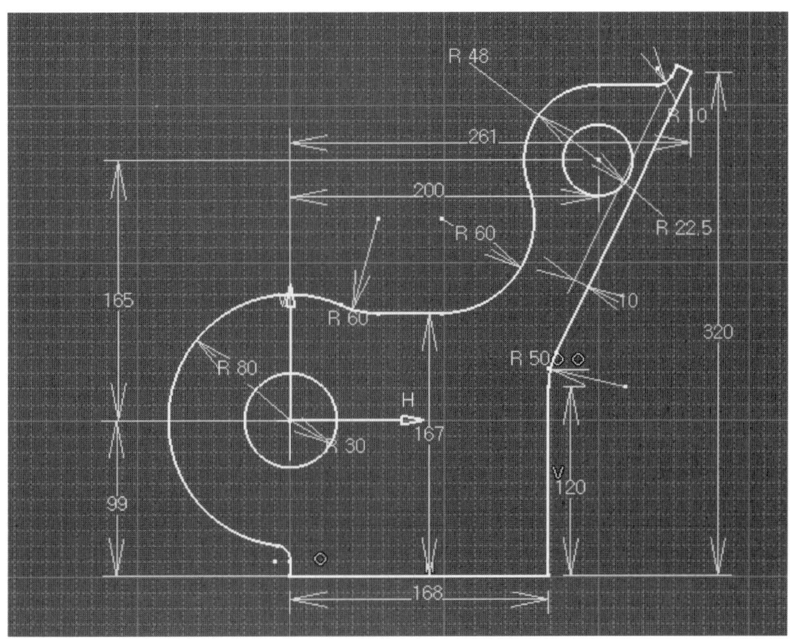

1.3 　실제 적용하는 응용분야 배우기

자동차 Wheel Cap(자동차 Tire 부위)의 부분 단면도를 스케치하여 본다. 실무에서는 기존의 구속된 조건을 기반으로 구속을 확장하여 나가는 방법론을 주로 사용한다. 각각의 축에 구속하다보면 복잡해지고 문제점이 발생하는 경우에 해결하기 힘들기 때문이다. 특히, 보조 축을 사용하면 구속이 더욱 편리해진다. 이런 방법을 아래 도면을 스케치하면서 배워보자.

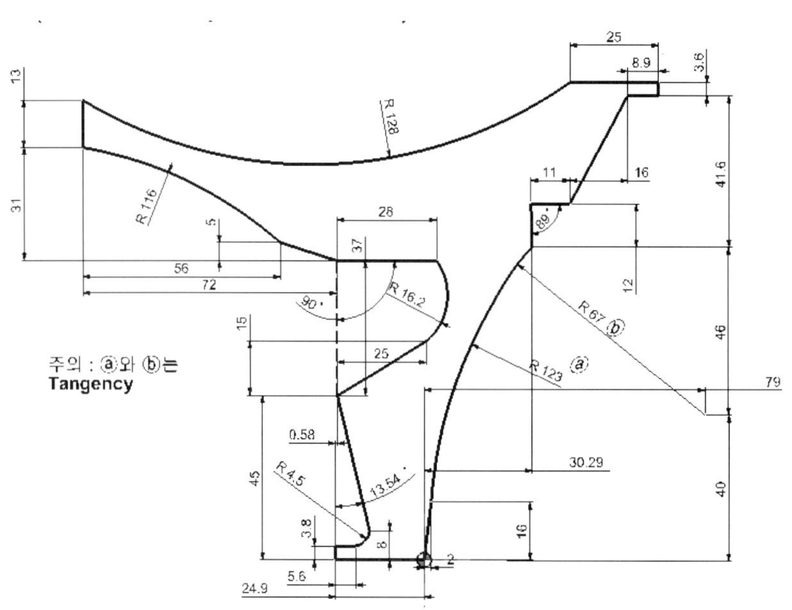

원점은 아래 오른쪽 모서리로 한다. 원점은 축의 Orogin과 일치하여 스케치를 시작하는
점이다.

1 먼저, 스케치의 기본 보조선을 그린다. Sketch Tools 툴바(　　　　　　　　)의 Construction/
Standard Element 아이콘(　　　)을 활성화한다.

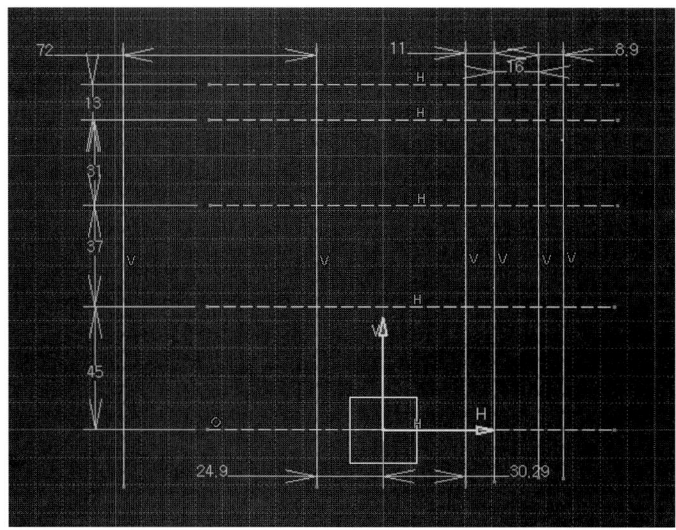

2 기본 보조선을 중심으로 대략의 형상을 그린다.

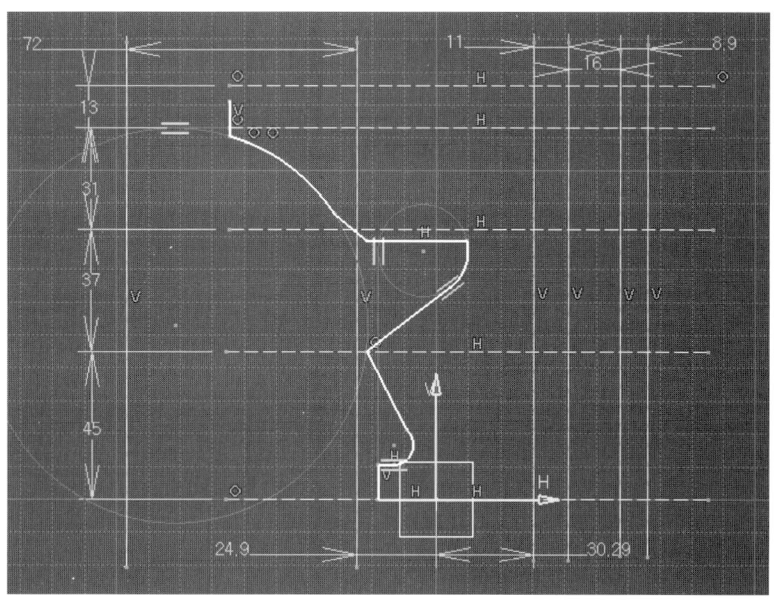

3 보조선을 기준으로 일부 구속을 한다.

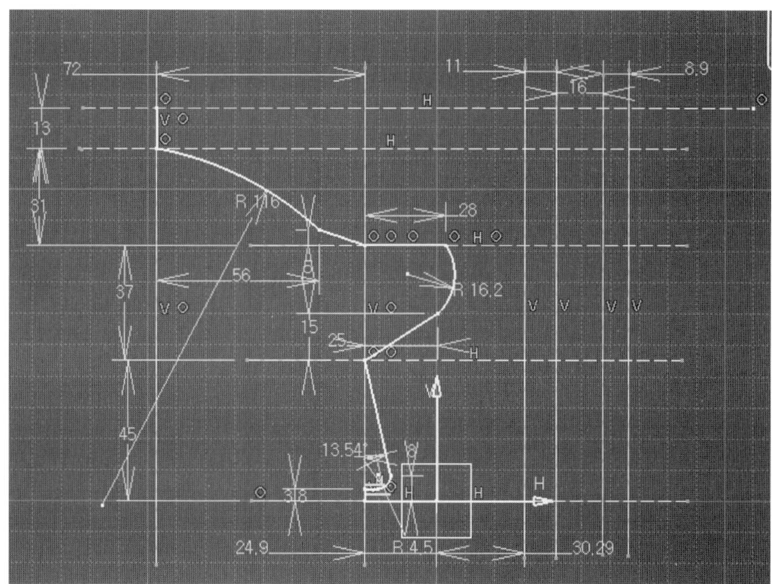

4 기본 보조선을 중심으로 다른 부분도 대략의 형상을 그린다.

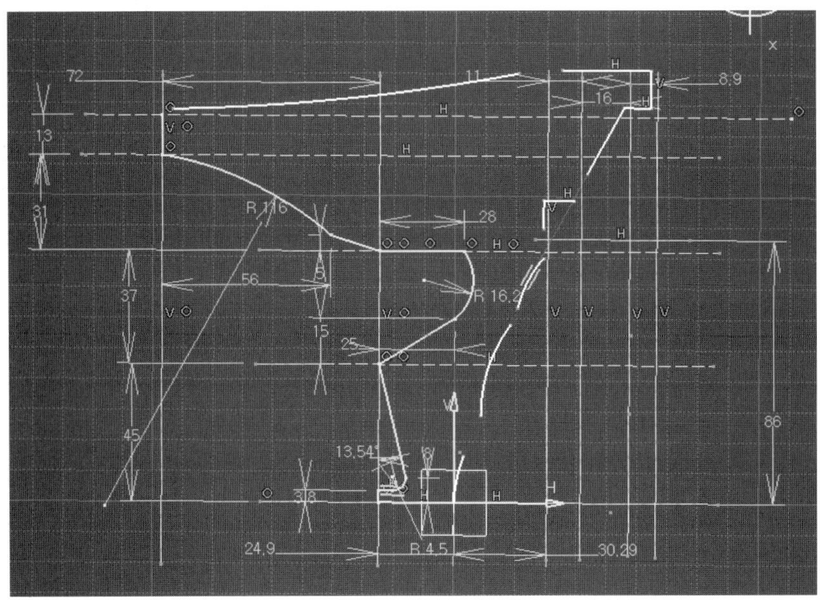

5 보조선을 기준으로 일부 구속을 하고 최종적으로 완전 구속을 한다.

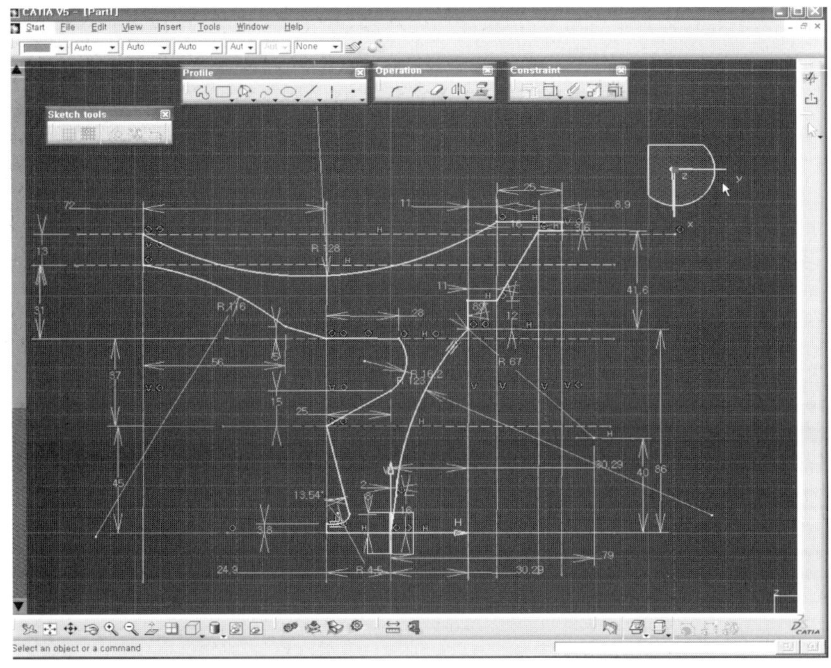

6 Sketch Analysis로 문제점을 살펴본다. 아무 이상이 없음을 알 수 있다.

7 완성된 스케치로 3D 영역에서 회전 형상을 돌려보면(Shaft 아이콘 이용) 아래 그림과 같다.

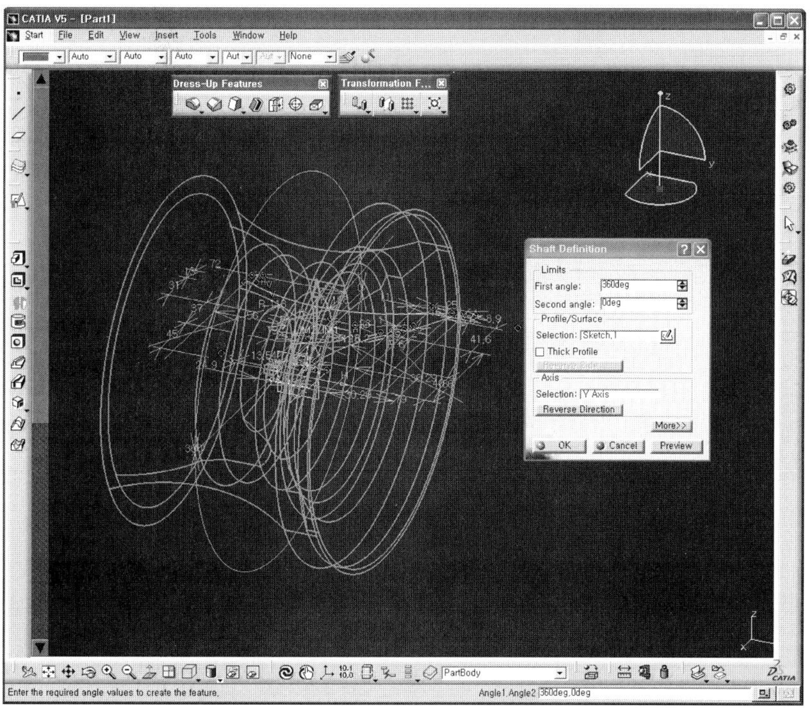

PartDesign 각 툴에 대한 이해

PartDesign 각 툴에 대한 이해

이미지	이름	설명
	Pad	Sketch에 두께를 부여하여 3차원의 형상을 만든다.
	Drafted Filleted Pad	Pad에 Draft와 Fillet을 동시에 줄 수 있다.
	Multi-Pad	Sketcher에서 여러 개의 Profile에 각각의 값을 달리 줄 수 있다.
	Pocket	Profile로 이미 만들어진 Solid에 홈을 파낸다.
	Drafted Filleted Pocket	Pocket을 만들 때 Draft와 Fillet을 한번에 준다.
	Multi-Pocket	Multi-Pad와 기능은 같지만 홈을 파낸다.
	Shaft	축을 중심으로 회전하여 회전체 형상을 만든다.
	Gloove	축을 중심으로 회전하여 회전체 형상을 파낸다.

이미지	이름	설명
	Hole	형상에 구멍을 파낸다.
	Rib	Solid에 궤적을 만들어 그 궤적을 따라 형상을 만든다.
	Slot	Solid에 궤적을 만들어 궤적을 따라 파낸다.
	Stiffener	Solid에 보강재를 만들어낸다.
	Solid Combine	2개의 Profile의 서로 겹치는 부분의 합집합으로 형상을 만든다.
	Multi-Section Solid	크기와 형상이 다른 두 개 또는 그 이상의 요소를 Guide를 따라 형상을 만들며, Profile은 닫혀 있어야한다.
	Removed Multi-section solid	Multi-Section Solid와 가능은 같으나 파낸다.
	Edge Fillet	형상의 모서리에 곡면 R값을 가지는 형상을 만든다.
	Variable Fillet	R값이 곡면을 따라 변화하는 Fillet을 만든다.
	Chordal Fillet	두 개의 둥근 Edge의 거리값을 변화시킨다. R값의 크기에 따라 포물선형태, 쌍곡선형태, Conic 형태로 만들 수 있다.
	Face-Face Fillet	면과 면 사이가 서로 만나지 않을 때 그 면과 면 사이에 두 개 이상의 끝이 뾰족한 모서리가 있을 때 사용한다.
	Tritangent Fillet	선택한 3개의 면 중에 하나의 면을 제거하고 Fillet을 만든다.
	Chamfer	형상에 모따기를 한다.
	Draft	구배값을 가지는 형상을 만든다.

이미지	이름	설명
	Drafts from Reflect line	최외곽 중심라인을 기준으로 구배를 준다.
	Variable Angle Draft	Draft의 각도를 변화를 주며 형상을 만든다.
	Shell	형상에 두께를 가지는 형상으로 만든다.
	Thickness	두께를 추가하거나 제거한다.
	Thread/Tap	나사에 Tap나사산을 만든다.
	Remove Face	형상에 생성된 Pocket, Fillet, Hole을 제거한다.
	Replace Face	형상에 Surface를 기준으로 Surface가 겹치는 부분은 제거하지 않고 만나지 않는 부분은 Surface까지 연장한다.
	Translation	형상을 어느 방향으로 이동한다.
	Rotation	축을 중심으로 형상을 회전시킨다.
	Symmetry	어떤 면을 기준으로 대칭하게 이동한다.
	Axle to Axle	어떤 축에서 다른 축으로 형상을 이동한다.
	Mirror	대칭하여 같은 형상을 만든다.
	Rectangular Pattern	직사각형 형태의 같은 모양들을 여러 개 만든다.
	Circular Pattern	원형을 기준으로 같은 모양들을 여러 개 만든다.
	User Pattern	원하는 위치에 같은 형상을 여러 개 만든다.

이미지	이름	설명
	Scalling	형상을 줄이거나 크게 한다.
	Affinity	어떤 포인트나 축을 기준으로 동일한 형상을 확대하거나 줄일 수 있다.
	Split	Surface를 이용하여 형상을 자른다.
	Thick Surface	Surface에 두께를 준다.
	Close Surface	닫혀 있는 Surface에 그 곳을 Solid로 채운다.
	Sew Surface	Surface를 Solid에 포함시킨다.
	Assemble	서로 다른 두 개의 Body에서 하나의 Body에 속성을 유지한 채 하나로 만든다.
	Add	Body와 다른 Body를 서로 합친다.
	Remove	두 개의 Body에서 하나의 Body를 빼낸다.
	Intersect	두 개의 Body가 서로 만나는 부분만 남는다.
	Union Trim	삭제할 부분과 남길 부분을 선택하여 형상을 만든다.
	Remove Lump	분리되어 있는 상태의 Solid를 제거할 수 있다.

 스케치에서 스케치 작업을 하고 나면 그 다음은 그 스케치를 바탕으로 Solid를 만들어야 한다. 이 Solid를 만들기 위한 기본적인 툴 바의 명칭이 Sketch-Based Features이다. 먼저, 다음 그림과 같이 CATIA Partdesign 각 툴바를 배치하자.

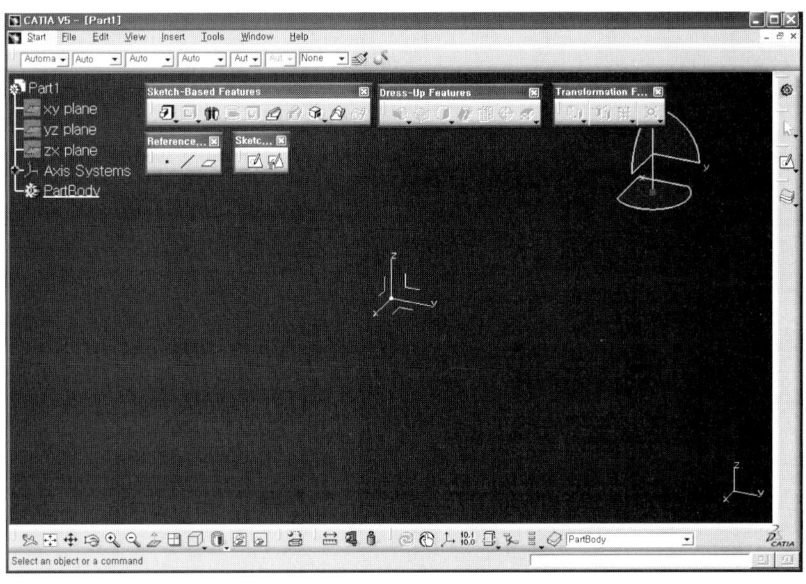

1. CATIA Specifications [Tree] 구조 만들고 이해하기

CATIA로 작업을 하면 작업을 한 내용과 순서와 관련 요소들이 하나의 나뭇가지처럼 연결된 상태로 표시되어 CATIA 사용 작업자에게 정보를 제공한다. CATIA Tree 구조를 알면 모델링 과정을 이해하는데 많은 도움을 주고 받을 수 있다.

1.1 Specifications란 무엇인가?

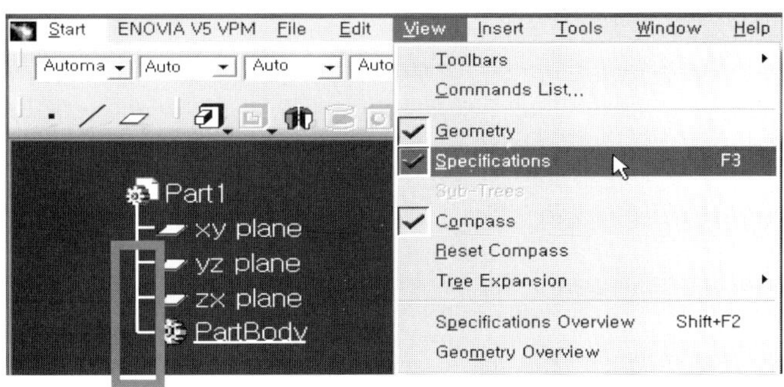

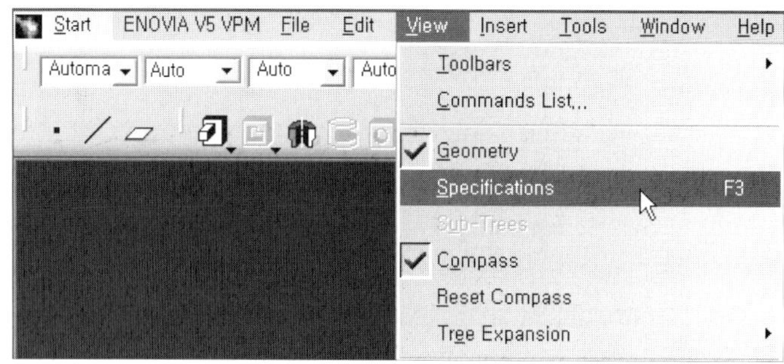

위의 두 개의 그림을 비교하면 View에 Specifications가 체크가 된 경우와 안 된 경우의 차이를 알 수 있다.

Specifications는 CATIA를 구성하고 있는 것을 모두 나타내기 위한 것이다. 즉, 공간 상이나 스케치에서 만들어진 모든 구성 내용물이다. 그래서 모델링된 어떤 부분을 선택하는 방법은 그 부분을 선택하여도 되지만, Specifications 구성 요소를 선택하여도 된다.

맨 앞 그림의 사각형 부분은 Tree라고 한다.

1.2 Specifications 구성하기 (Body 구성, Geometrical Set 구성)

Specifications의 초기 구성 내용은 plane 3개와 PartBody로 되어 있다.

이 기본 구성은 삭제가 불가능하다. PartBody는 Body인데 기본 구성이다. 별도의 Body, Geometrical Set를 추가할 수 있다. 그러면 Boby는 무엇이며 Geometrical Set는 무엇인가? Body는 형상을 가지는 값들이다. 모델링 값들이며 보이는 형상인 컵, 타이어, 핸들, 백미러 등이 될 것이다. Geometrical이 아니고 Geometrical Set이다. 하나 하나가 아니고 여러 구성요소를 가질 수 있다는 것이다. 기하학적 값들의 모임이라고 할 수 있다. 즉, 외형의 형상을 만들기 위해 필요한 포인트, 선, 면, 스케치, 서피스의 Wire Frame들, 서피스의 값들 모두 형상을 결정하기 위해 도움을 주는 값들이다. 채워져 있는 형상을 가진 Body를 제외한 기하학적 값들을 모두 Geometrical Set이라고 볼 수 있다.

그럼, 왜 Body와 Geometrical Set의 구성을 생각나는 대로 아무렇게나 하면 되지 않을까? 간단한 구성이면 아무런 문제가 없지만, 하나의 모델링 결과값을 얻기 위해서는 Body와 Geometrical Set가 늘어나고 많아진다. 어디에 무엇이 들어 있는지 찾으려면 어려워진다. 그리고 수정작업을 하려면 수정작업 부분을 찾기도 잘 구성되어 있으면 쉽게 찾을 수 있을 것이다. 그리고 다른 사람과 협력하여 일을 공동으로 하는 경우에도 어떤 부분에 대하여 쉽게 대화를 할 수 있도록 지원을 할 수 있다. 이렇게 수정작업, 타인과의 모델링에 대한 이해에 도움이 되는 기본 구성 방법에 대하여 알아보자.

[추가하는 방법]

Insert 툴 바( )를 사용하면 된다. 다른 방법은 Insert 메뉴바에서 선택하여 사용하여도 된다. 를 사용하여 Body를 추가하고 를 선택하여 Geometrical Set를 추가할 수 있다. 이 두 개의 아이콘을 번갈아 사용해 보면 다음과 같은 결과를 얻을 수 있다.

를 사용하면
Body.2가 만들어졌다.

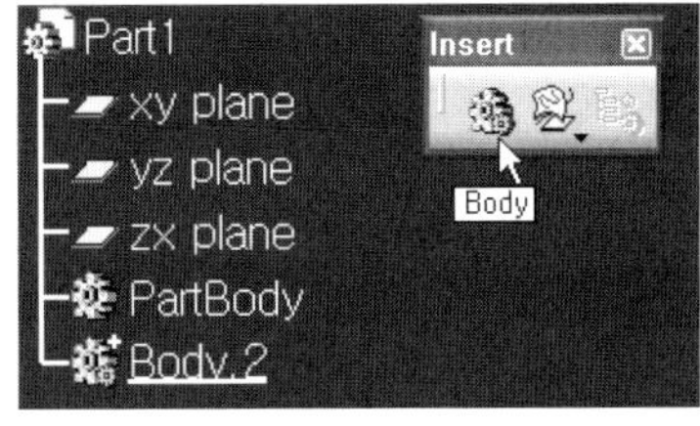

를 클릭하면
오른쪽 그림인 대화창이 나타난다.
그냥 OK를 하면 아래 그림과 같은 결과를 얻을
수 있다.

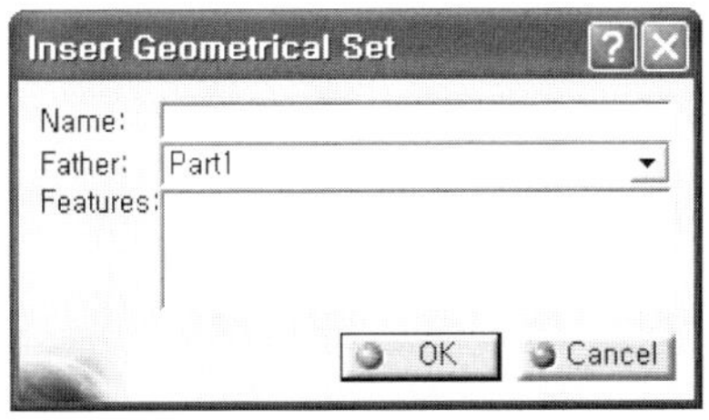

Geometrical Set.1이 추가되었다.

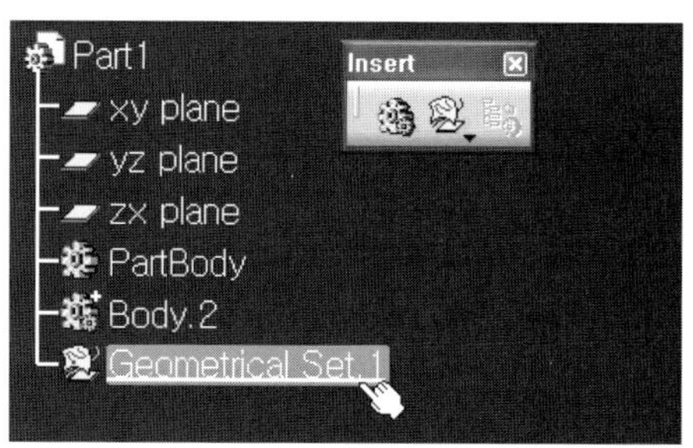

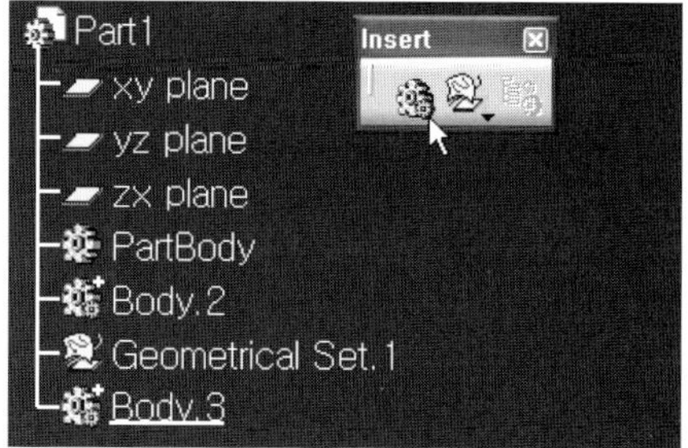

를 한 번 더 클릭하면 다음과 같이 만들어
진다.
Body.3이 추가된 결과를 얻을 수 있다.

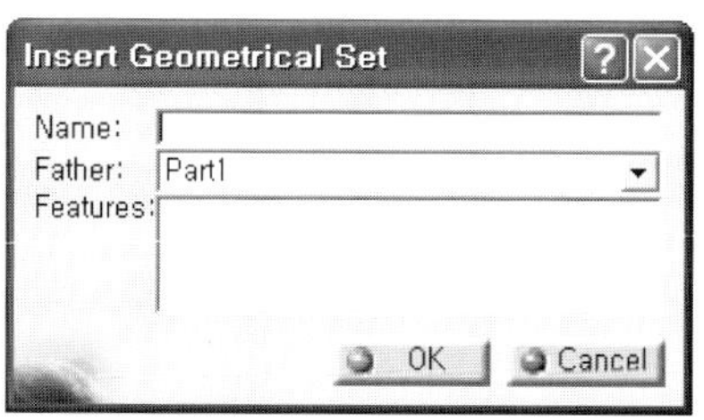

를 한 번 더 클릭하면 다음의 대화창이 다
시 나타난다.
이번에는 그냥 OK 클릭하지 말고 Geometrical
Set.1 하부구조에 만들어 보자. 그렇게 만들려
면 아래의 그림과 같이 대화창을 설정하면 된
다.

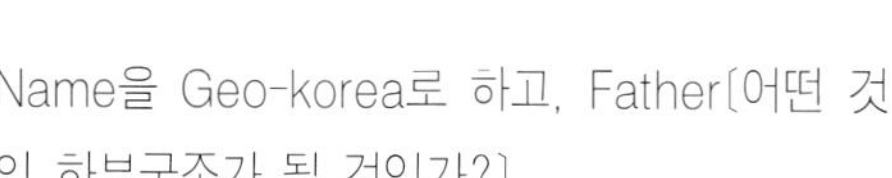

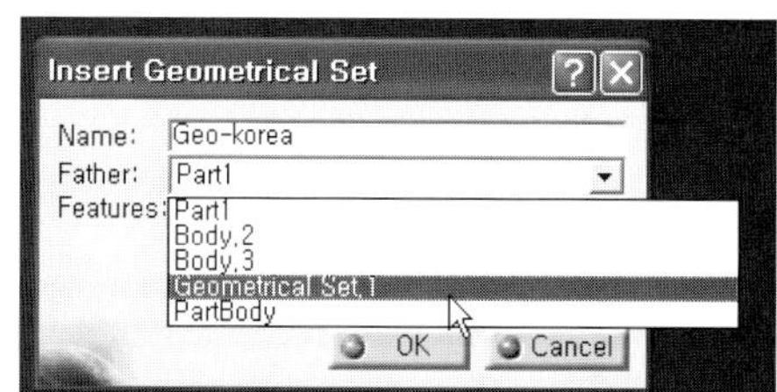

Name을 Geo-korea로 하고, Father[어떤 것
의 하부구조가 될 것인가?]
그대로 두면 Part1 밑에 만들어진다. 그러나
Geometrical Set.1을 선택하면 다음의 결과가
만들어진다.

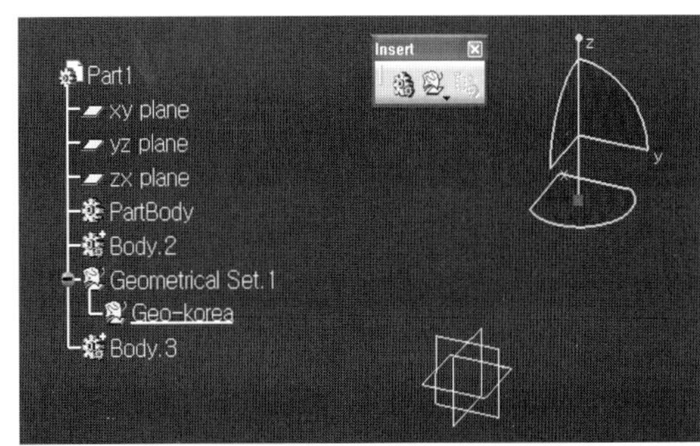

다른 방법을 사용하여 같은 결과를 얻을 수
도 있다.

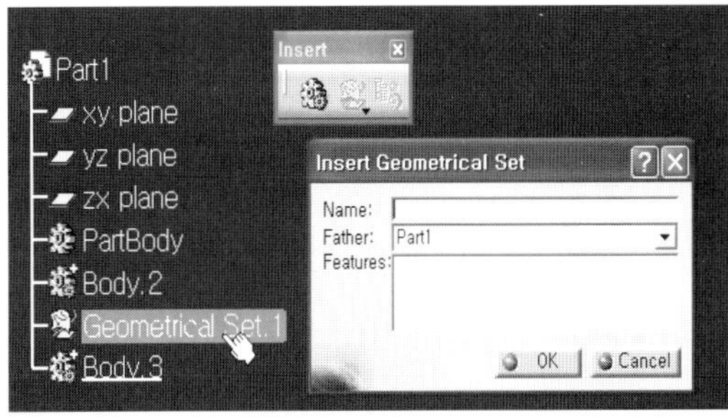

Geometrical Set.1을 선택한다.〔이것은
Geometrical Set.1 아래에 만들겠다는 것
이다.〕 선택하면 다음의 대화창이 나온다.

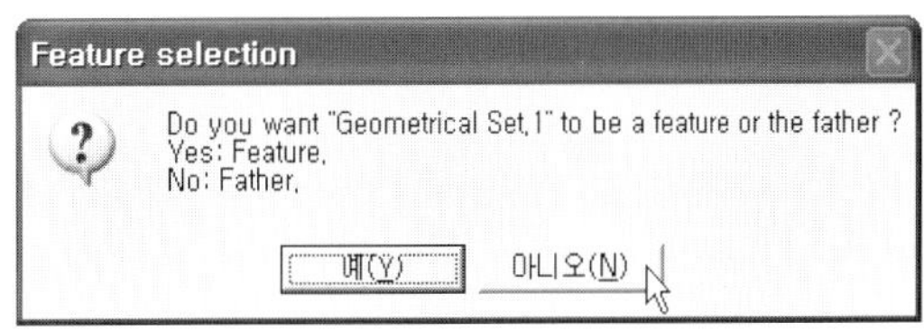

위 그림의 '아니오'를 선택하면 Geometrical
Set.1 아래에 만들겠다는 것이다.
같은 결과가 만들어진다.

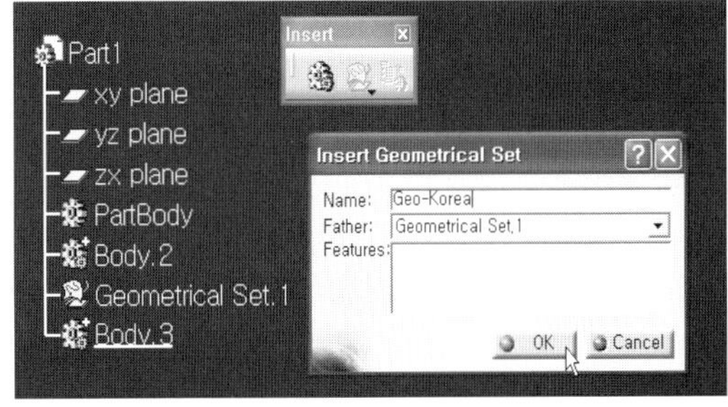

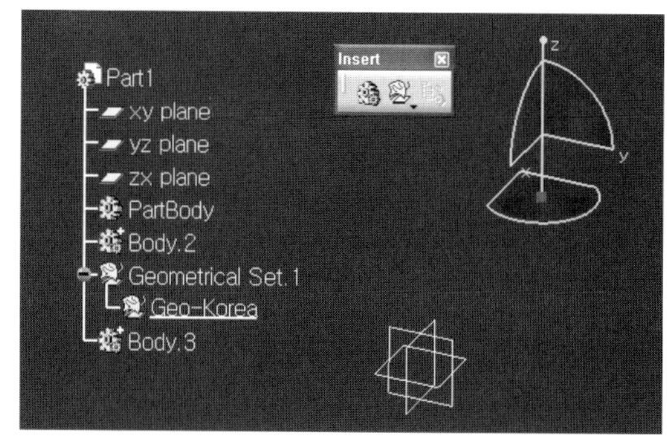

내가 원하는 Body나 Geometrical Set 다음에 만들고자 하면 어떻게 할까?

그렇게 하려면 내가 원하는 부분에 밑줄이 만들어져야 한다.

이것을 Define In Work Object라고 한다.(오른쪽 그림에 Body.2 밑에 밑줄이 있다.)

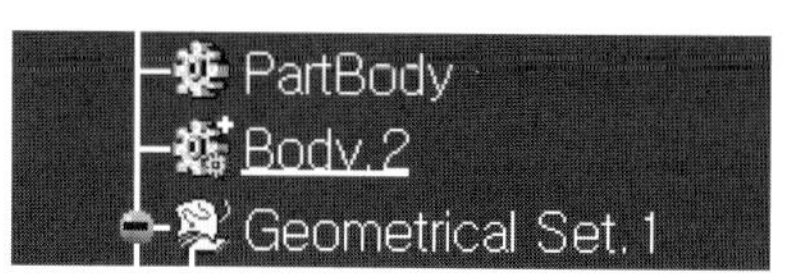

내가 원하는 곳에 Define In Work Object〔이 의미는 밑줄이 있는 곳에서 작업을 한다는 것이다.〕를 하려면 해당 부분을 클릭한 후 오른쪽 3번 마우스를 클릭하면 된다.

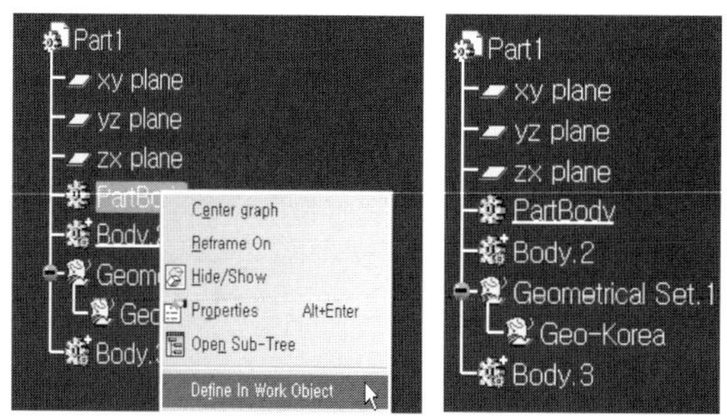

이렇게 한 상태에서 Body나 Geometrical Set를 클릭하면 그 아래에 만들어진다.

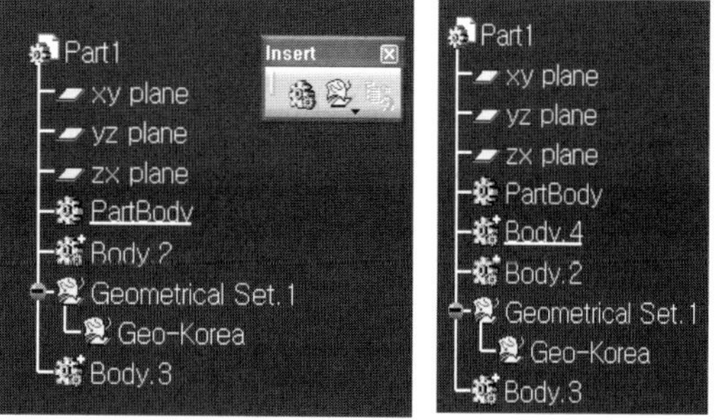

다음과 같이 내가 원하는 하부구조에 만들
수 있다.

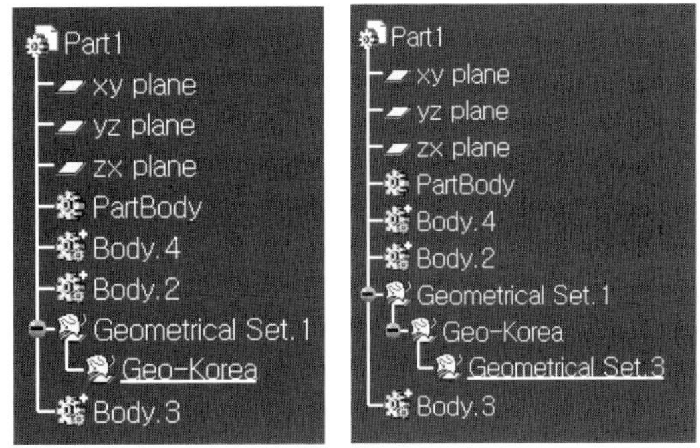

1.3 Reference 기본 구성하기 (Point, Line, Plan 설정)

모델링 시작은 수많은 포인트와 라인과 평면으로 구성되어 있다. 그러나 공간의 원하는
어떤 곳에 포인트, 라인, 평면을 설정하는 것이 그렇게 쉬운 일이 아니다.

왜 포인트와 라인과 평면이 중요할까? 그것은 모델링의 기준이 되기 때문이다. 기준은
시작의 출발점이 되기 때문이다. 시작이 없으면 출발을 할 수 없다. 그 만큼 중요한 요소가
Reference에 해당하는 Point, Line, Plan이다. PartDesign에서는 이 요소들이 Refe-
rence라는 툴에 포함되어 있다. SurfaceDesign의 곡면 모델링에서는 WireFrame이라는
툴에 포함되어 있다.

이들 요소의 모든 구성 요소를 본 저서에서 설명하기는 쉽지 않은 일이다. 다만, 본 저서
를 잘 이해할 수 있도록 기본 요소에 대하여 설명하겠다.

1) Point

〔개념잡기〕

Point는 어디에 존재하는가? CATIA에서 Point가 존재할 수 있는 시작은 어디일까? Plane에서 시작된
다. 그 외는 만들어질 수 없다.
아무런 요소가 없는 CATIA 시작에서는 Plane에서 만들어진다. Plane이 존재하는 곳에 Point를 만들 수
있다는 것은 단순하면서 중요한 의미가 있다.
CATIA에 모델링 데이터나 다른 요소들이 있을 경우에는 어디에서 Point를 만들 수 있을까? Plane, Line
에서 만들 수 있다. 포인트에서 포인트를 만들 수 없고, 다른 요소들에서는 Point가 기본 요소이기 때문에

얼마든지 만들 수 있다.

공간의 원하는 곳에 Point를 만들려면 어떤 요소가 중요할까? X, Y, Z 좌표가 있어야 한다. 3개의 좌표값이 있으면 어떤 Point도 찍을 수 있다.

〔Point 생성〕

- Plane을 가지고 포인트를 생성한다.

- Plane을 선택한다.
- Point를 클릭한다.
- 원하는 좌표값(2개의 좌표값)으로 Point를 생성한다.

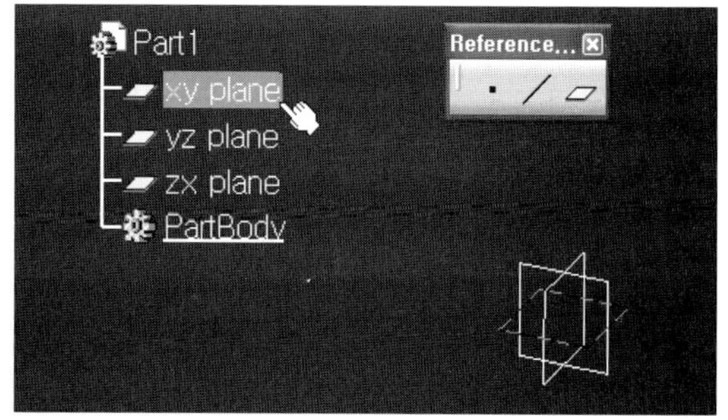

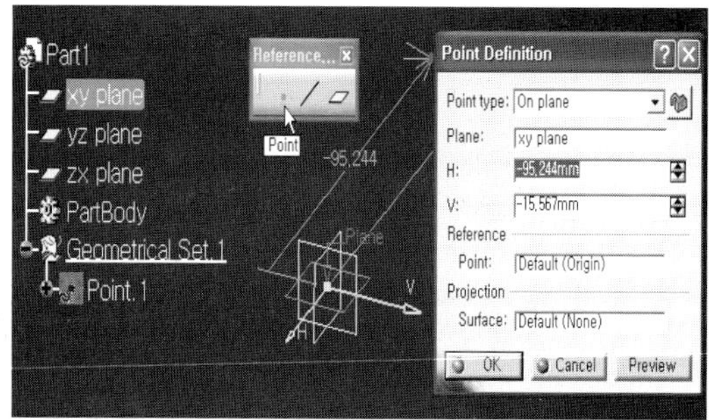

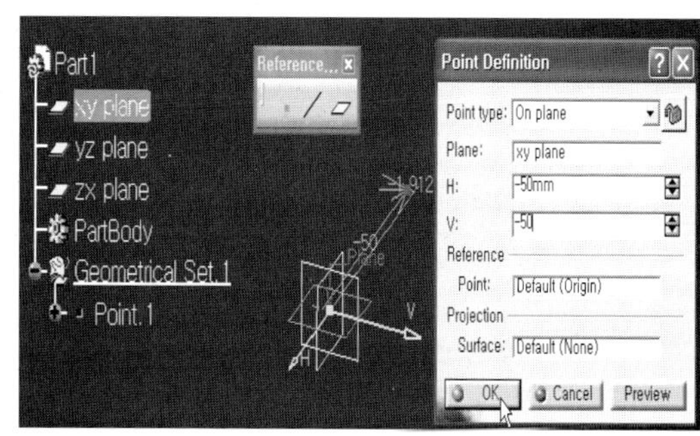

- 어떤 Plane상의 어떤 Point를 기준으로
  Point를 생성한다.

  • Plane을 선택한다.

  • Reference Point를 생성되어 있는
    Point를 선택한다.

  • 기준 Point.1로부터 얼마 떨어진 위치
    에 Point를 생성한다.

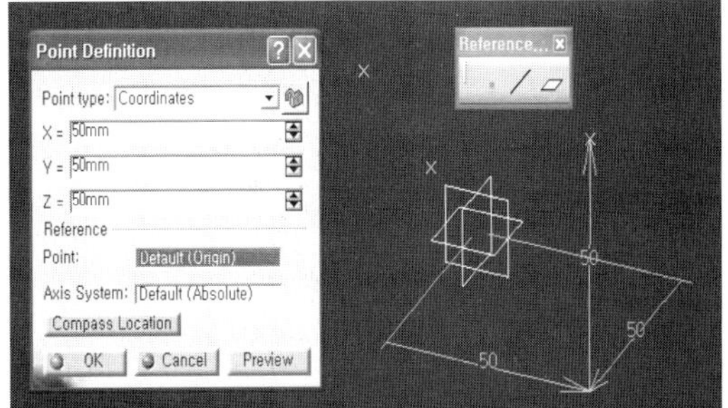

- Point를 3개의 좌표값으로 생성한다.

  • Point 아이콘을 클릭한다.

  • Point Type을 Coordinates로 선택한
    다.

  • 좌표값을 입력한다.(50,50,50)

- Point를 어떤 포인트를 기준으로 3개의
  좌표값을 입력하여 생성한다.

  • Point 아이콘을 클릭한다.

  • Point Type을 Coordinates로 선택한
    다.

  • Reference Point를 생성되어 있는
    Point를 선택한다.

  • 좌표값을 입력한다.(50,50,20)

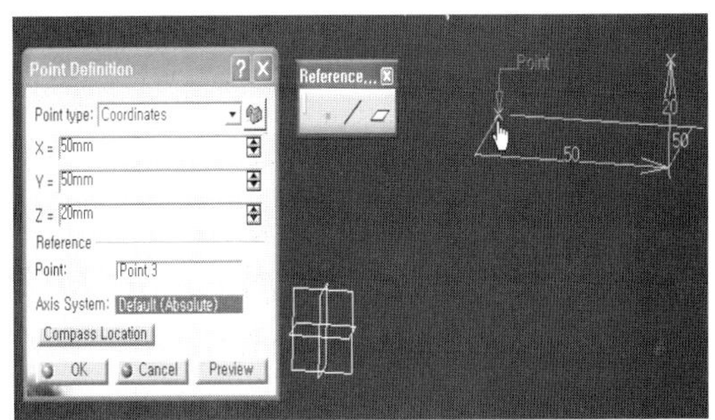

다른 많은 방법은 앞서 개념잡기를 참조로 해결하기 바란다.

2) Line

〔개념잡기〕

Line은 어떤 요소로 만들 수 있을까? 먼저 Point와 Point, 즉 두 개 이상의 Point로 생성할 수 있다. 평
면 위의 한 Point에서 평면에 수직인 방향으로 Line을 생성할 수 있다. Line은 어떤 Point와 방향성이 주
어지면 생성될 것이다.

〔Line 생성〕

- **Point와 Point로 생성하기**
  - Point 아이콘을 클릭한다.
  - Point를 선택한다.
  - 또 다른 하나의 Point를 선택한다.

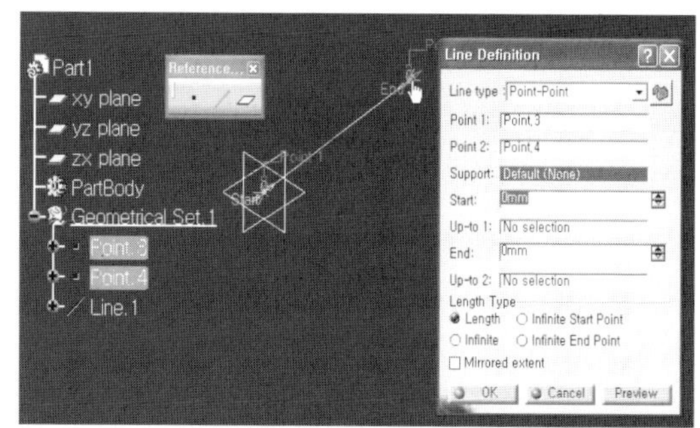

- **Point와 방향성으로 Line 생성하기**
  - Point 아이콘을 클릭한다.
  - Point-Direction Type을 선택한다.
  - 하나의 Point를 선택한다.
  - 방향성을 가지기 위해 Plane을 선택한다.〔Direction에 Plane 선택〕

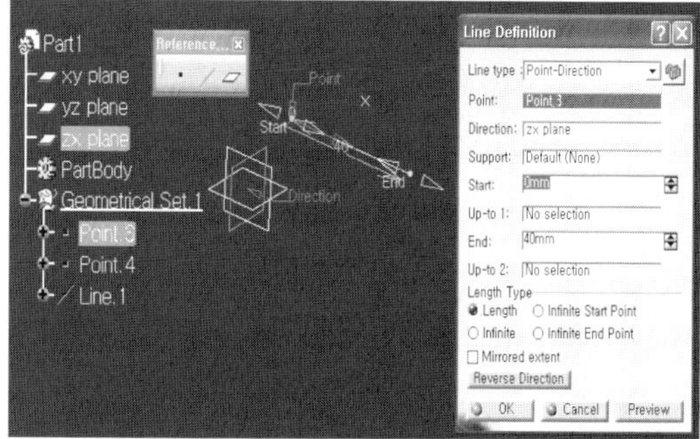

3) Plane

〔개념잡기〕

Plane은 기본적으로 3개의 포인트로 구성되어질 수 있다. 어떤 기준 Plane으로부터 어느 거리까지 떨어져 있는 Plane을 생성할 수 있다. 기준 Plane으로부터 회전하여 어떤 각도를 가지는 Plane을 생성할 수 있다.

〔Plane 생성〕

- **3개의 Point로 Plane 생성하기**
  - Plane 아이콘을 클릭한다.
  - Plane type을 Through three points로 한나.
  - 각 Point를 선택한다.
  - 첫번째 선택한 Point에 Plane이 생성된다.

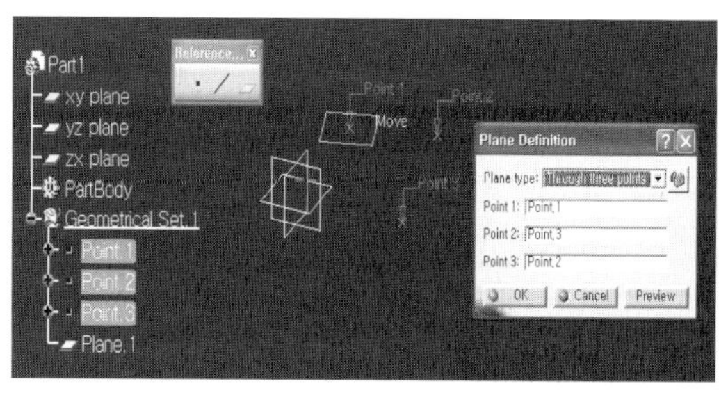

- 어떤 Plane을 기준으로 offset된 Plane 생성

  • Plane 아이콘을 클릭한다.
  • Plane type을 Offset from plane으로 한다.

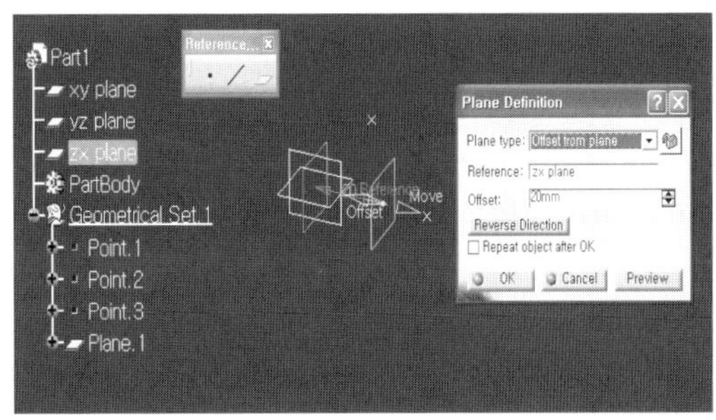

- 기준 Plane으로부터 회전된 각도의 Plane 생성하기

  • Plane 아이콘을 클릭한다.
  • Plane type을 Angle/Normal to pl-ane으로 한다.
  • 회전시킬 축을 선택한다.
  • 회전시킬 기준 Plane을 선택한다.
  • 회전시킬 각도를 입력한다.

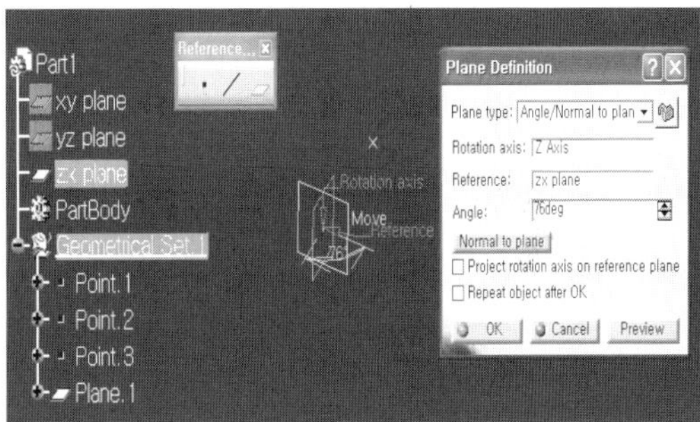

1.4　Specifications 구조의 순서를 바꾸기

다음은 만들어진 Tree 구조를 변경해 보는 방법을 알아보자.

Reorder라고 한다. Part1을 클릭한다.
오른쪽 3번 마우스를 선택하고 Part1 object를 클릭한다.
마지막으로 Reorder Children을 클릭한다.

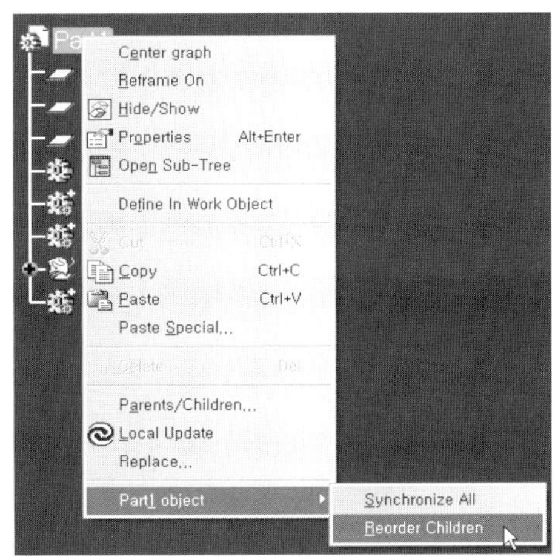

오른쪽의 그림 대화창이 나타난다. 원하
는 순서로 화살표를 선택하여 변경해본
다.

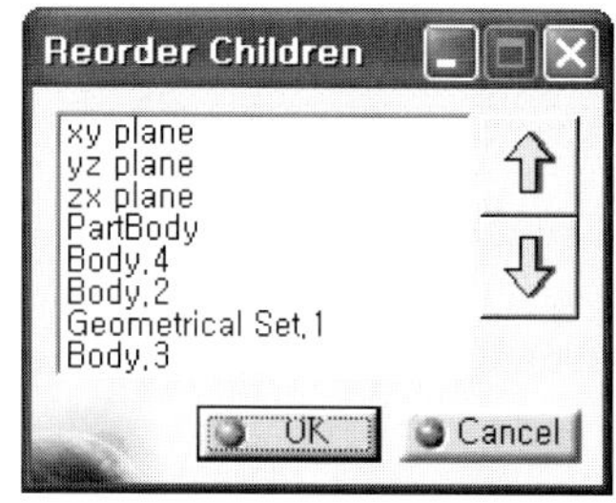

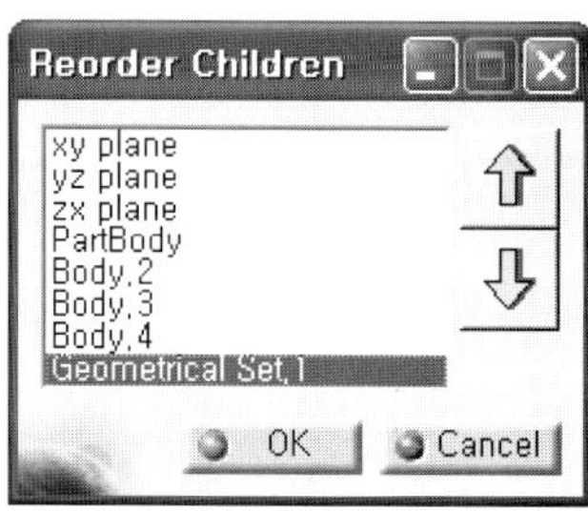

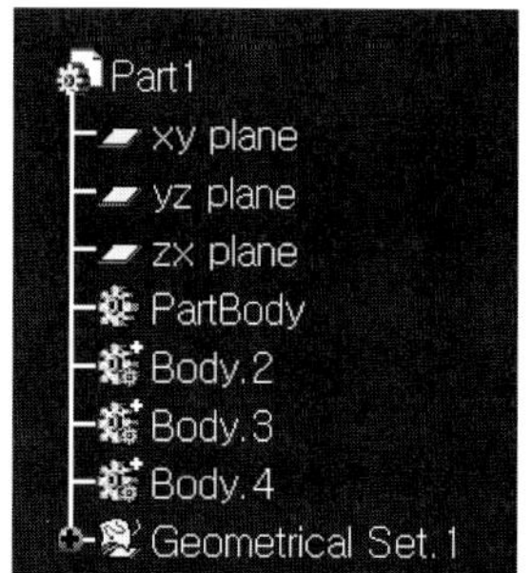

2. Sketch-Based Features 툴 바에 대한 이해

PartDesign의 특징은 스케치가 없으면 모델링을 할 수 없을 정도이다. 그만큼 스케치에
대한 기초적인 지식이 필요하며, 스케치에 대한 툴을 잘 이해하고 있으면 그만큼 모델링을
하는데 문제없이 해결할 수 있는 능력을 가지게 된다.

2.1 Pad ( )

스케치에서 만든 Profile로 원하는 모델링 결과값을 얻는 기능을 가지고 있다. 원하는 직
선 방향으로 Solid를 만든다.

1 원하는 Profile을 스케치에서 만든다.
x-y plane상에 만든다.

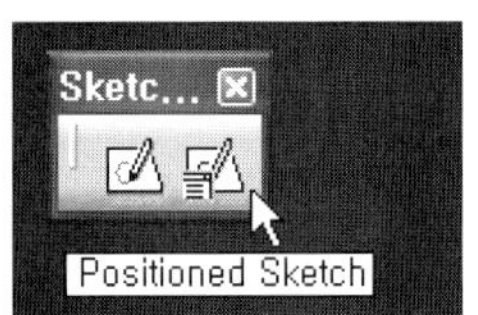

Positioned Sketch 아이콘을 클릭한
다.

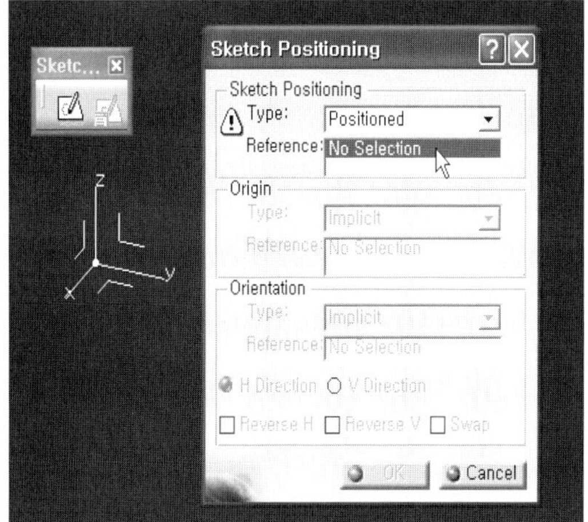

Reference는 xy-plane을 선택한다.

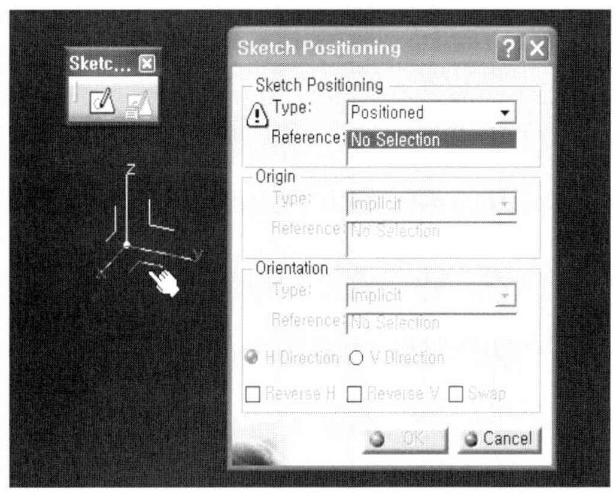

x-plane이 선택되었다.

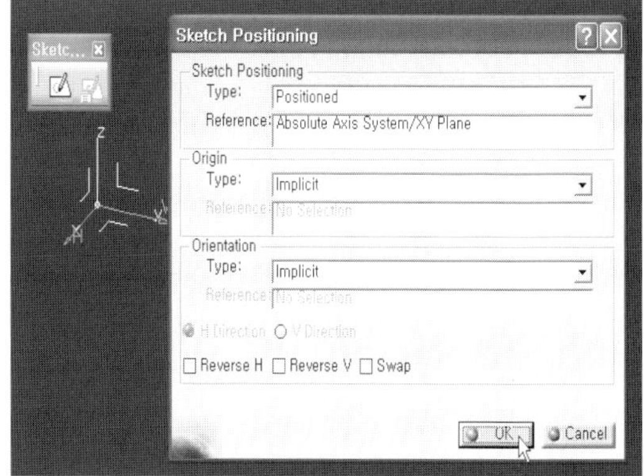

다음과 같이 Profile툴 바의 Profile 아
이콘을 사용하여 스케치를 그린다.

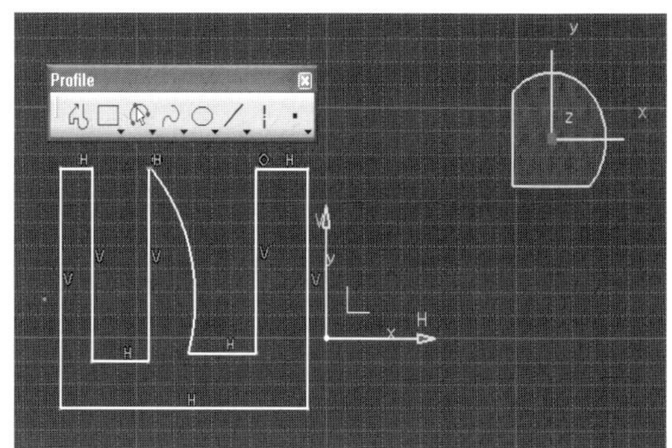

3차원 공간으로 스케치를 빠져나간다.

Pad를 사용하여 Solid를 만든다.

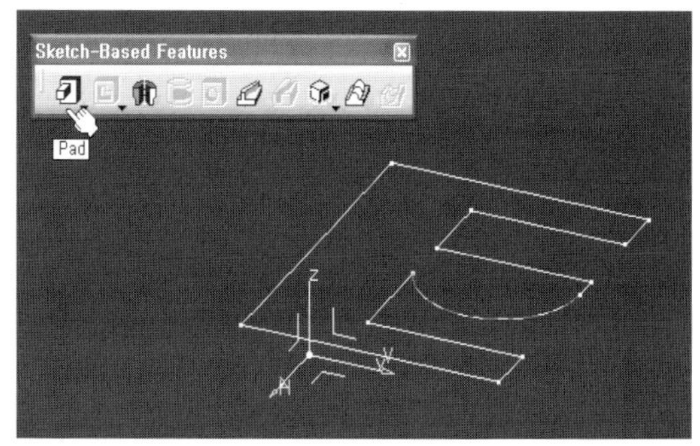

Pad Definition의 Profile에는 앞서 그
린 스케치를 선택한다.

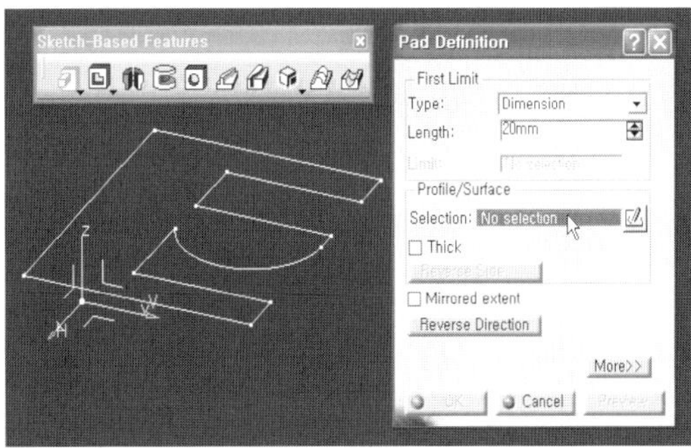

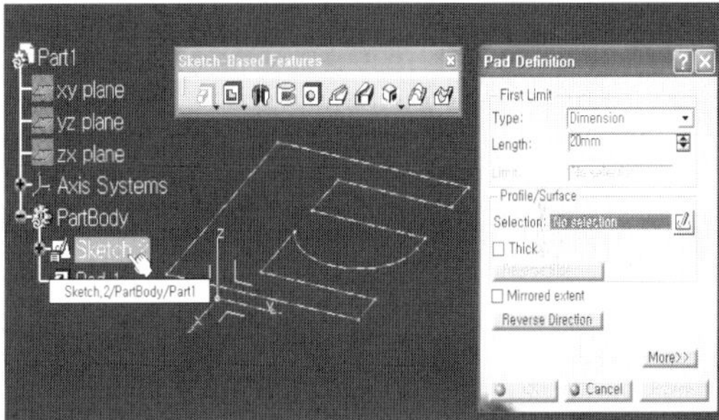

Length는 100mm로 한다.

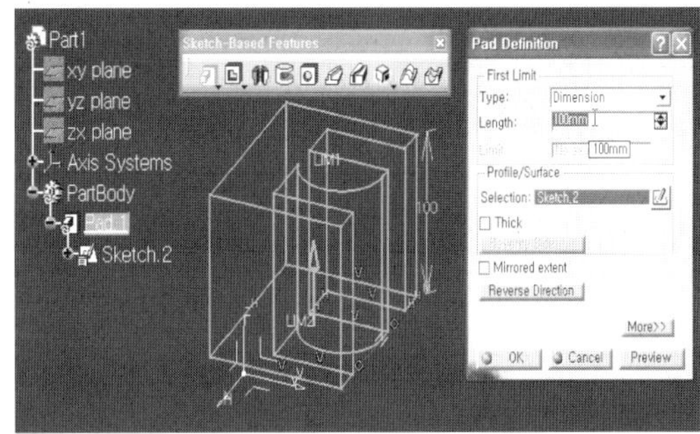

Profile/Surface의 Selection에 앞서
만든 Sketch.2가 선택되고, 스케치에
수직인 방향으로 길이 100mm의 Solid
가 형성됨을 볼 수 있다.

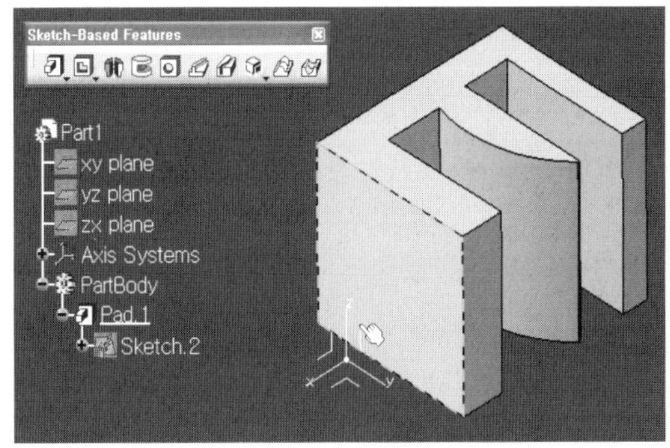

다음은 Pad의 Pad Defintion에 보면 5가지의 Type이 있다. Dimension, Up to next, Up to last, Up to plane, Up to surface가 있다. 이 형태들은 Solid를 치수를 부여하여 만들 것인지, 또는 그 만들어질 경계를 어디까지 할 것인지를 결정해 주는 기능을 한다. 이에 대한 각 형태에 대하여 알아보자.

이번에는 앞의 Pad yz-plane을 선택하여 스케치로 진입하자.

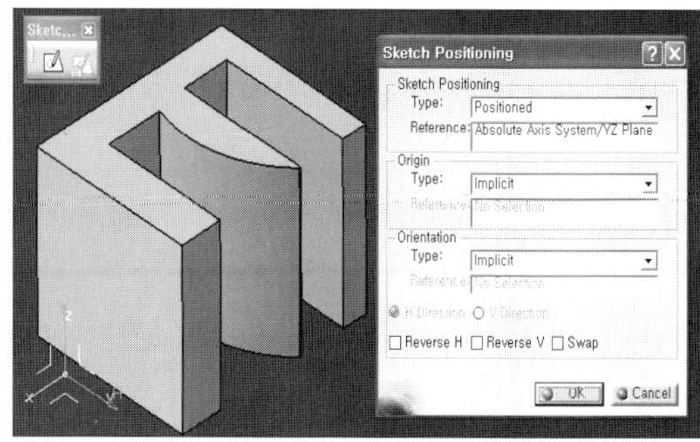

진입한 스케치에서 원을 하나 그린다.

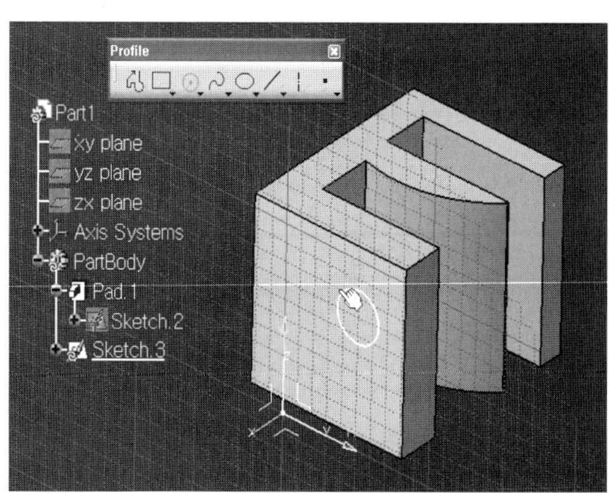

스케치를 Exit Workbench를 사용하여 빠져나간다.

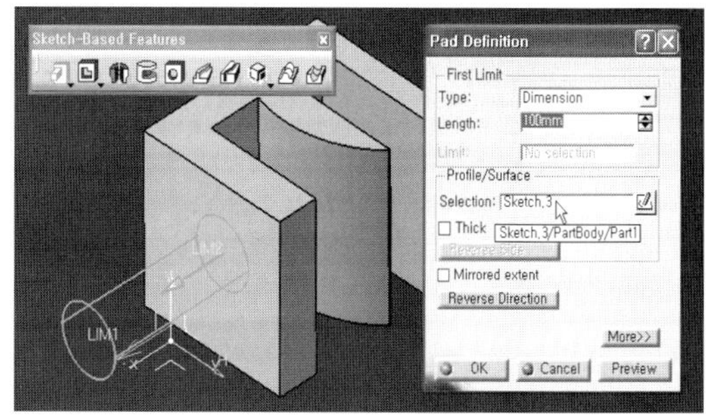

Pad를 사용한다. Profile로는 앞서 만
든 원이 있는 sketch.3를 선택한다.
그러면 Pad가 만들어지는데 방향성을
반대로 한다. 방향성을 반대로 하려면
Reverse Direction을 선택하면 된다.
앞서 100mm로 Pad를 만든 적이 있기
때문에 Length가 100mm로 된 상태
의 Solid가 만들어질 것이다.

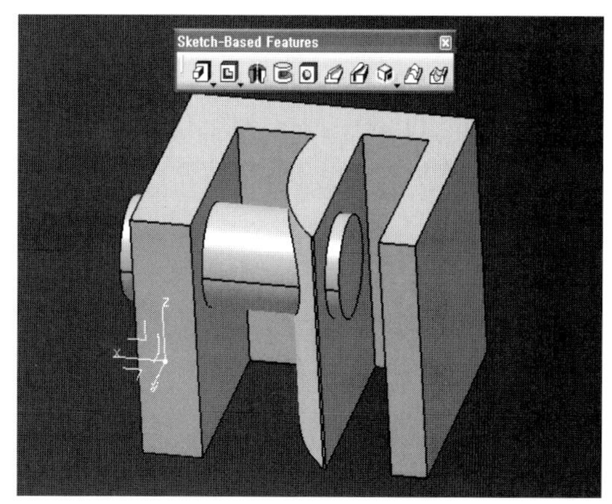

1 Type의 Up to next는 스케치가 있는
위치에서 가장 가까이 있는 Solid 위치
까지 형상을 만들어 준다.

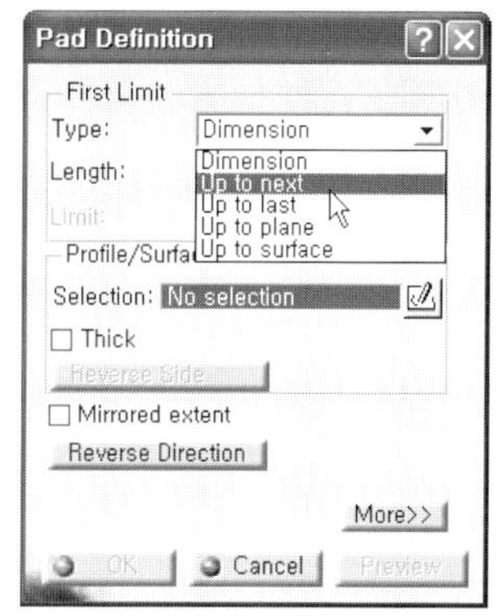

Up to next로 하고 Offset를 -3mm로
해보자.

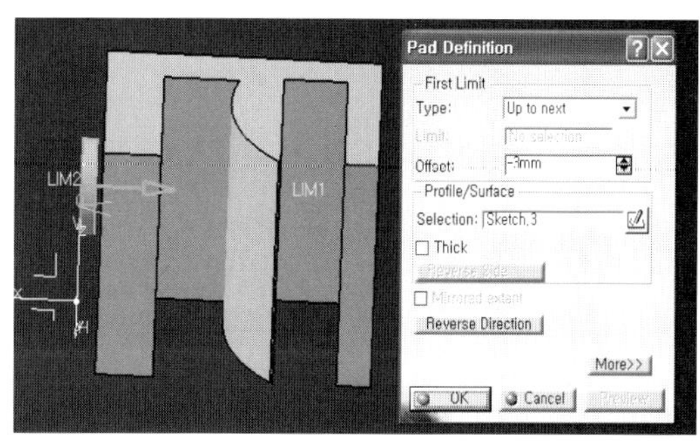

그러면 앞서 만든 Solid보다 3mm가 떨어져 있는 상태의 원기둥 형태 Solid가 만들어질 것이다. 이
것은 스케치에서 가장 가까이 있는 Solid면까지 만들어 주는데, -3mm이기 때문에 그만큼 떨어져 있
는 상태로 만들어진 것이다.

2 Type의 Up to last는 스케치가 있는
위치에서 가장 멀리 있는 Solid 위치까
지 형상을 만들어 준다.

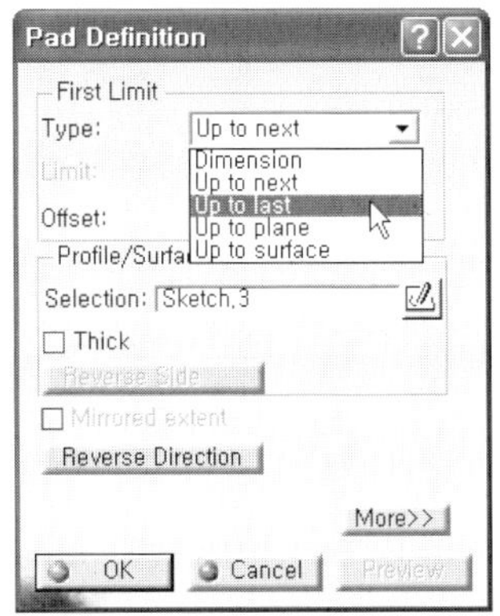

Up to last로 하고 Offset를 10mm로
해보자.

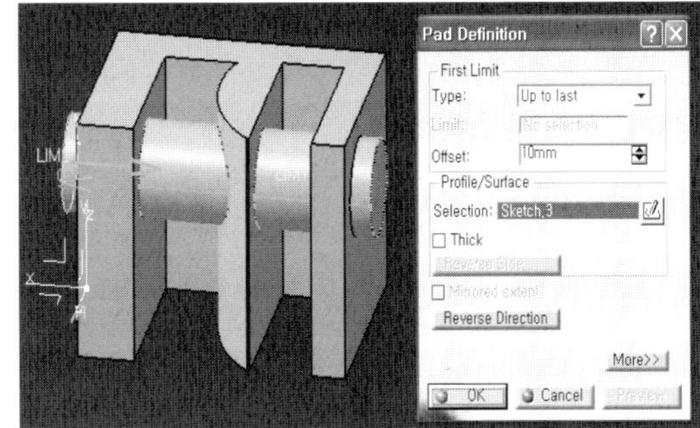

가장 멀리 있는 위치의 Solid면까지 만
들어지며, Offset 10mm이기 때문에
그만큼 더 가는 곳까지 형상을 만들어
주는 것을 확인할 수 있다.

3 Type의 Up to plane은 스케치가 있는
위치에서 선택한 Plane까지 형상을 만
들어 준다. 중앙 부위 근처의 Plane을
선택해 보자.

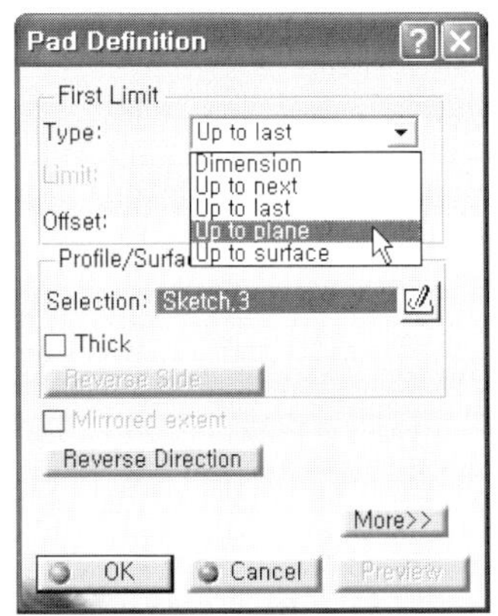

다음 그림의 Mouse가 있는 면까지로 Up to plane을 선택하고 Offeset를 3mm로 하면 다음 그림과 같은 형상이 만들어진다.

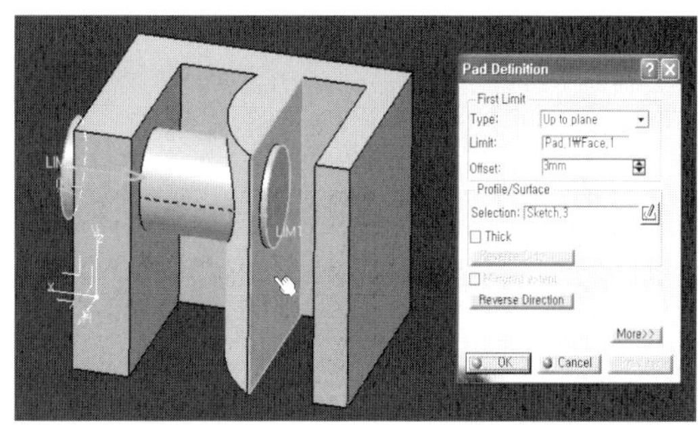

4 Type의 Up to surface는 스케치가 있는 위치에서 선택한 surface까지 형상을 만들어 준다. 중앙 부위 근처의 sur-face를 선택해 보자.

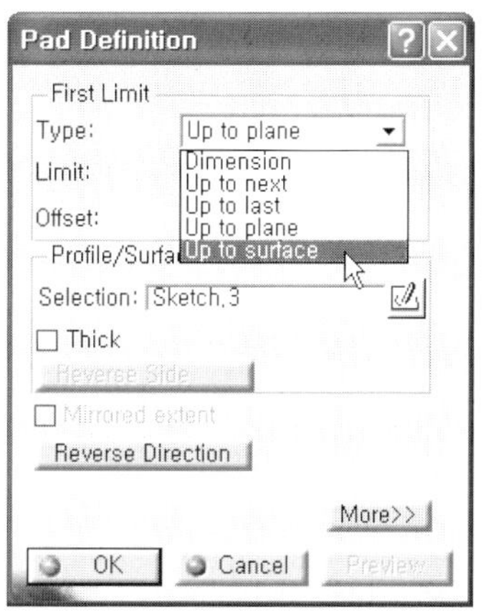

다음 그림의 Mouse가 있는 면까지로 Up to surface를 선택하고 Offeset를 -15mm로 하면 다음 그림과 같은 형상이 만들어진다.

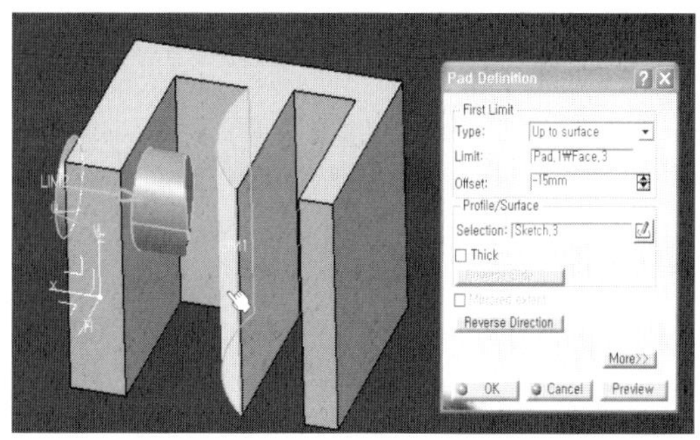

2.2 Drafted Filleted Pad ( )

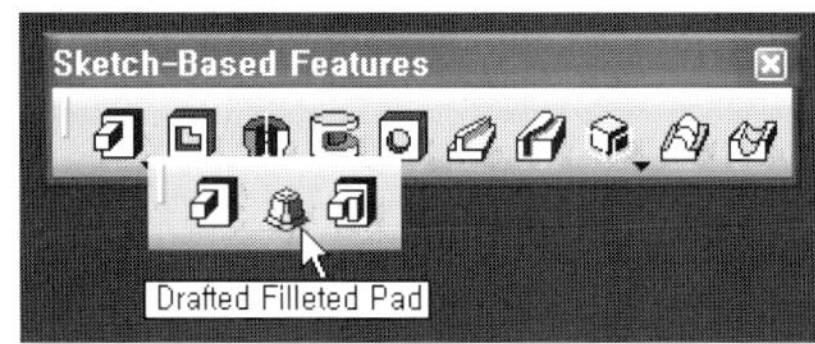

다음과 같은 형태의 Solid를 만들고 적용
할 스케치를 만든다. 그리고 Drafted
Filleted Pad를 적용해 보자.

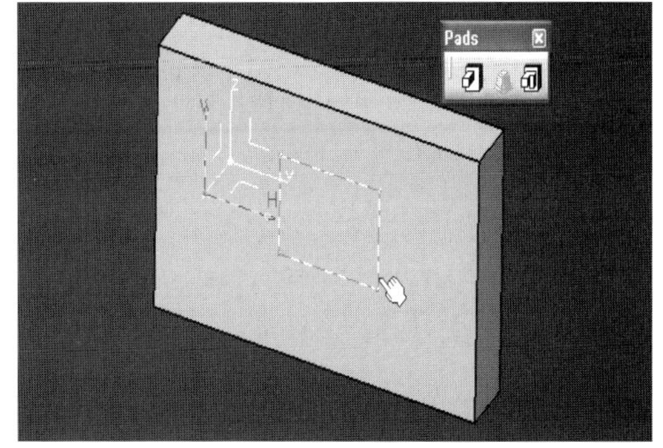

Second Limit를 앞면을 선택하면 다음
그림과 같이 된다. 그 다음에 원하는
Draft Angle을 선택하고 각각의 Fillet를
주면 원하는 형상을 얻을 수 있다.

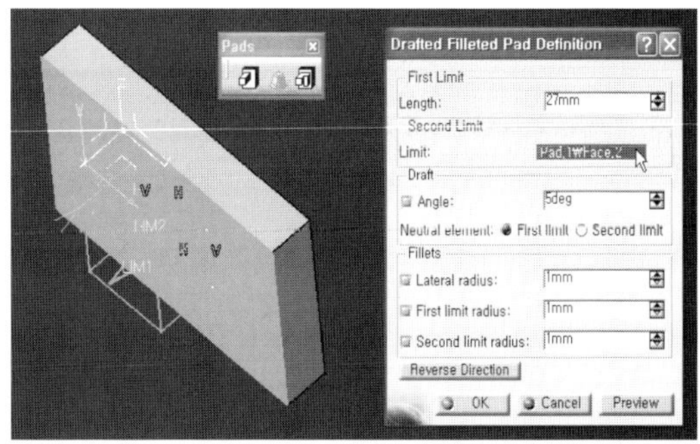

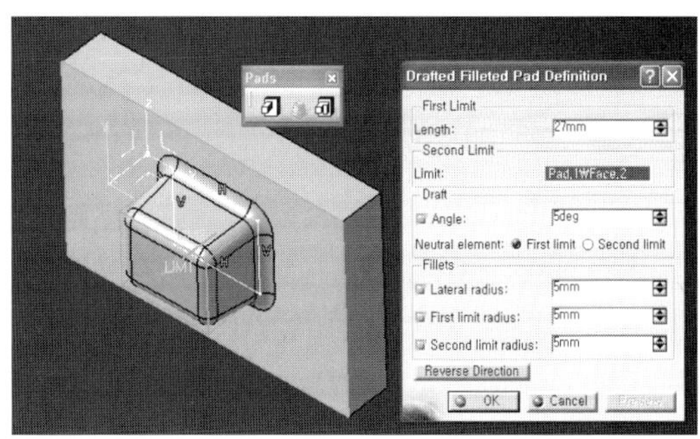

2.3　Multi Pad ( )

각 Profile의 원하는 Pad량을 주고 싶을 때 사용한다. 다음과 같이 스케치에서 Profile 을 그린다. 그리고 3차원 공간으로 빠져나가 Multi Pad( )를 적용해 보자.

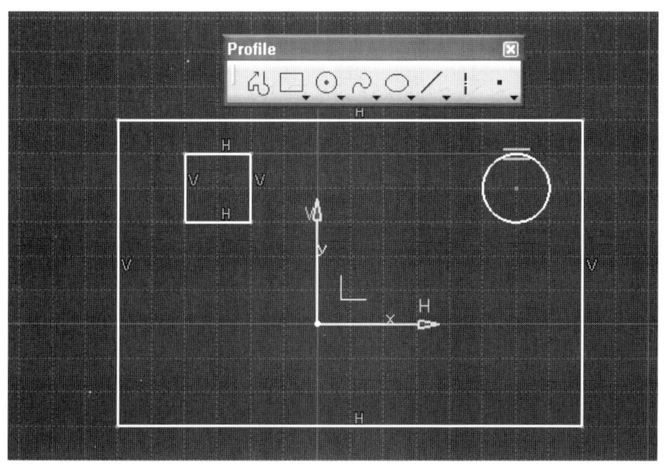

Multi Pad( )를 클릭하고 적용할 스 케치를 선택한다.

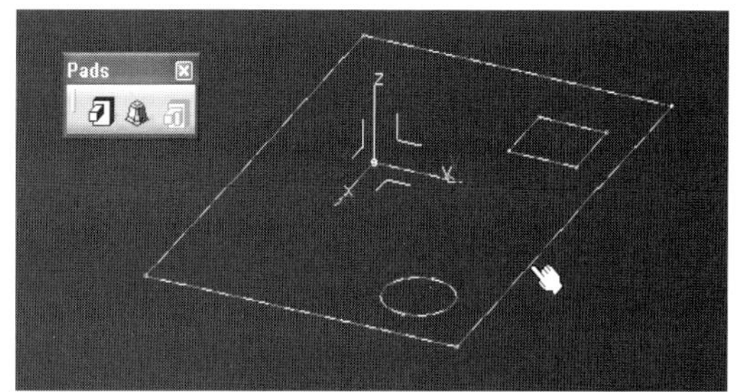

다음 그림의 Domains에서 해당되는 Domain을 선택하고 원하는 Pad값을 Length로 줄 수 있다.

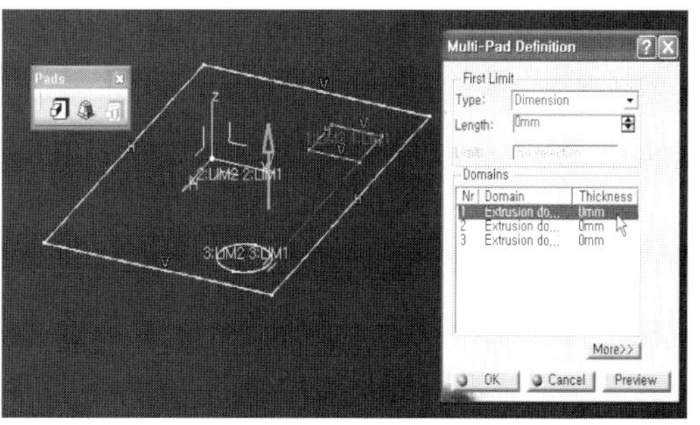

다음은 40mm, 10mm, 40mm를 적용
한 모델링 결과이다.

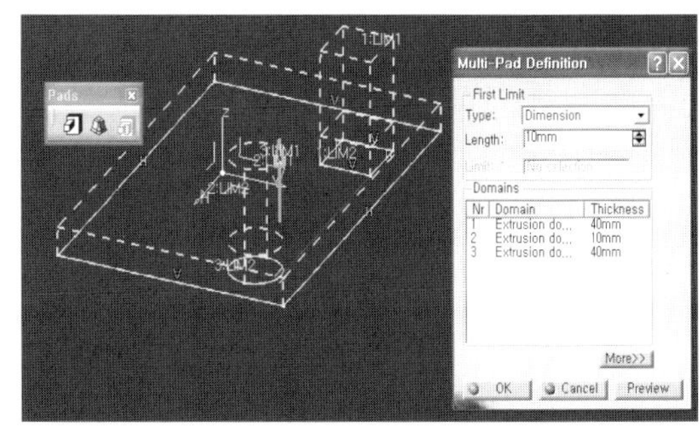

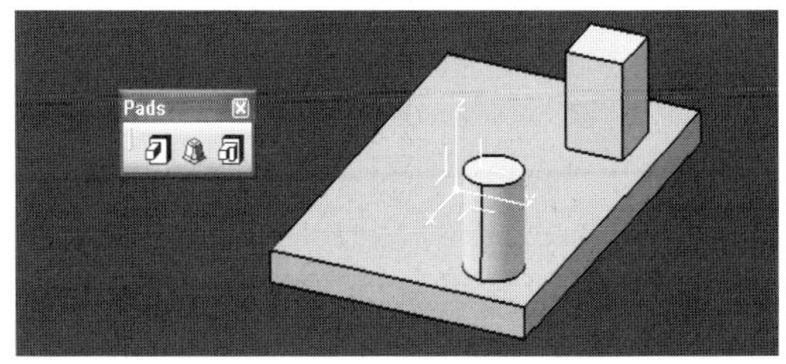

2.4   Pocket ( )

3차원 공간에 아무것도 없는 상태에서는
이 Pocket( )아이콘은 비활성화되어
있다.

이 비활성화 상태를 활성회로 만들려면,
Pad 형태의 Solid가 존재하던지, 아니면
Insert에서 Body를 하나 추가하면 된다.

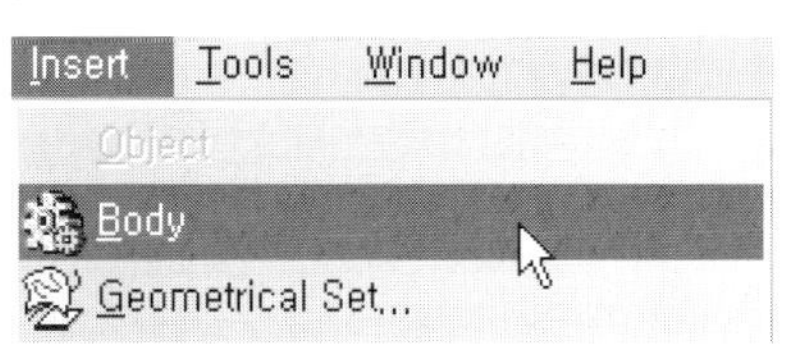

Body.2가 추가된 상태에서 활성화된 것
을 확인할 수 있다.

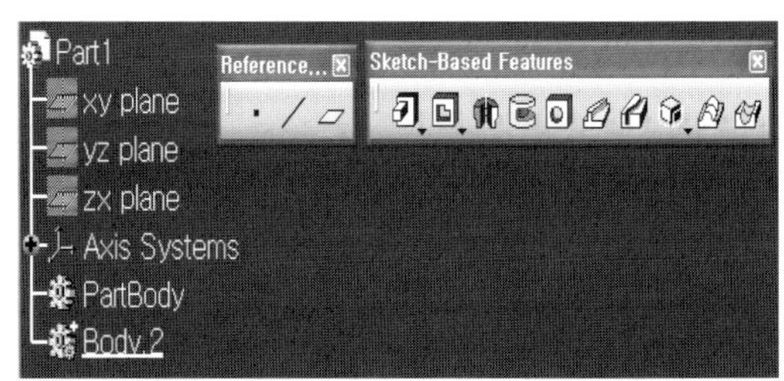

다음의 Pad로 만든 Solid에 Pocket을
적용해보자.

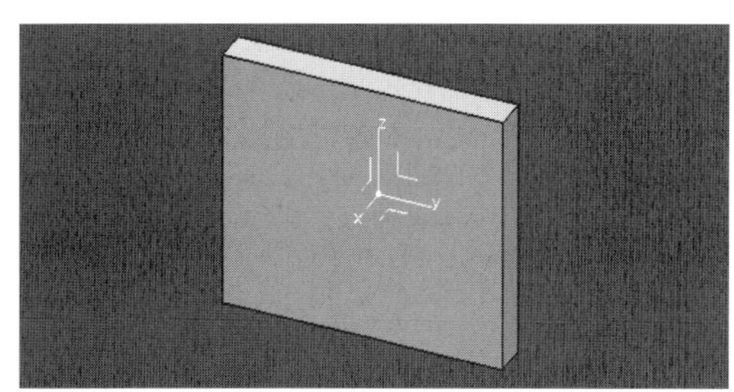

yz-plane을 선택하여 스케치로 들어간
다. 그리고 다음과 같이 Profile로 형상을
그린다.

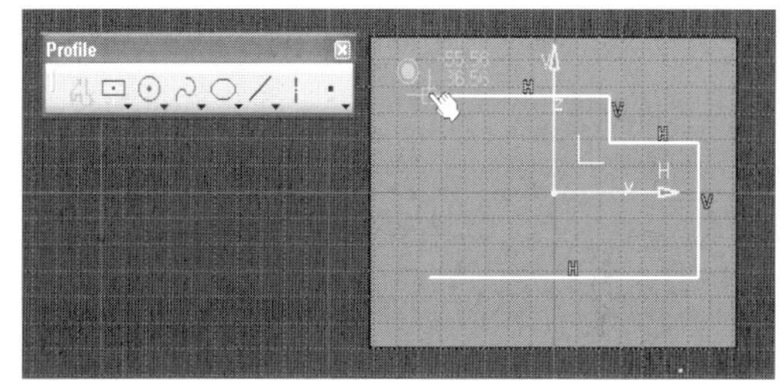

3차원 공간으로 나간다.

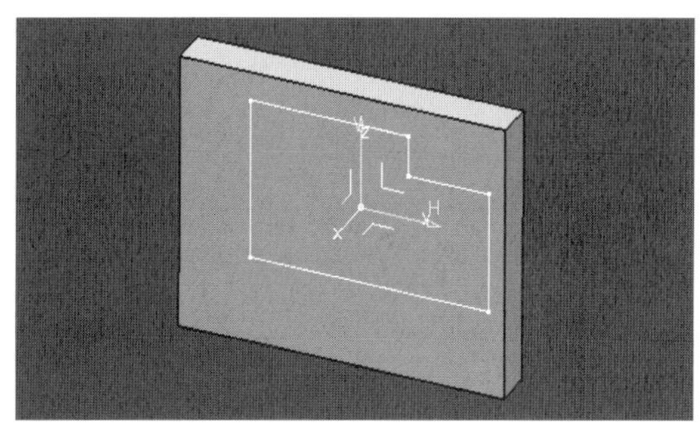

만든 스케치에 Pocket을 적용한다.
Depth를 40mm로 하고 Mirrored extent
를 적용한다.

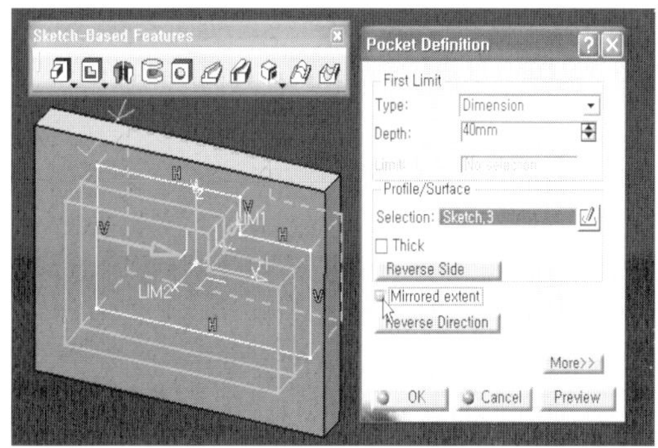

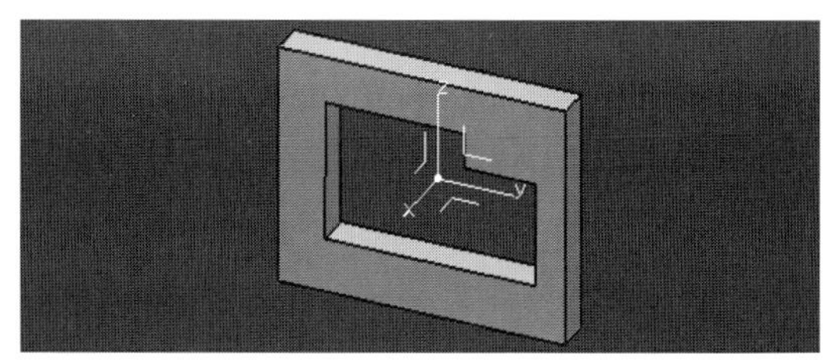

2.5　Shaft (　)

축을 기준으로 회전형태를 만드는 기능이
다. 먼저, 회전형태를 만들기 위해서 스케
치에서 원하는 형상을 만든다. yz-plane
을 잡고 스케치로 들어간다.
Profile로 다음 그림과 같이 만든다.

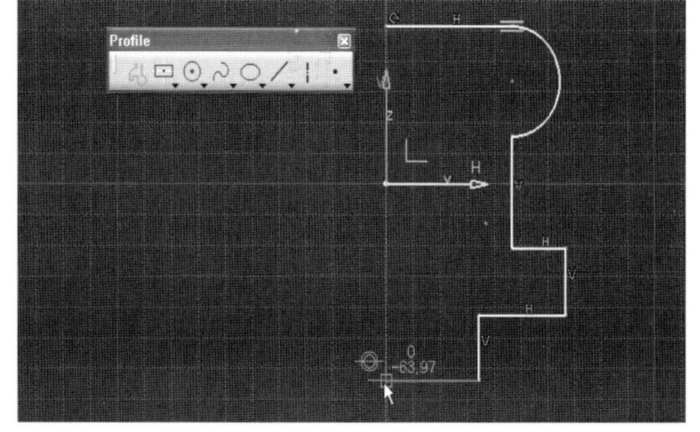

스케치를 빠져나간다. Shaft 아이콘을 클
릭한다. Axis로는 z축을 선택한다.

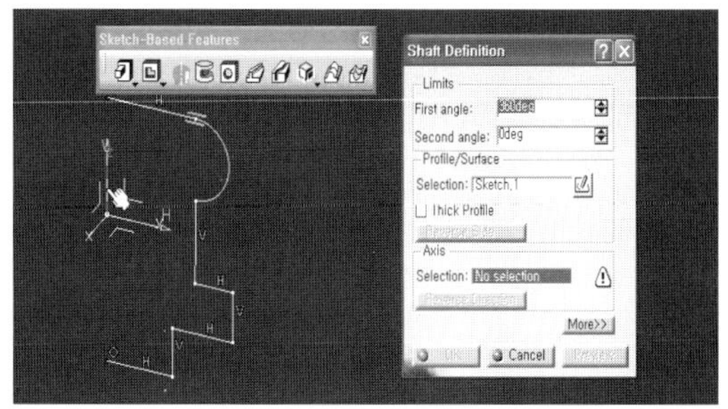

z축을 중심으로 스케치에서 만든 형상이
360도 회전하여 형상이 만들어진다.

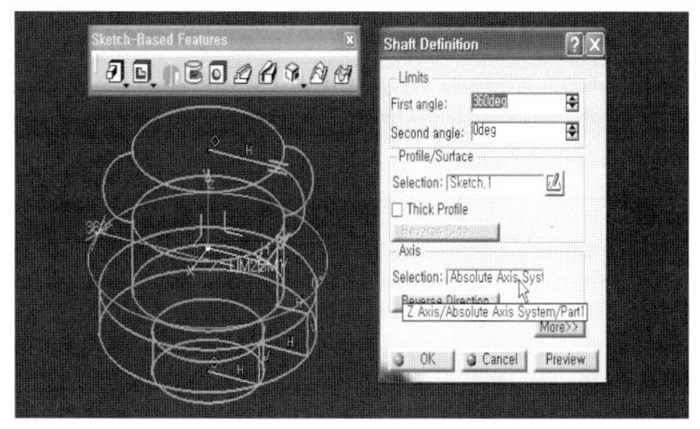

결과물은 다음 그림과 같다.

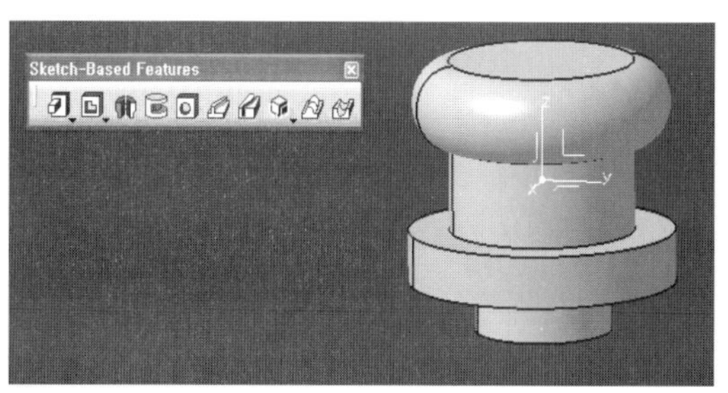

3차원 공간에서 z축을 선택하였지만, 스
케치에서 axis를 미리 만들면 3차원 공간
에서 회전축을 선택할 필요가 없어진다.

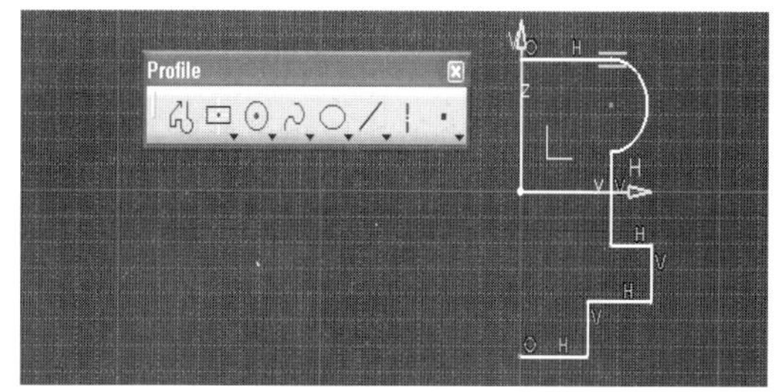

2.6　Groove (　)

Groove는 회전하여 제거해 내는 기능을
가지고 있다. 스케치로 진입하여 먼저
Pad할 Solid를 하나 만든다.

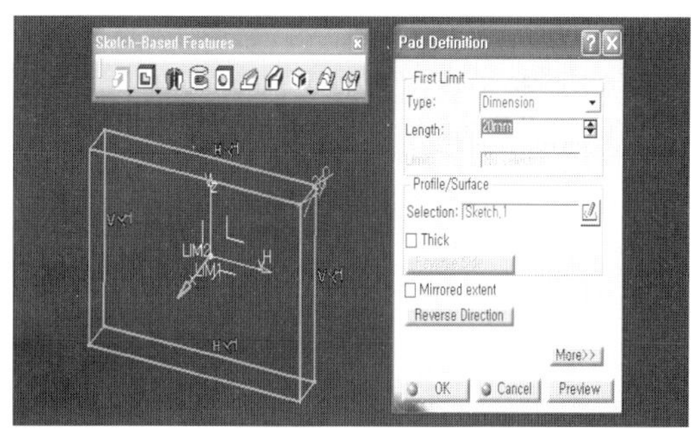

yz-plane을 선택하여 스케치로 들어간
다. 그리고 회전할 형상 하나를 만든다.
회전의 중심이 될 축을 스케치에서 먼저
만든다.

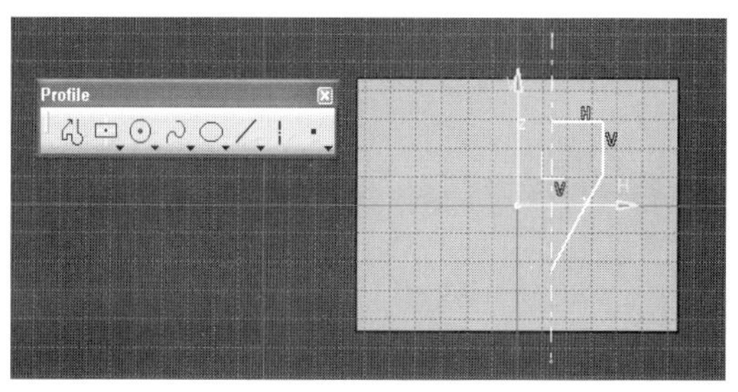

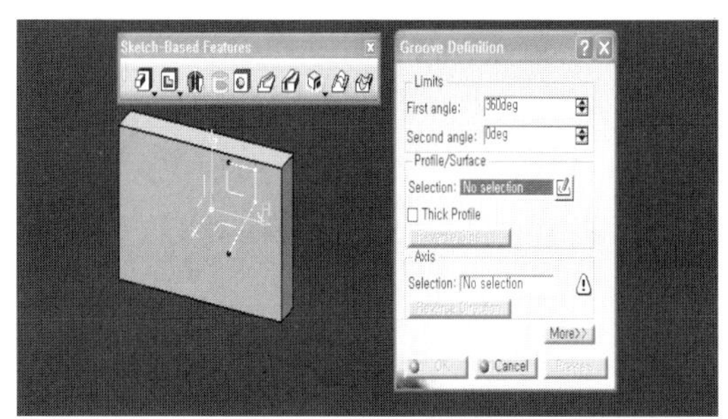

Groove 아이콘을 선택한 다음, 회전시킬
스케치를 선택하면 Axis를 선택할 필요없
이 스케치에서 선택한 Axis가 자동으로
선택됨을 알 수 있다.

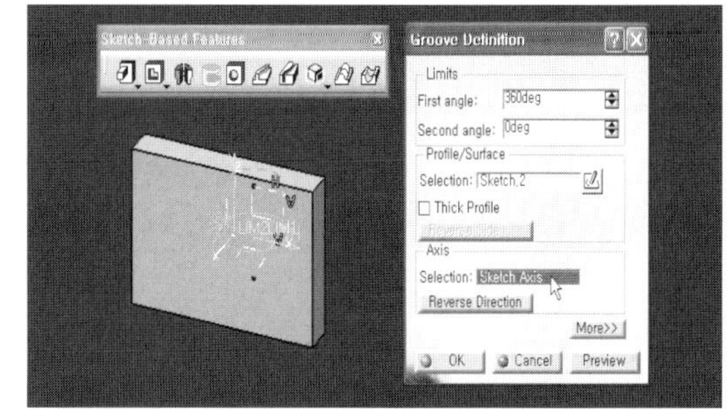

결과물은 아래 그림과 같으며, 결과물을 돌려보면 오른쪽 그림과 같다.

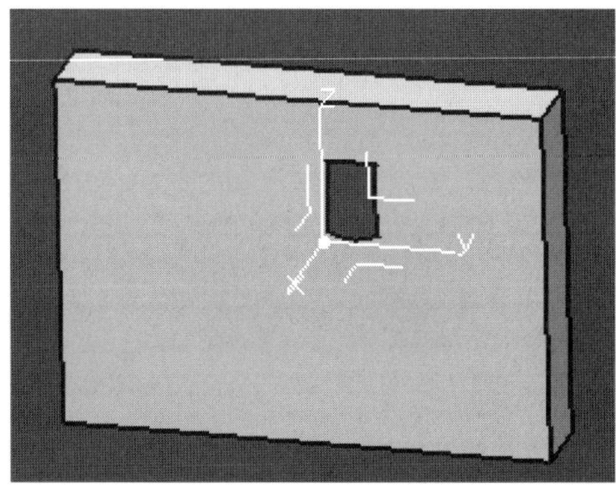

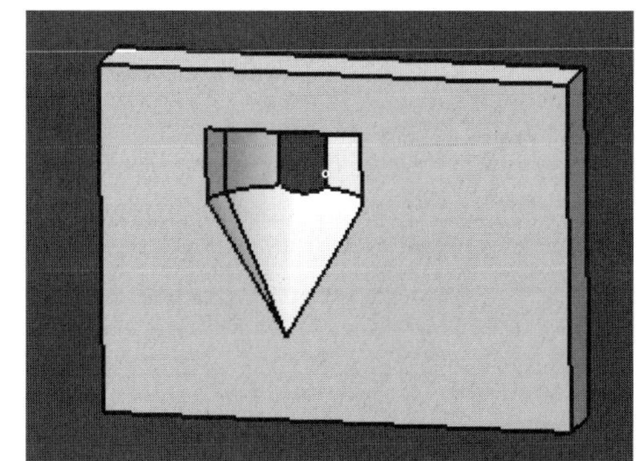

2.7　Hole (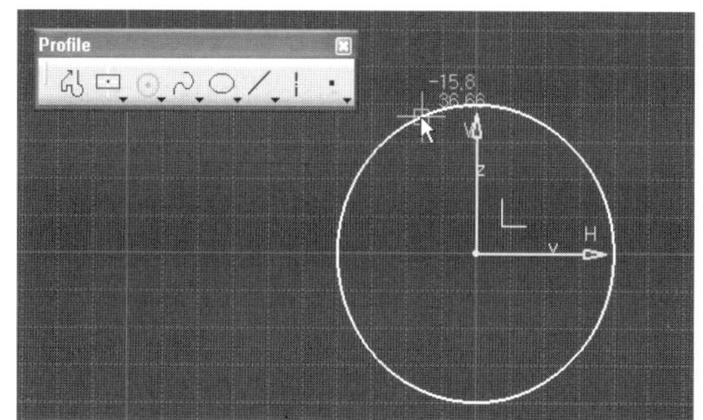)

Hole은 원형의 구멍을 만드는 기능을 가
지고 있다. 스케치로 진입하여 먼저 Pad
할 Solid를 하나 만든다.

Pad를 한다.

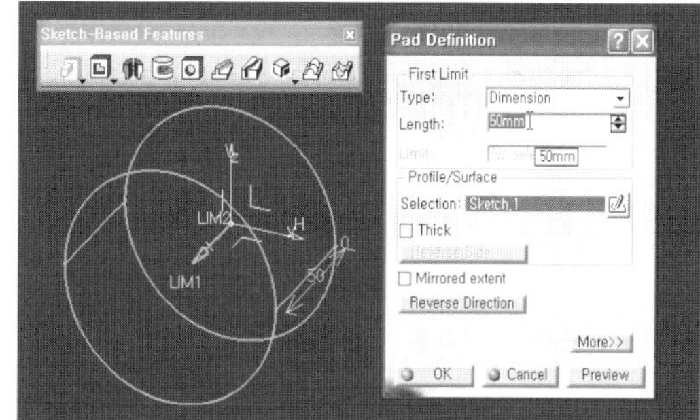

다음 그림의 앞쪽 면을 선택하여 스케치
로 들어서 원형의 형상을 만들고 Pad를
만든다.

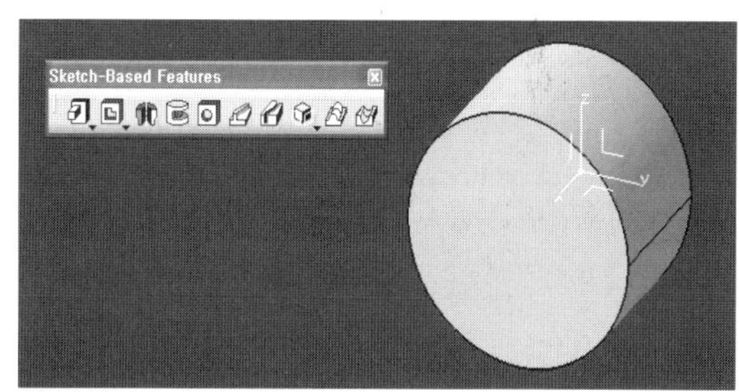

Hole 아이콘을 선택하고 앞쪽 면의 외곽
원형을 선택한다.

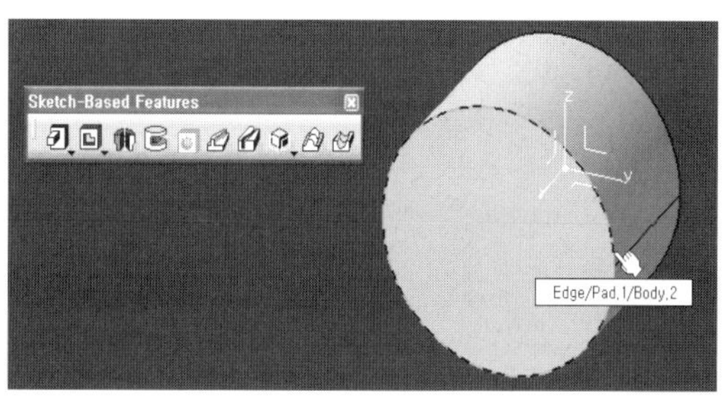

그리고 Hole을 만들 위치를 선택하기 위해서 앞쪽 면의 임의의 곳을 선택한다.(원의 중앙을 원점으로 Hole이 선택됨을 알 수 있다.)

Hole Definition에 Diameter 10mm, Depth 30mm로 하는 Blind Hole(Hole 이 관통되지 않은 상태임)을 만든다.

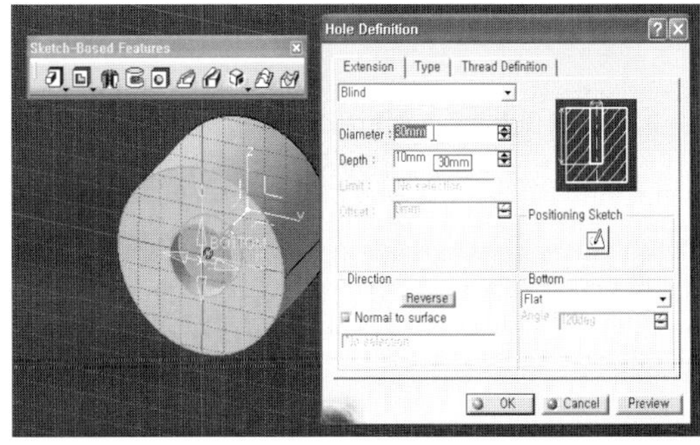

다음은 결과물이다.

2.8　Rib ( )

어떤 Profile을 Curve를 따라가면서 Solid를 만드는 기능이다.

먼저, 해당 Profile을 zx-plane을 선택하 여 스케치로 진입하여 생성한다.

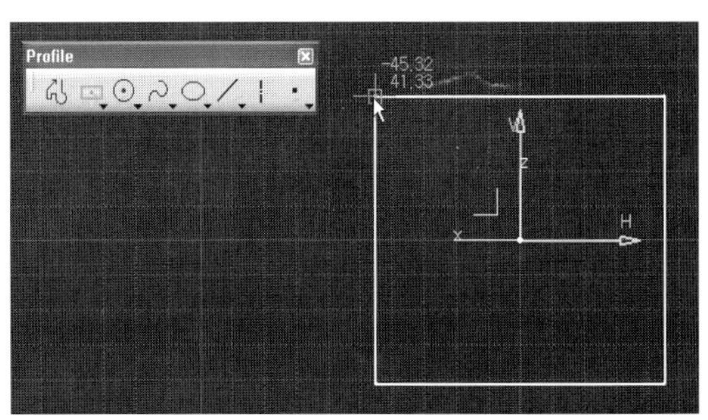

스케치를 빠져나가 3차원 공간으로 들어 간다.

yz-plane을 잡고 Profile이 따라갈 Curve
를 만든다.

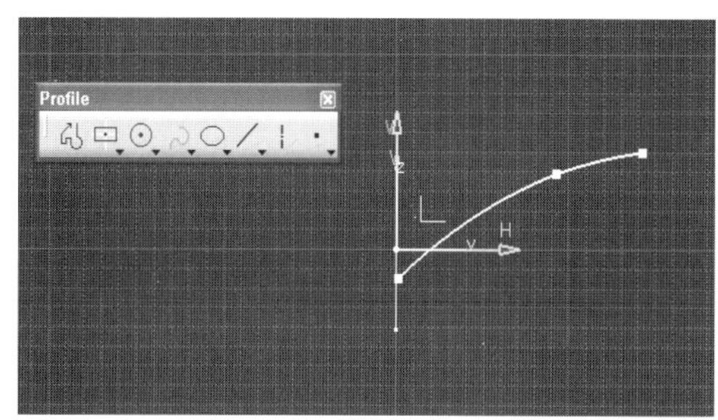

스케치를 빠져나가 3차원 공간으로 들어
간다.

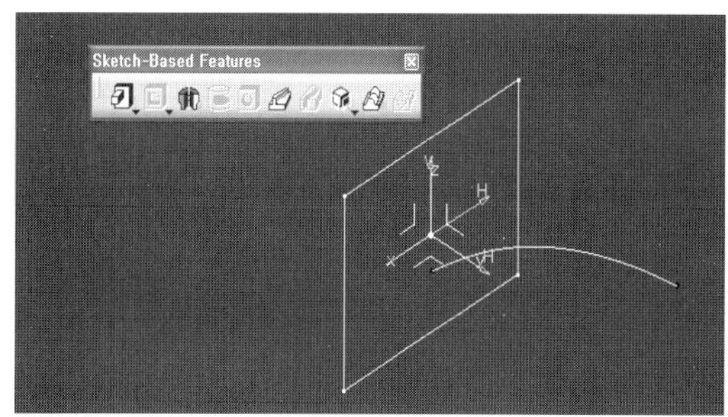

Rib 아이콘을 클릭한다.

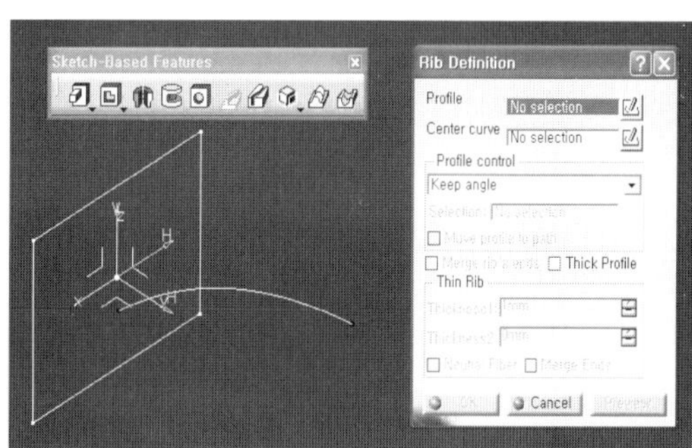

해당 Profile을 선택한다.

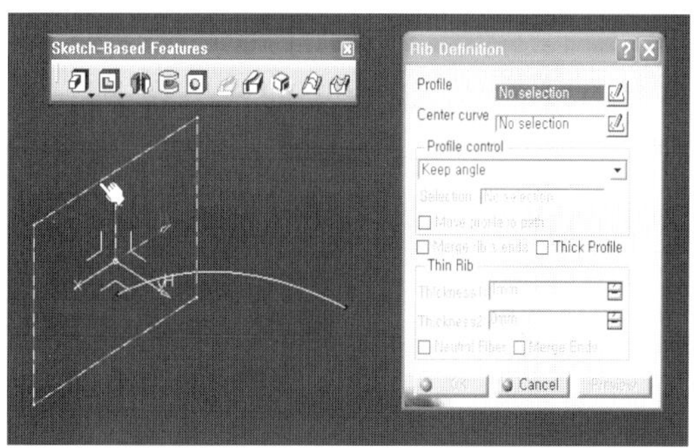

Center curve를 선택한다.

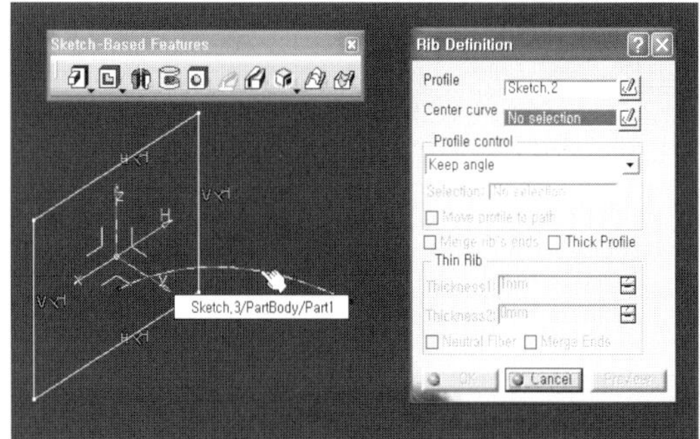

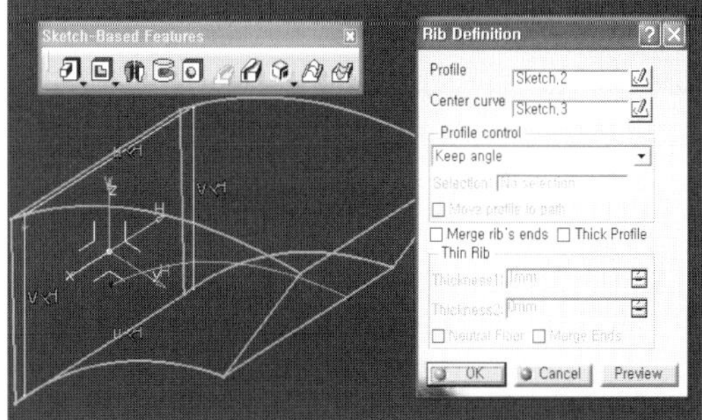

완성된 Solid이다.

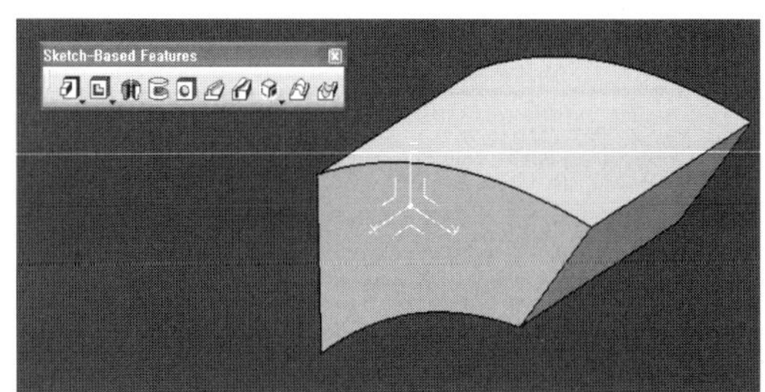

이 완성된 Solid로 Slot( ) 기능을 설명한다.

2.9   Slot ( )

Slot은 curve를 따라가면서 파내는 기능을 한다.

다음 그림의 정면 평면을 잡고 스케치로
들어간다.

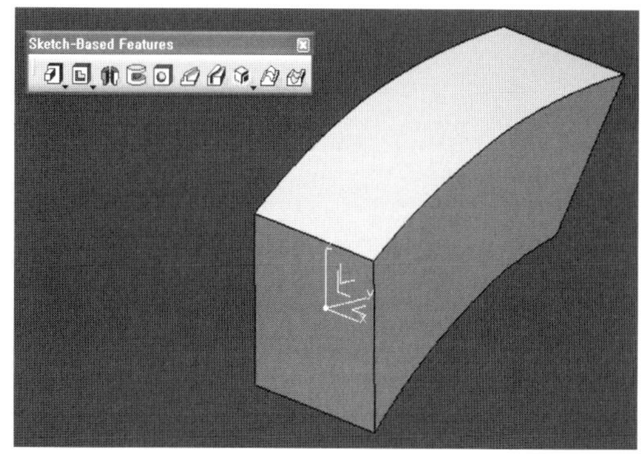

스케치로 진입하여 그림과 같이 사각형을
하나 그린다.

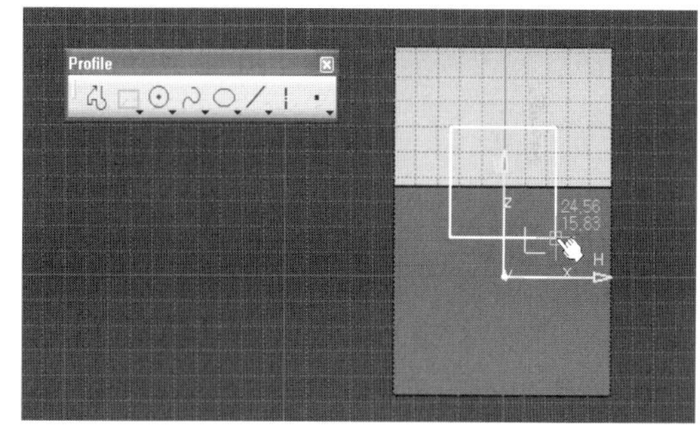

3차원 공간으로 빠져나간다.

Slot 아이콘을 클릭한다.

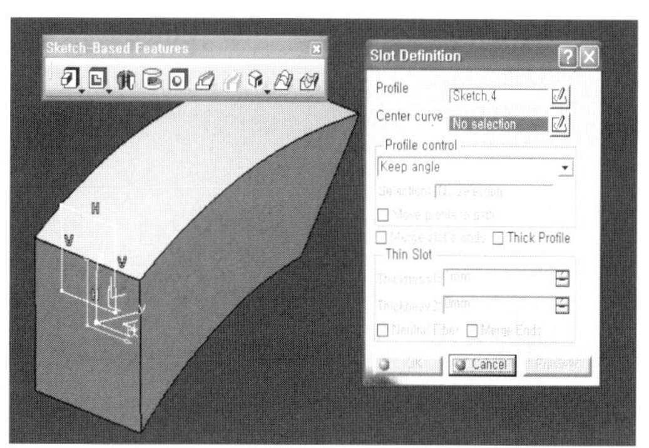

Profile에는 스케치에서 만든 사각형을 선택하고 Center curve는 Rib에서 만든 curve를 그대로 가져와 사용한다.

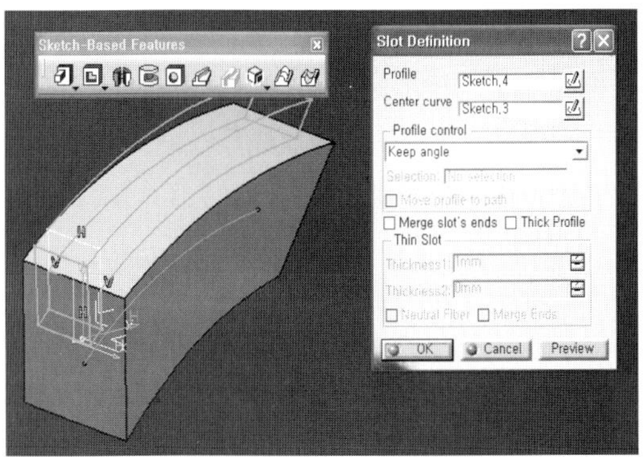

Slot을 사용하여 완성된 Solid 결과물이다.

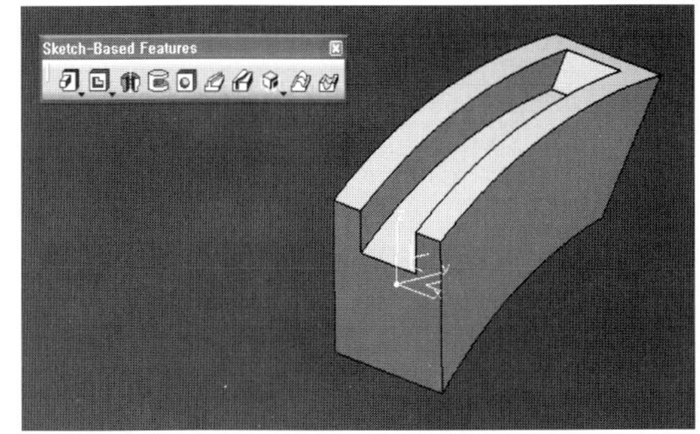

2.10   Solid Combine ( )

두 개의 스케치가 서로 공통으로 만나는 곳을 Solid로 만들어 주는 기능이다.

먼저, 스케치를 만든다. yz-plane과 zx-plane에서 하나씩을 만든다.

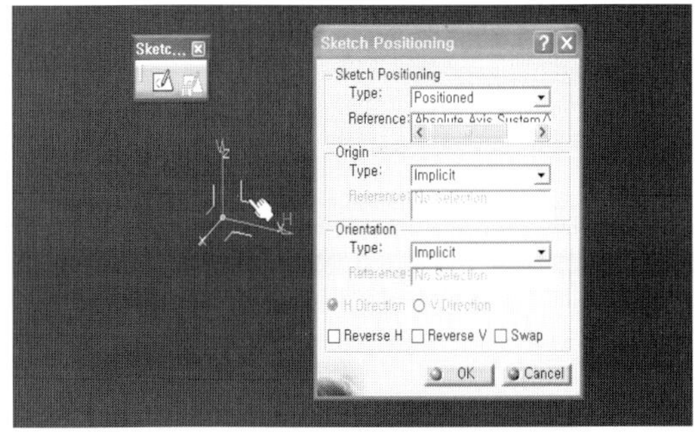

사각형을 하나 만들고 3차원 공간으로 나
온다.

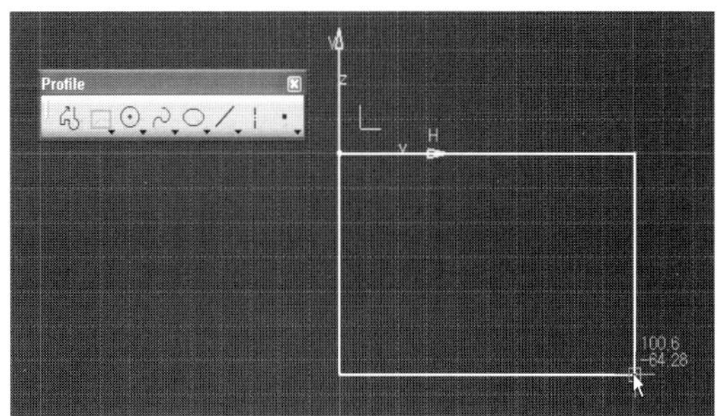

zx-plane을 선택하여 스케치를 하나 만
든다.

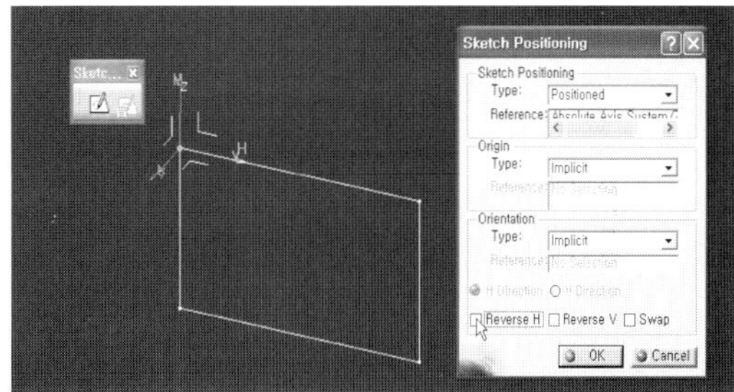

방향성을 Swap, Reverse H로 한다. 그
리고 스케치로 진입한다.

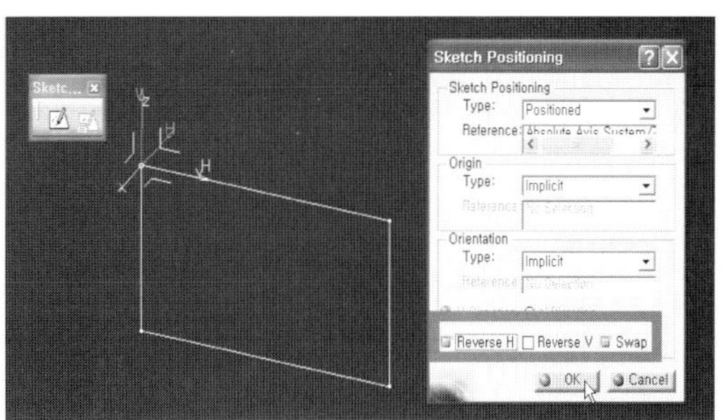

원형을 하나 그리고 3차원 공간으로 빠져
나온다.

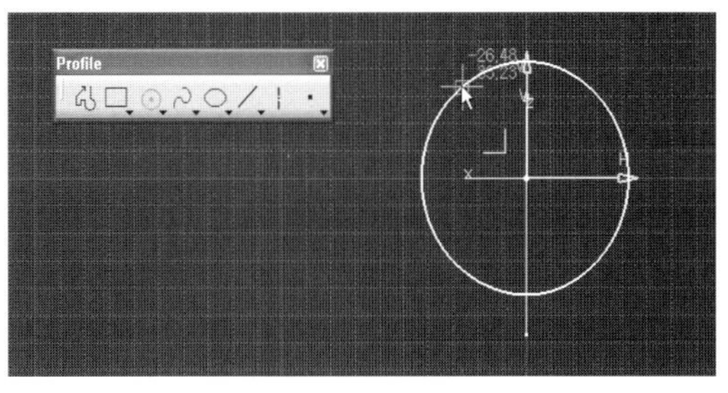

그리고 Solid Combine 아이콘을 클릭한
다.

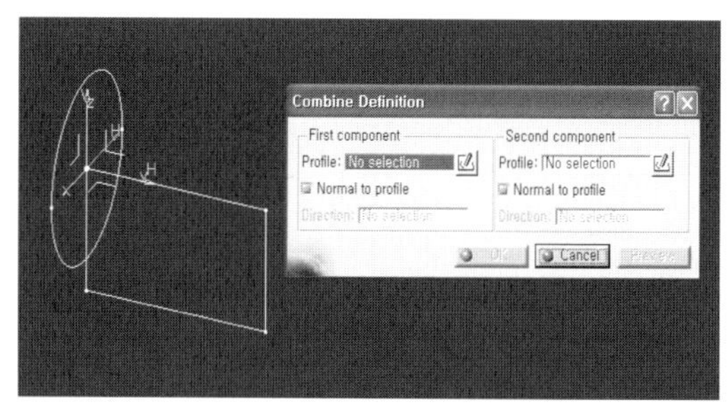

앞서 만든 2개의 스케치를 각각 선택한
다.

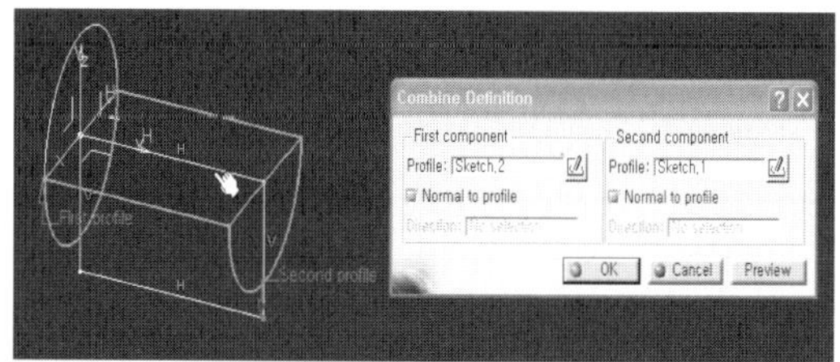

최종 만들어진 결과물은 다음 그림과 같
다. 각 스케치의 공통 영역이 Solid로 만
들어진 것을 알 수 있다.

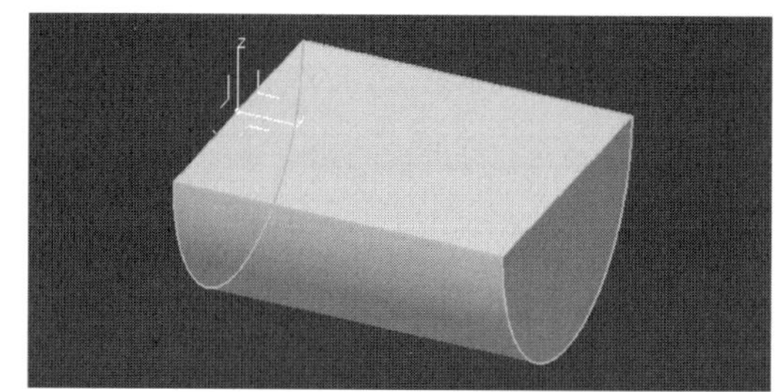

2.11 Multi-sections Solid ( )

형상이 서로 상이한 각 스케치나 프로파일을 연결하여 형상을 만드는 기능이다.

먼저, zx-plane을 기준으로 각각 50mm
떨어진 두 개의 Plane을 만든다.

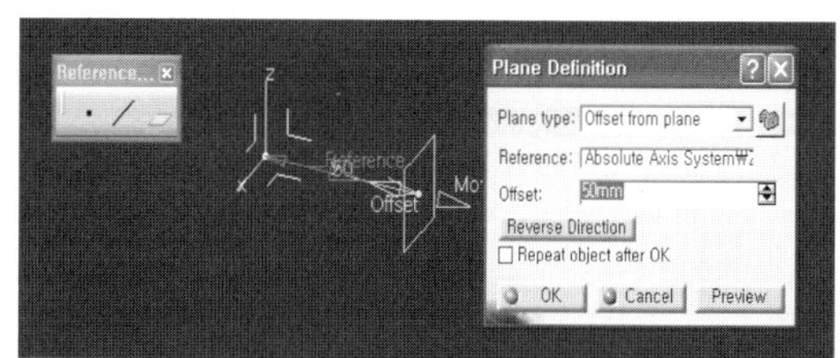

하나의 Plane을 더 만든다.

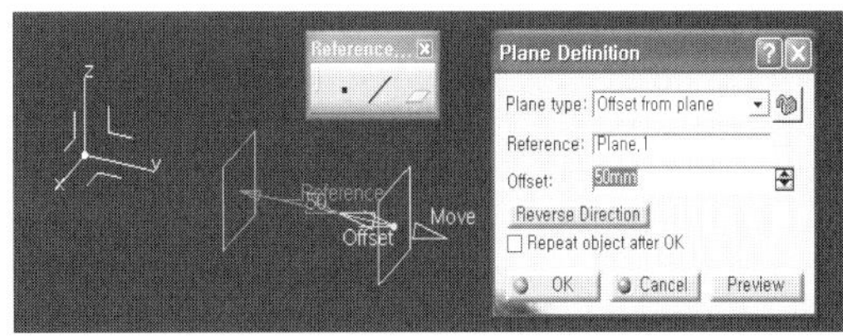

새로 만든 각 Plane에 스케치 작업을 한
다.

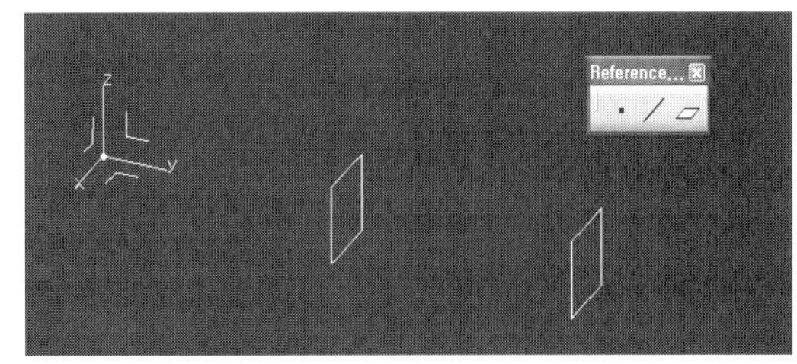

먼저, 앞서 처음에 만든 Plane을 선택하
여 스케치로 들어간다.

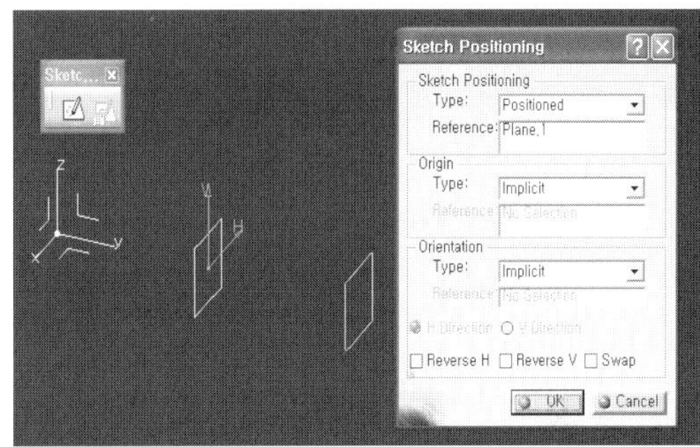

사각형을 하나 그리고 3차원 공간으로 빠
져나온다.

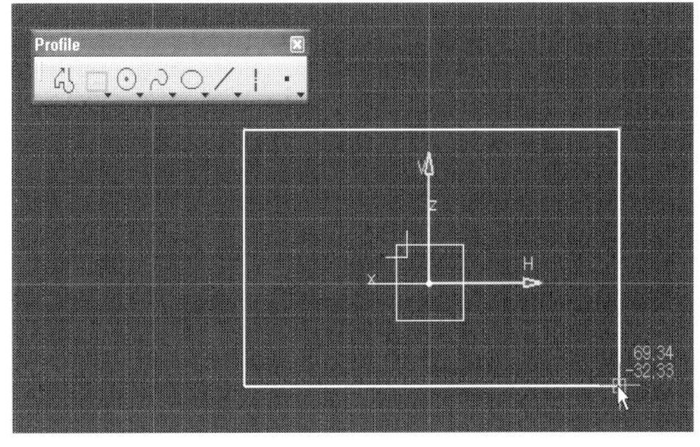

또, 다른 plane에 선택하고 스케치로 들
어간다.

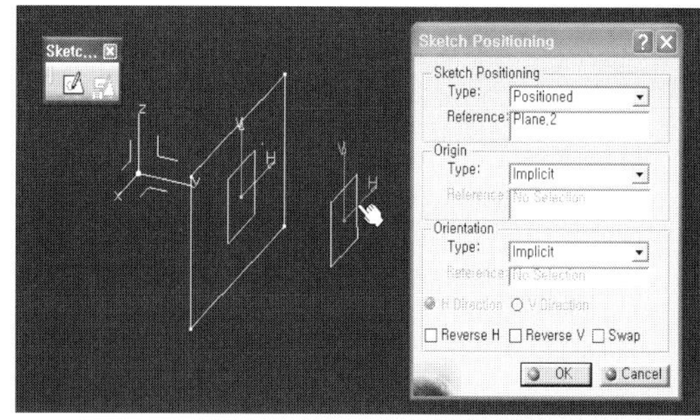

이번에는 Profile 아이콘을 사용하여 사다
리꼴 형태의 사각형을 그린다.

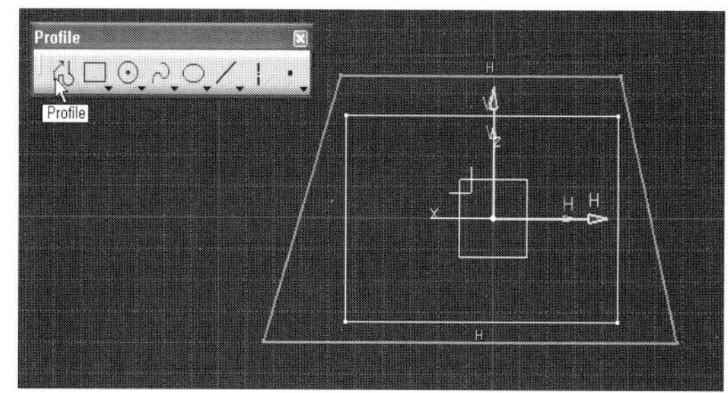

그리고 3차원 공간으로 빠져나온다.

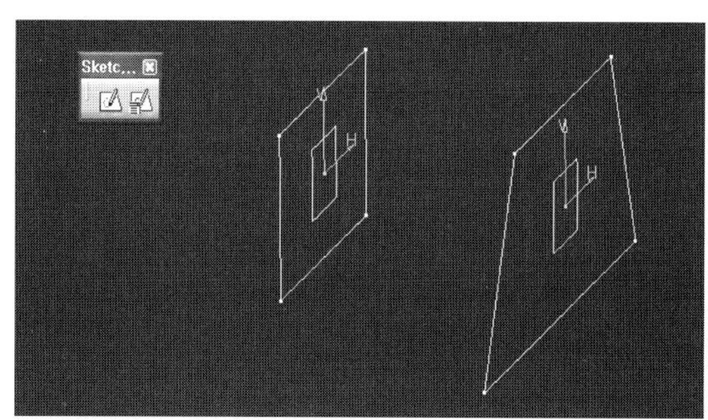

Multi-Sections Solid 아이콘을 클릭한
다.

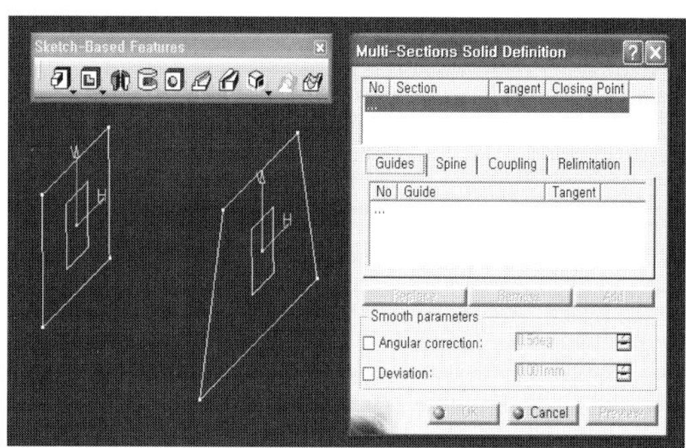

각 스케치를 선택한다.

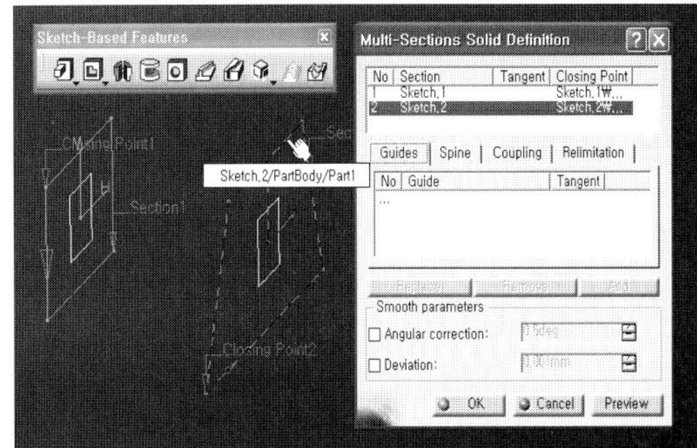

Preview를 해보면 Solid가 꼬여 있는 것을 볼 수 있다. 독자 중에서는 우연의 일치로 꼬여 있지 않을 수도 있다. 꼬여 있는 상태를 해결하는 방법을 알아보도록 하겠다.

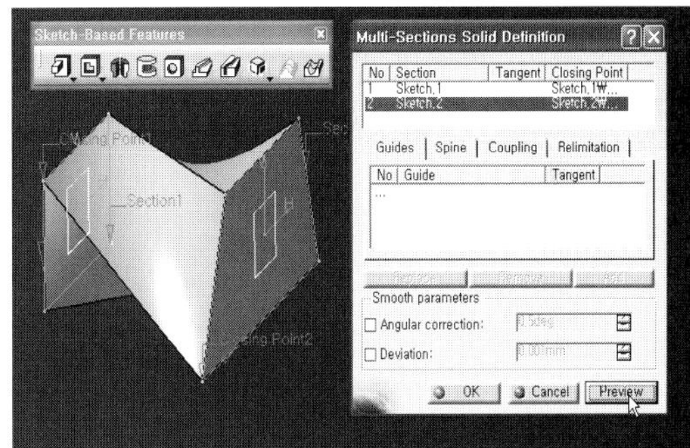

Multi-Sections Solid를 보면 각 단면마다 Closing Point라는 것이 있다. 그리고 Closing Point에는 방향성을 가지는 화살표가 있다.

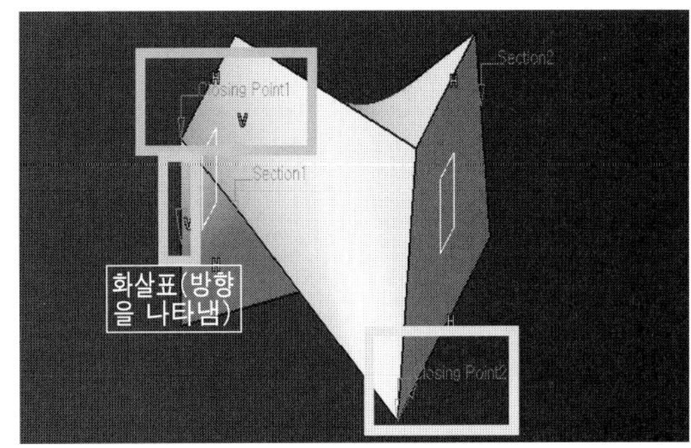

꼬여 있는 부분을 해결하려면 Closing Point를 각각 일치시키고 방향성을 같이 해주면 된다.

Closing Point를 변경하려면 선택하고 오른쪽 마우스(3번 마우스)를 선택하면 Replace가 나온다. 이것을 선택하고 원하는 포인트로 변경하면 된다.

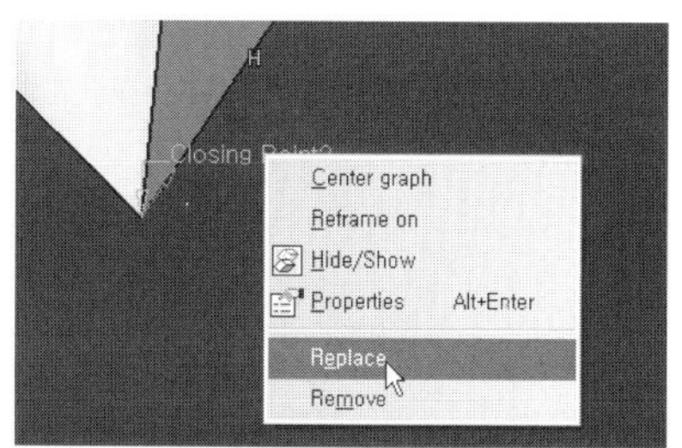

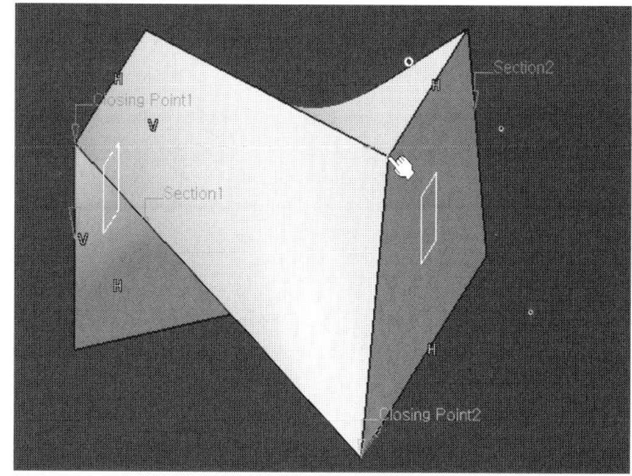

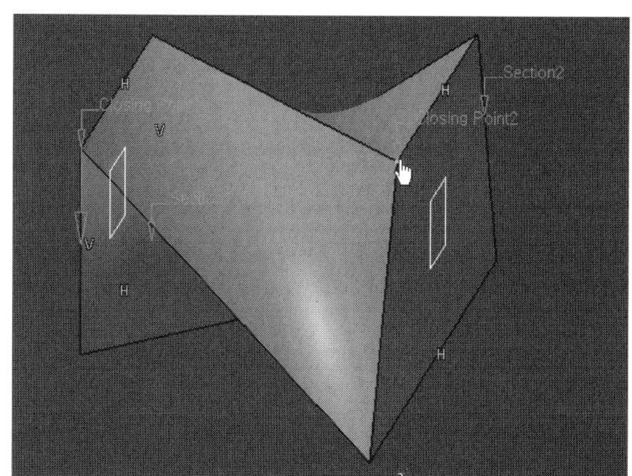

Preview를 선택하여 미리보기를 한다.

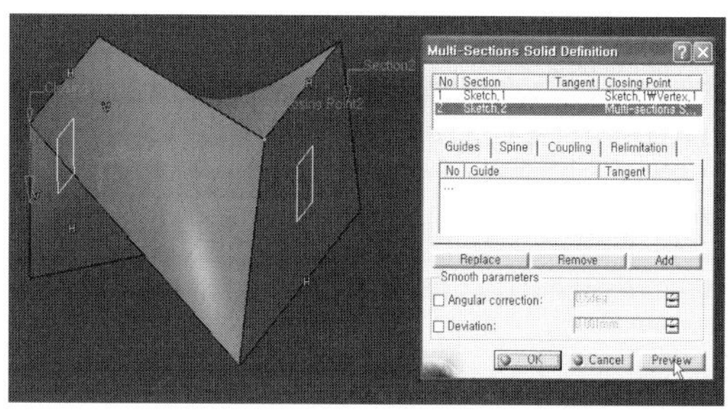

다음과 같이 꼬여 있는 것이 해결된 것을
볼 수 있다.

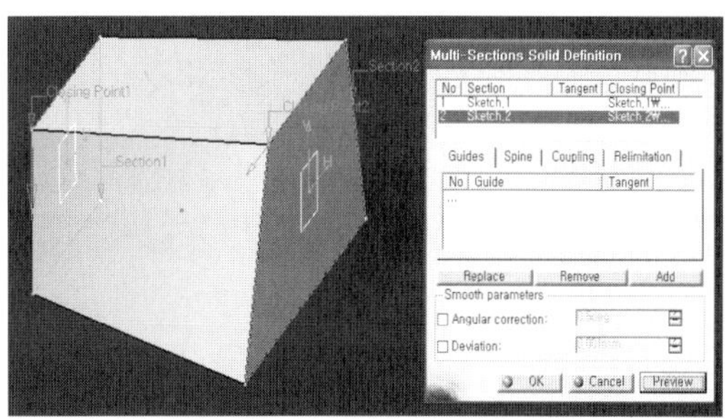

방향성이 다른 경우에는 방향성을 나타내는 화살표를 마우스로 클릭하면 방향성을 변경할 수 있다.

2.12 Removed Multi-sections Solid (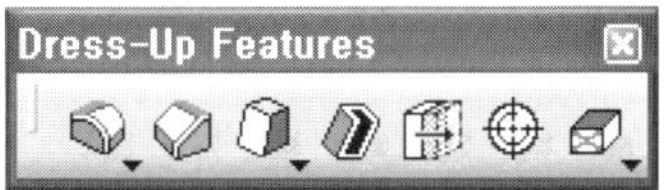)

Removed Multi-sections Solid는 Multi-sections Solid와 달리 파내는 기능을 한
다. 적용하는 방법은 Multi-sections Solid와 동일하기 때문에 별도로 하지는 않겠다.

3. Dress-Up Features 툴 바에 대한 이해

Dress-Up Features 툴 바는 만들어진 Solid를 다듬는 기능을 한다.
모서리를 둥글게 모나게 하며, 구배를 주기도 하고 두께값을 주는 기능을 주로 한다.

3.1　Edge Fillet ( )

Pad로 Solid를 하나 만든다.

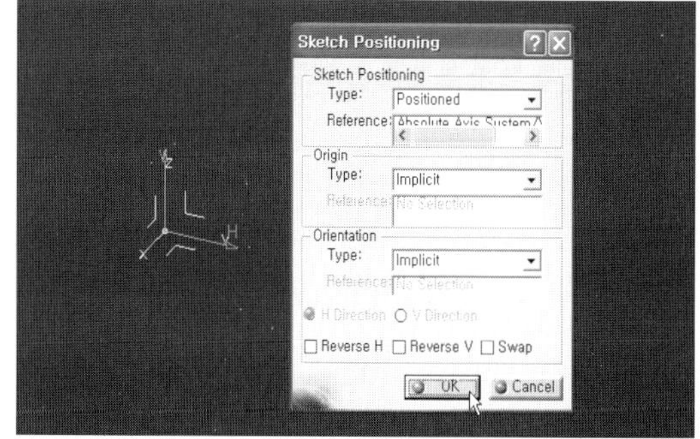

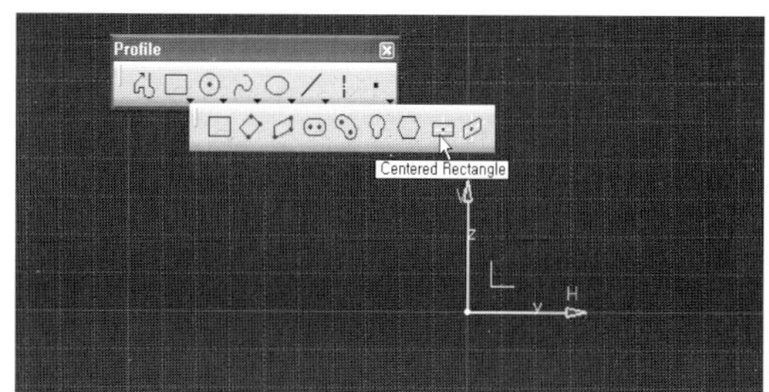

사각형을 하나 만들고 3차원 공간으로 빠져나간다.

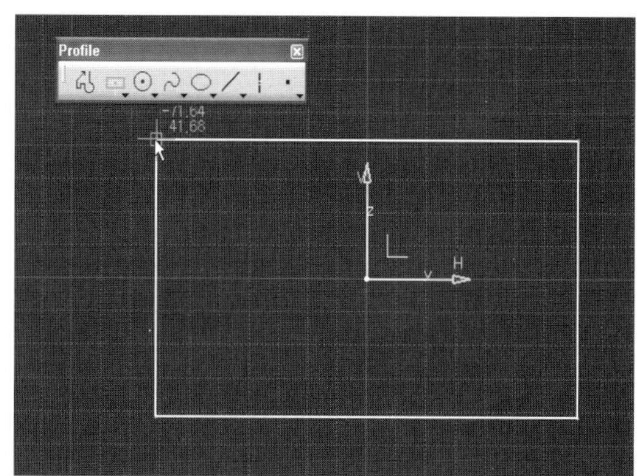

Pad 아이콘을 클릭한다.

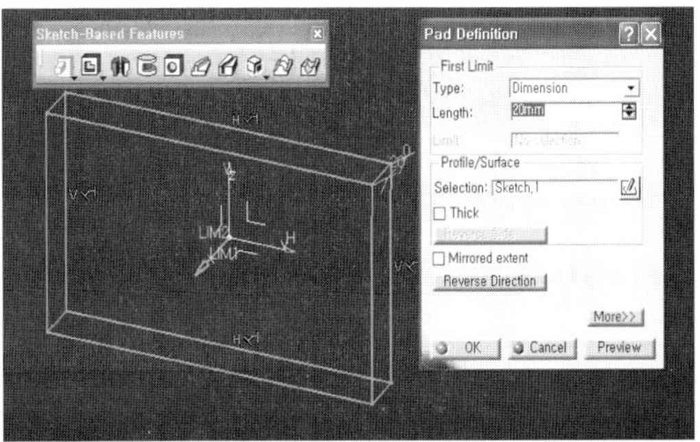

Pad의 모서리인 Edge를 선택한다.
Radius는 5mm로 한다.

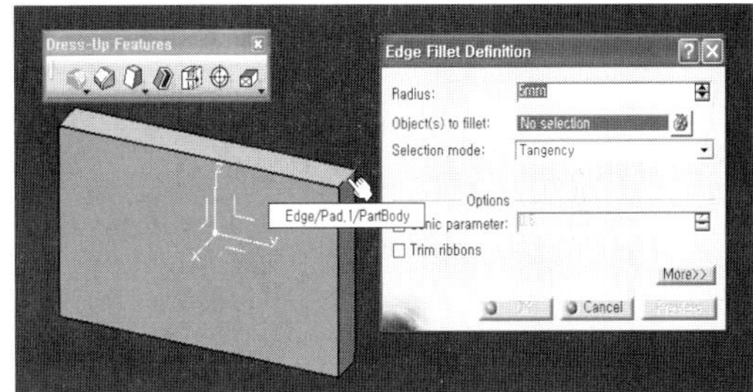

Selection mode는 Tangency로 한다.

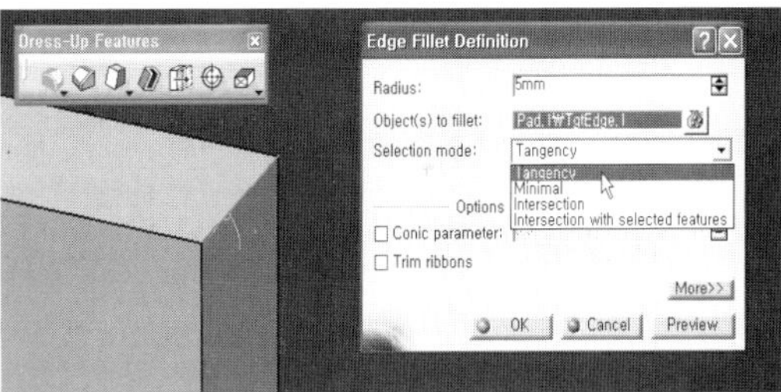

모서리가 Round(둥글게) 만들어진 것을
알 수 있다.

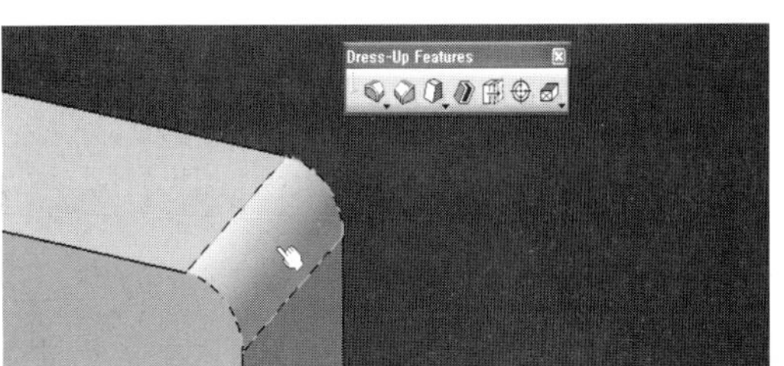

3.2 Chamber ( )

Solid 모서리에 모따기를 하는 기능을 한
다. Chamber 아이콘을 클릭한다.

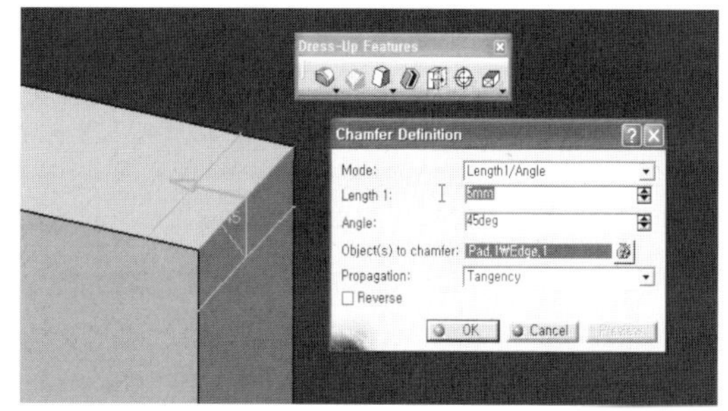

모서리를 선택하고 Length는 5mm로 한
다. 결과는 다음 그림과 같다.

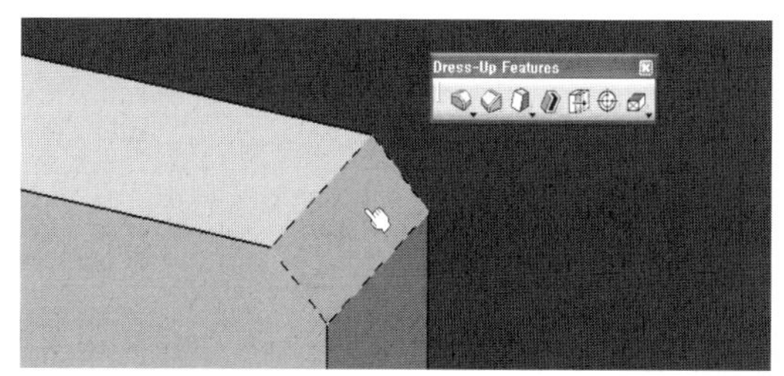

3.3 Draft angle ( )

어떤 면에 구배(기울기)를 주는 기능을
한다. Draft angle 아이콘을 클릭한다.
그러면 기본 구배각도는 5도로 되어 있
다. 이 구배를 어디 기준으로 어디에 적용
할지를 선택하면 적용이 된다.

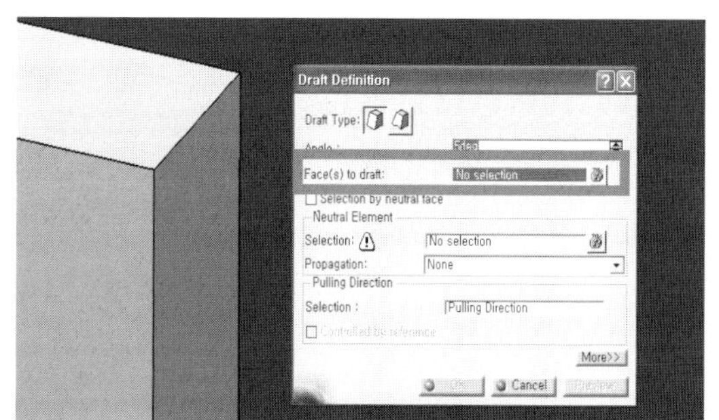

Face(s) to draft는 구배를 적용할 곳이
된다. 다음은 마우스 표시가 있는 부분이
Face(s) to draft를 적용할 곳이다.

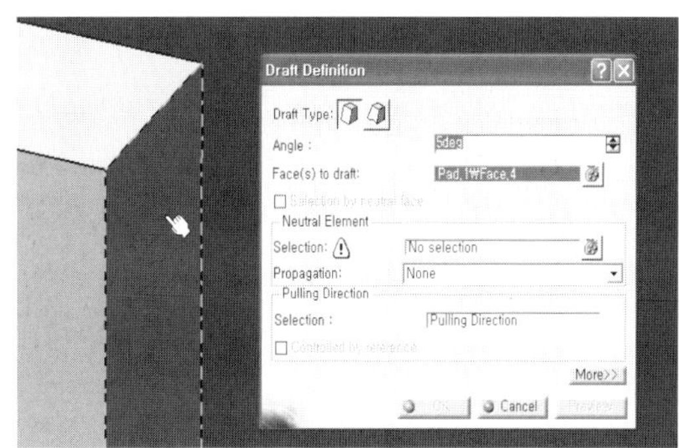

다음은 어떤 기준면(Neutral Element)
을 선택한다. 다음 마우스 표시가 있는 곳
이 Neutral Element이다.

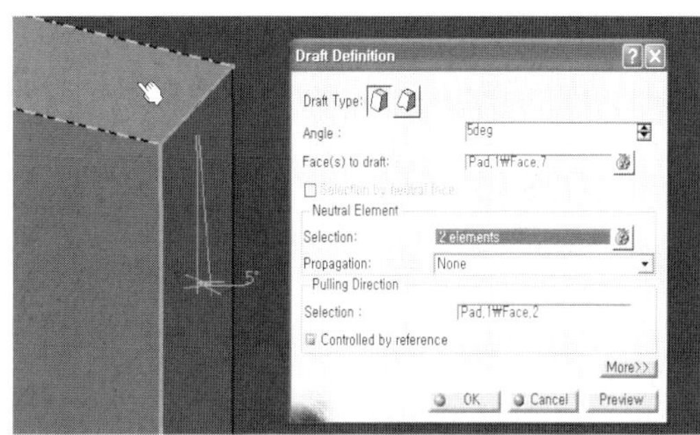

Preview를 해보면, 다음 마우스 표시가
있는 곳이 보인다.(5도 각도가 적용된 곳
이다.)

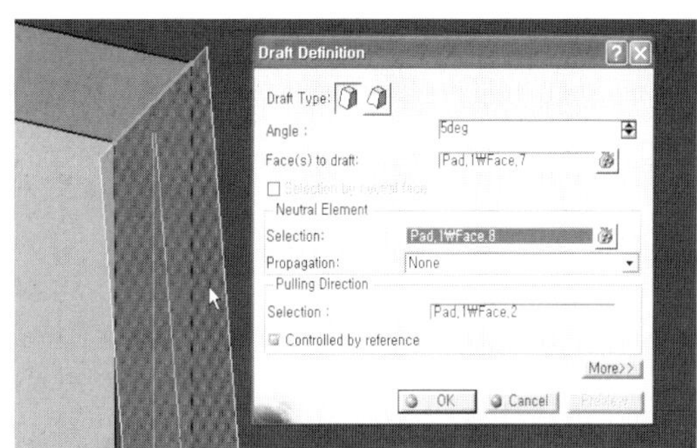

Draft가 적용된 결과는 다음 그림과 같다.

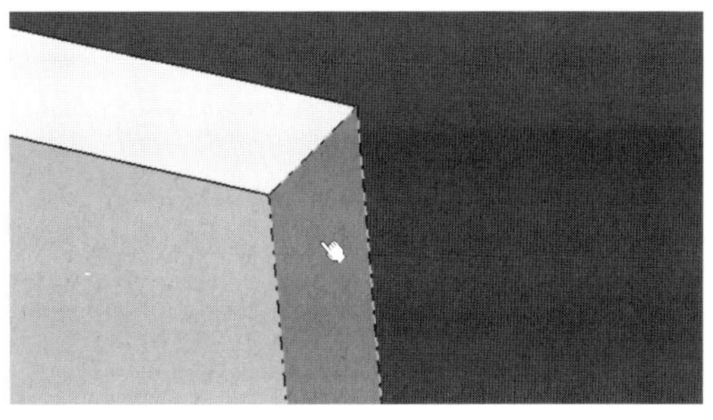

3.4 Shell ( )

만들어진 Solid에 두께를 주는 기능을 한
다.
다음 그림의 정면 부분에 두께 5mm를
주도록 해보자.

Shell 아이콘을 클릭한다. 그리고 두께를
줄 면을 선택하고 5mm로 한다.

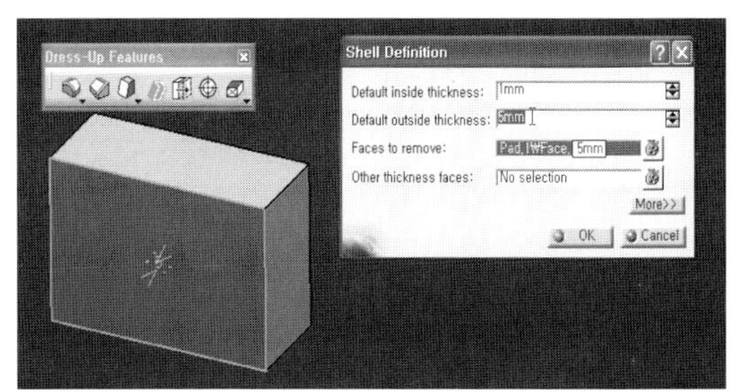

다음은 적용된 결과물이다.

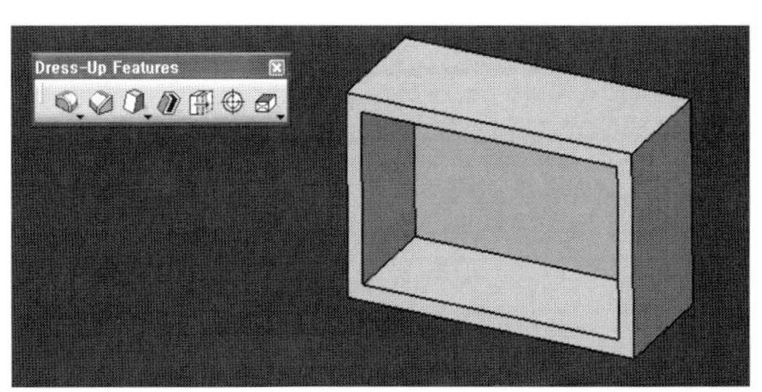

이번에는 2개의 면에 적용해보자.

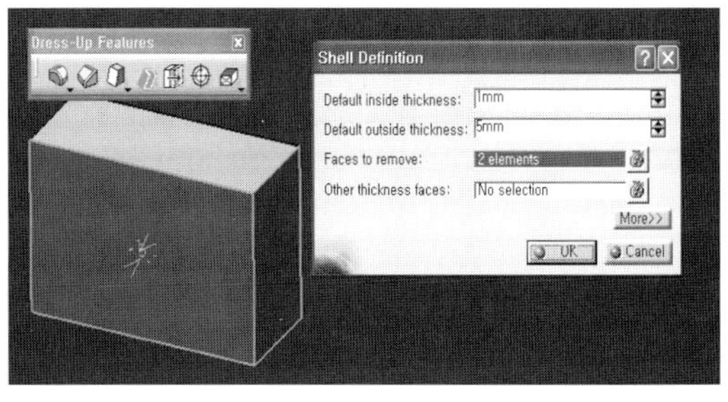

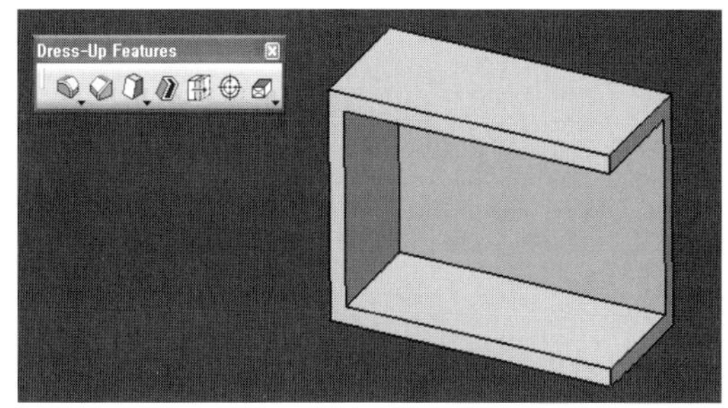

3.5 　 Thickness ( )

두께를 줄이고 늘리는 기능을 한다. 해당
아이콘을 선택한다.
마우스가 있는 부분을 선택하고 그곳에
20mm의 두께를 늘린다.

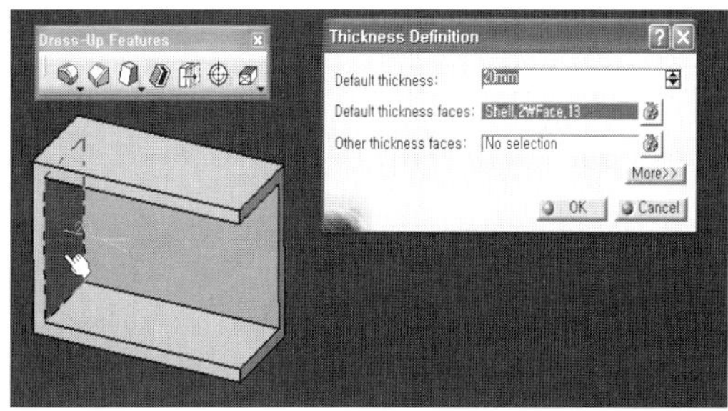

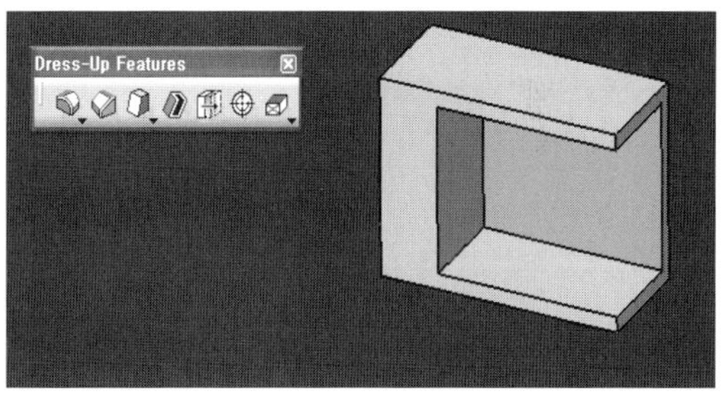

3.6 　 Thread/Tap ( )

나사와 탭을 만드는 기능을 한다.

3.7 Remove Face ( )

만들어진 면을 지우는 기능을 한다. 앞서
적용한 Shell과 Thickness를 적용하기
전으로 만들어 보자.

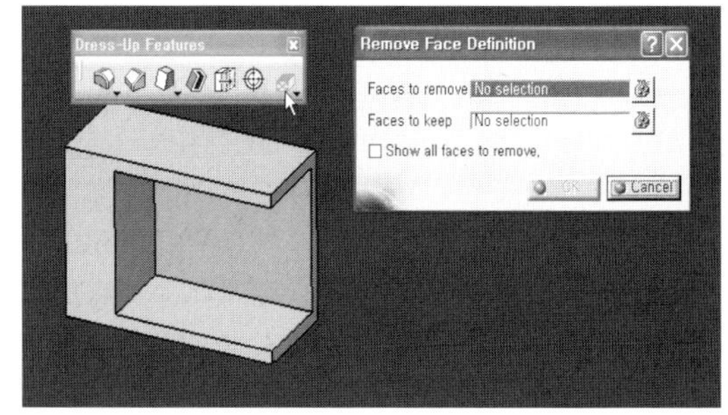

다음 그림의 마우스가 있는 Thickness와
Shell를 적용한 면을 적용하기 전으로 되
돌려 놓는다.

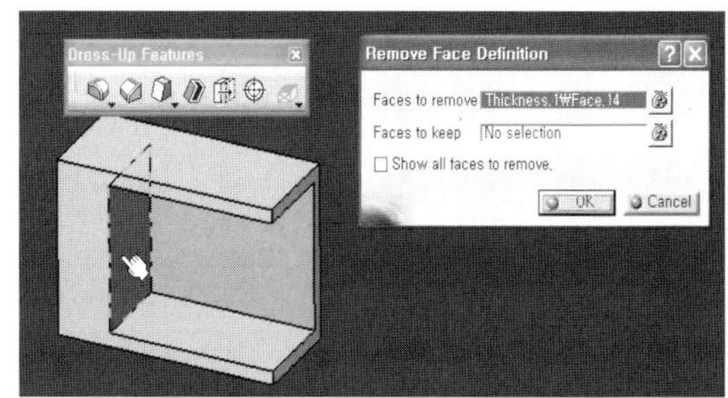

그렇게 적용을 하려면 해당 면을 모두 선
택해야 한다.

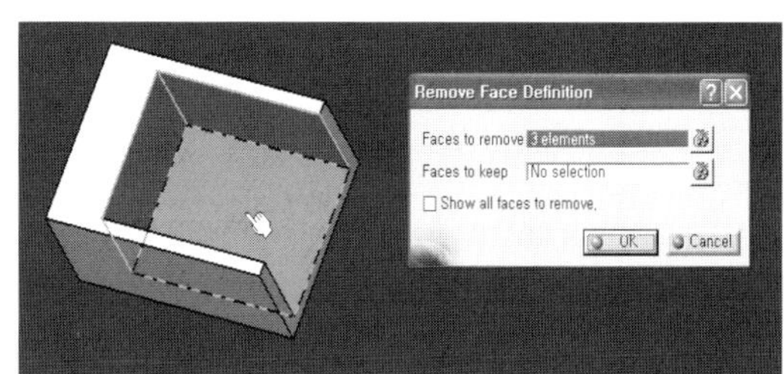

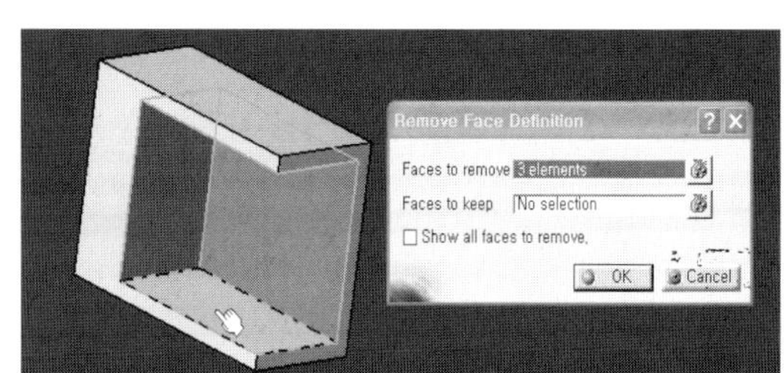

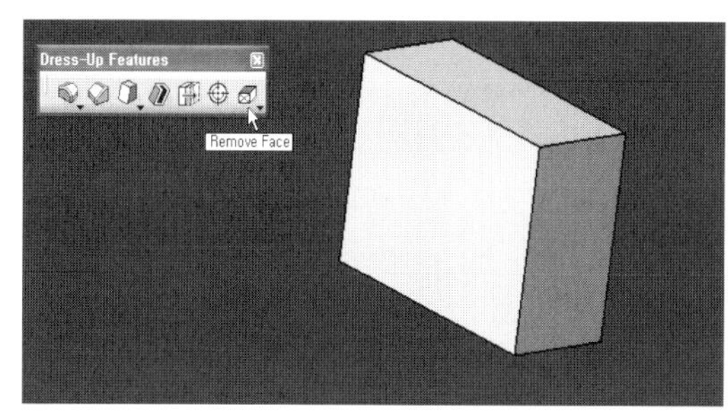

Remove Face가 적용되어 Shell과 Thickness가 적용되기 이전의 형태가 만들어진 것을 확인할 수 있다.

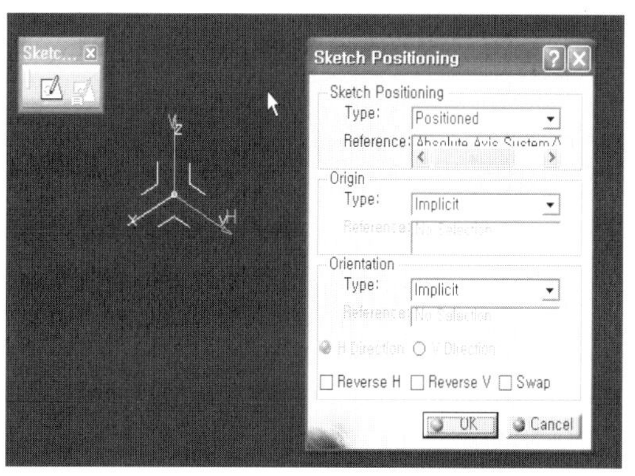

4. Transformation Features 툴 바에 대한 이해

Transformation Features은 회전, 대칭, 축소, 확대를 하는 기능을 가진 툴 바이다.

yz-plane을 선택하고 적용할 Solid를 만든다.

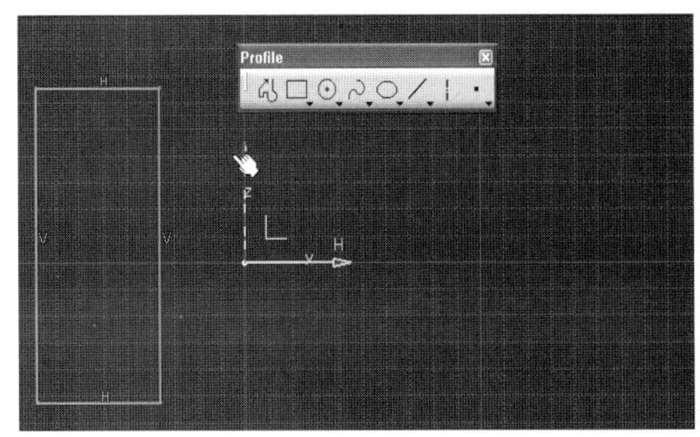

만든 스케치로 Pad를 적용한다.

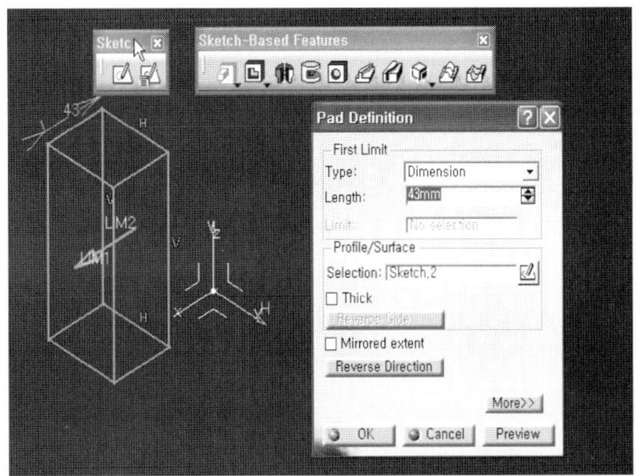

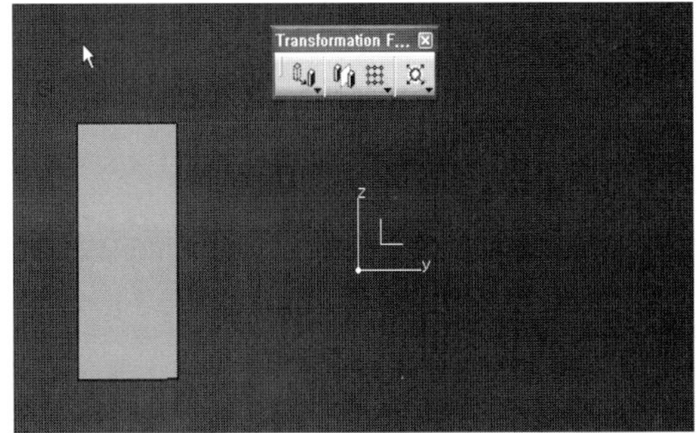

4.1　Translation (　)

이동시키는 기능을 하는 아이콘이다. 해당 아이콘을 선택하고 이동할 대상 Solid를 선택하면 된다.
해당 아이콘을 선택하면 아래와 같은 메시지 창이 나온다.

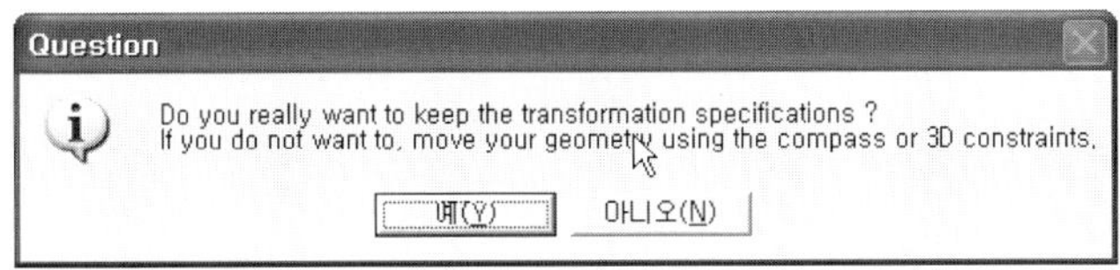

이 메시지는 이동 대상의 구성 조건들을 모두 다 가져갈 것인지 묻는 것이다. '예'를 선택하고 적용해 보자.

선택을 했으면 어떤 방향으로 이동할 것인지 방향을 선택하여야 한다. 여기에서는 zx-plane을 선택해 본다. 그리고 이동할 거리를 150mm로 해보자.

독자 여러분들은 각자 이동할 거리를 선택하기 바란다.

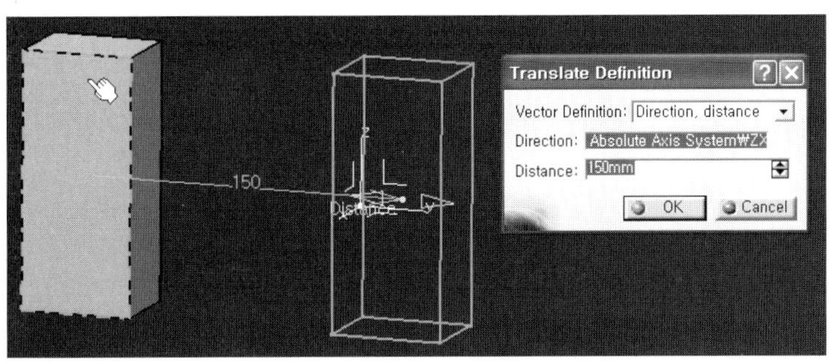

4.2 Mirror ( )

이 아이콘은 이동이 아니라 반대편으로 대칭하여 하나 더 만드는 것이다.

해당 아이콘을 선택하고 대칭의 기준이 되는 면을 선택한다.

여기에서는 zx-plane을 선택한다.

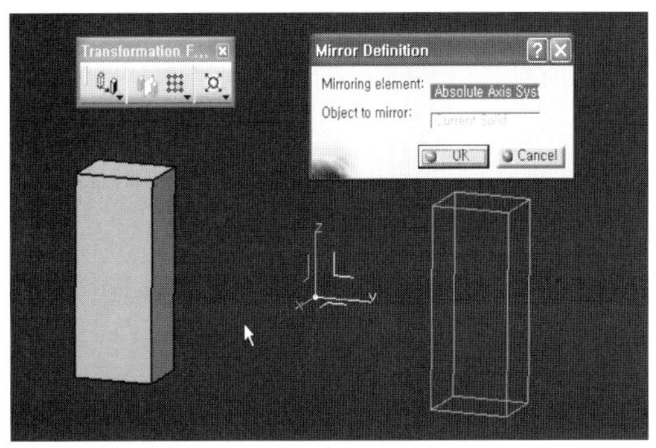

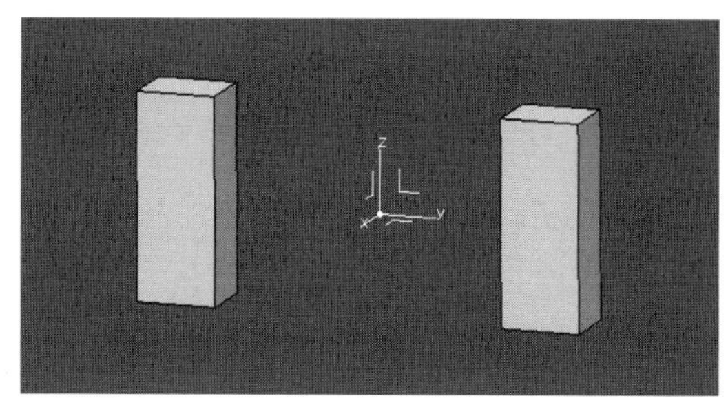

4.3   Rectangular Fattern ( )

동일한 형태를 여러 개 반복하여 만들 때
사용한다. 마우스가 있는 면을 선택하고
스케치로 들어간다.

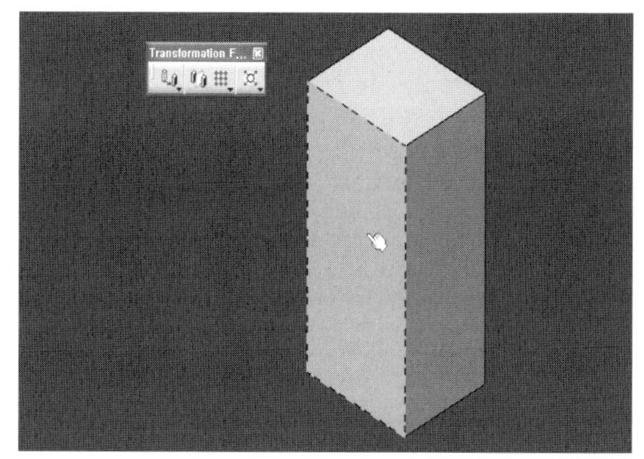

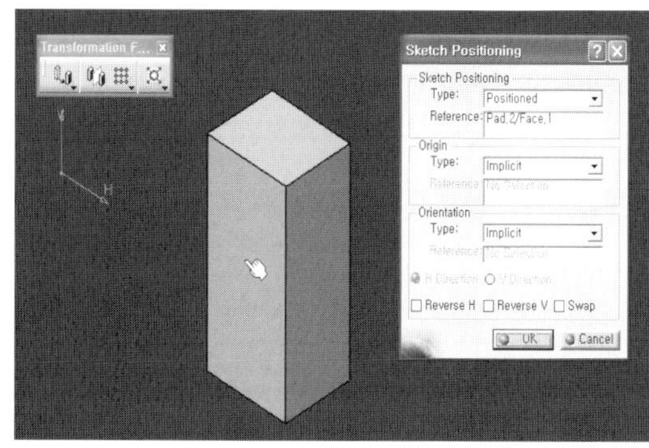

원을 왼쪽 모서리에 하나 만든다. 그리고
3차원 공간으로 빠져나간다.

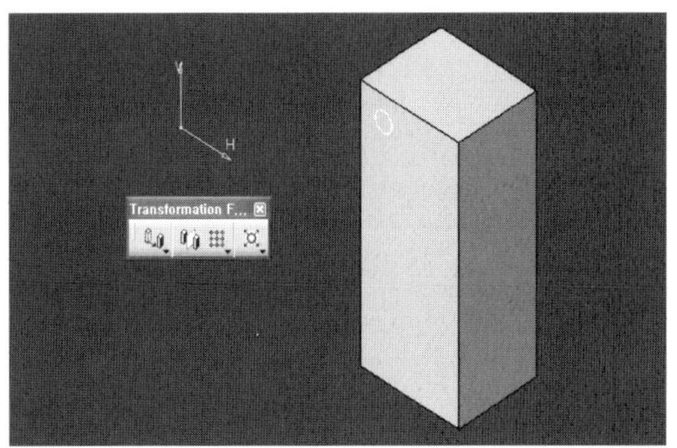

만든 원이 있는 스케치로 Pad를 만든다.

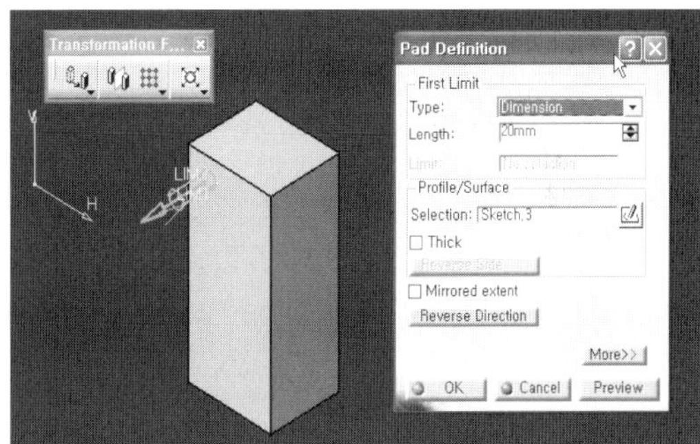

만들어진 원형의 Pad를 아랫방향으로
Rectangular Fattern( )를 사용하여
3개를 더 만들어 보자

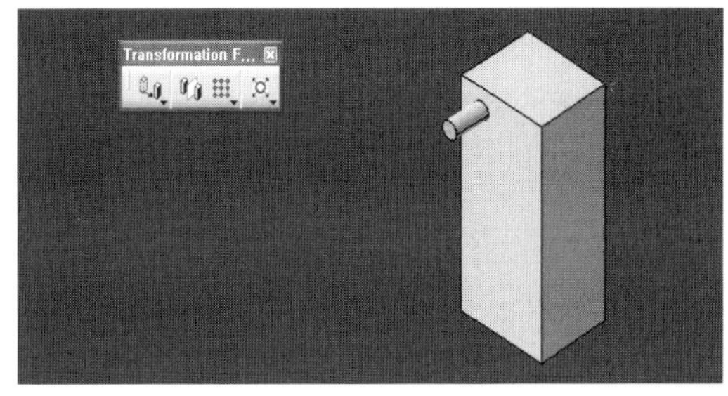

해당 아이콘을 선택하고 Instances(s)에
는 3개로 한다.

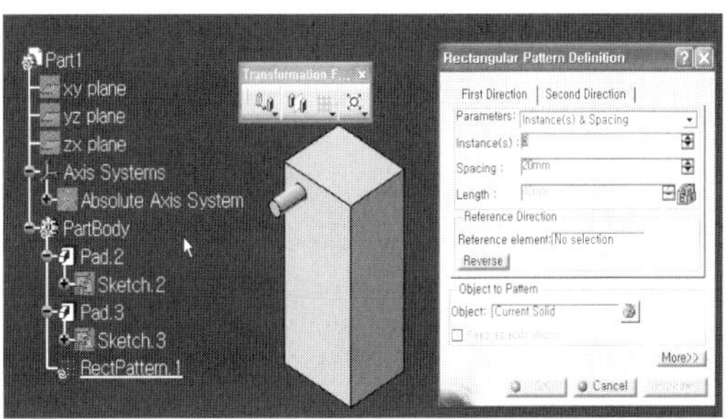

그리고 Reference Direction에는 다음
그림의 마우스가 있는 수직 방향을 선택
한다.

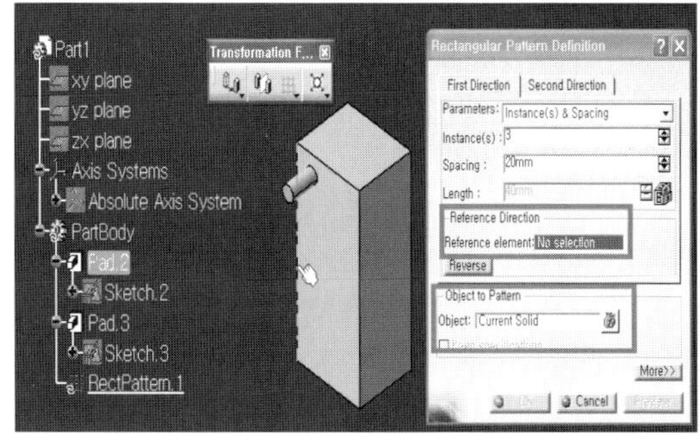

다음은 어떤 부분을 반복하여 만들 것인
지 선택하여야 한다. 원형의 Pad부분이
대상이기 때문에 Object to Pattern에서
선택하면 된다.

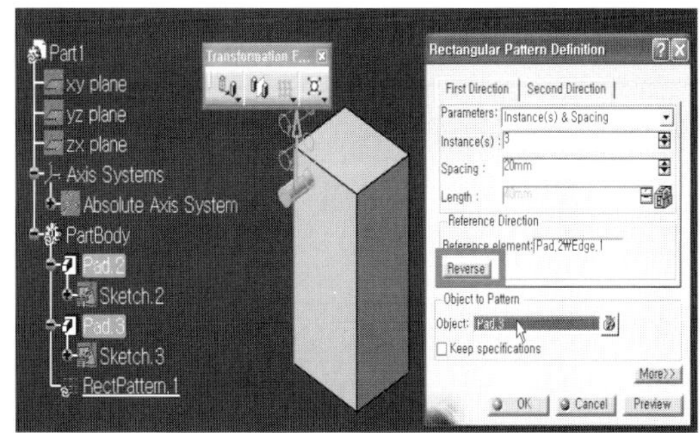

방향이 위로 향하고 있기 때문에 Reverse
를 선택하여 바꾸면 된다.

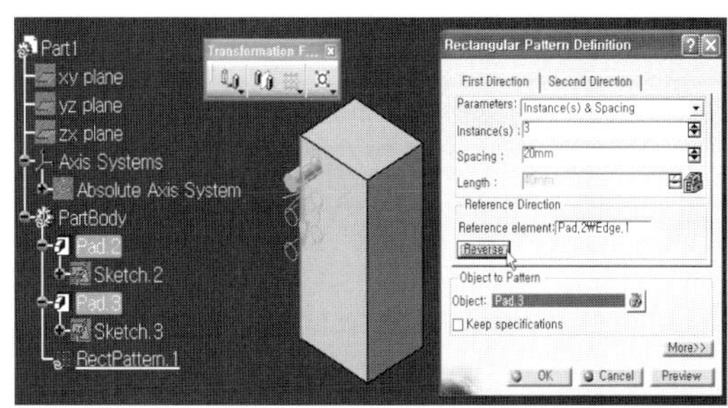

3개의 원형 Pad가 생긴 것을 다음 그림
에서 확인할 수 있다.

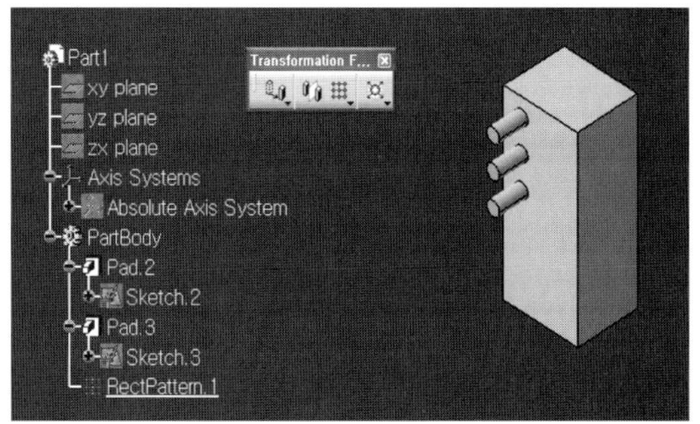

4.4 Scaling

확대나 축소를 할 수 있는 기능이다. 먼
저, PartBody에 Define in work object
를 한다.(밑줄이 그어진 상태)

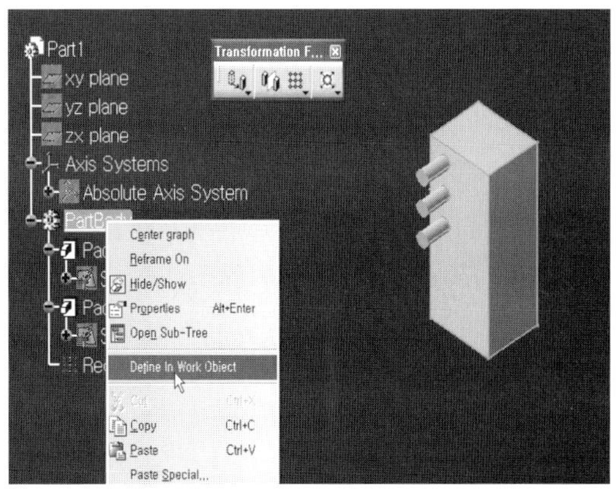

아이콘을 클릭한다. 확대 축소 대상을
Reference로 선택하고 확대/축소 비율
을 주면 된다.

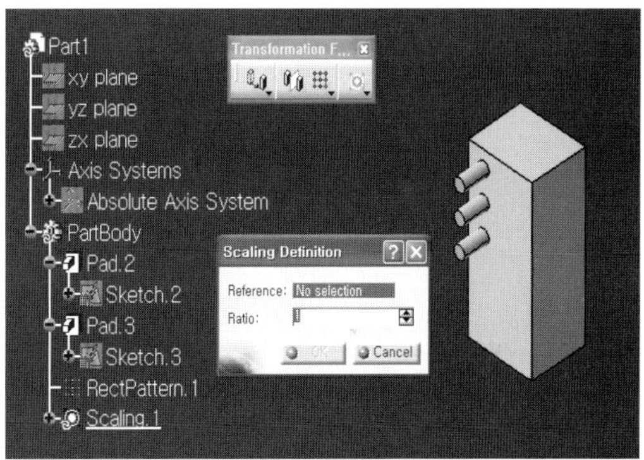

다음 그림의 마우스 있는 부분을 Refere-
nce로 하였다. 확대는 2배로 적용해보
자.

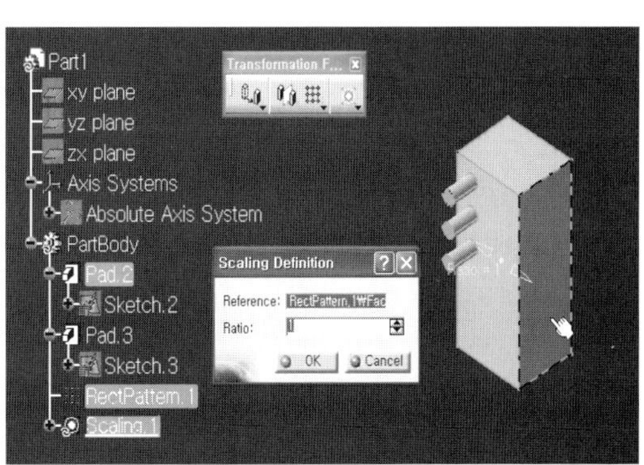

다음은 2배로 확대한 결과물이다.

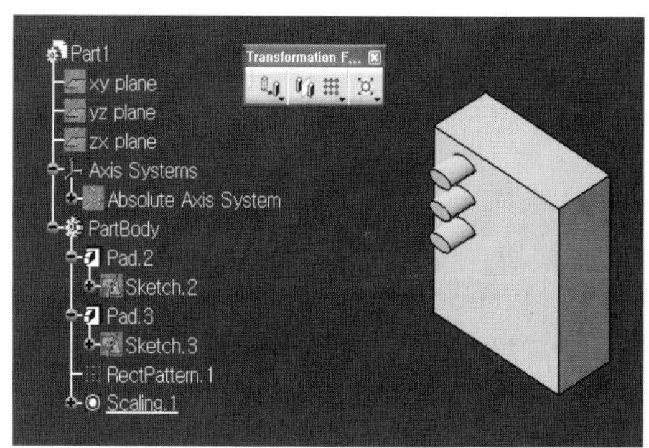

PartDesign 연습과제 및 풀이

PartDesign 연습과제 및 풀이

가장 쉬운 초급 과제부터 중급 고급과제를 해보면 앞서 설명한 각 툴에 대한 이해도를 높일 수 있을 것이다.

1. PartDesign 따라하기 예제 1 (등급 : 초급)

아래 도면을 기준으로 하여 PartDesgin 모델링을 해보도록 하자.

1.1 예제 도면

본 도면에서 가장 많이 사용하는 기능은 스케치 작업과 Pad이다. 실제로 Pad는 모델링에서 상당히 많이 사용하여야 한다.

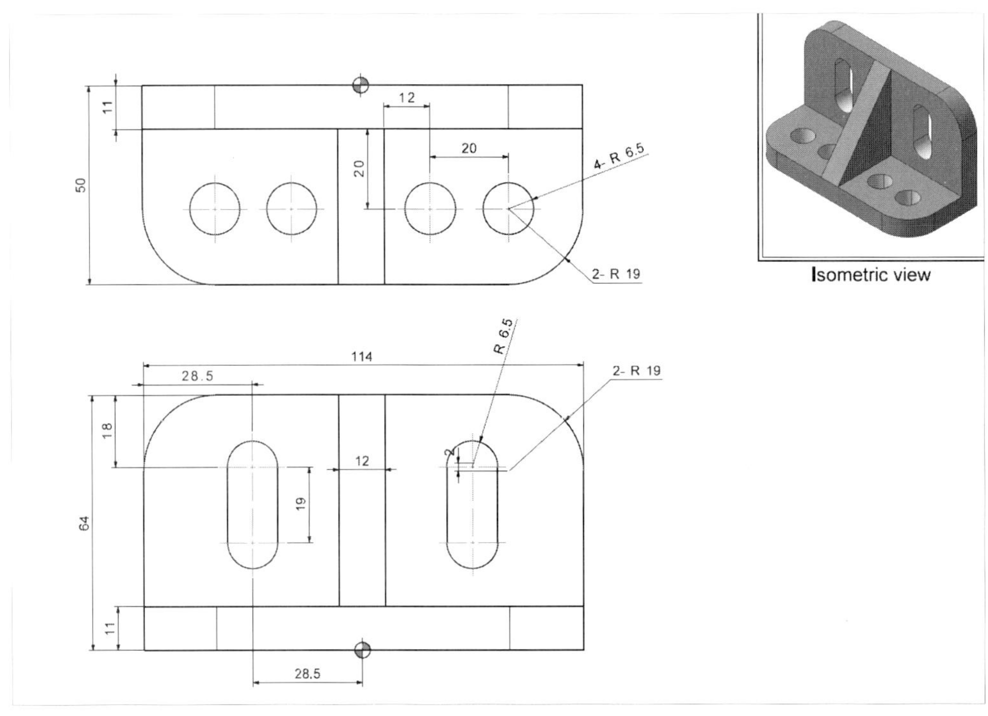

1.2   예제 도면에 의한 모델링 따라하기

1 PartDesign으로 들어가면 Axis축이 나오도록 설정을 먼저 한다.
Tools〉Option으로 들어간다.
Infrastructure의 Part Infrastructure로 들어간다. Part Document 탭으로 들어간다. When Creating Part에 Create an axis system을 체크하면 나타난다.

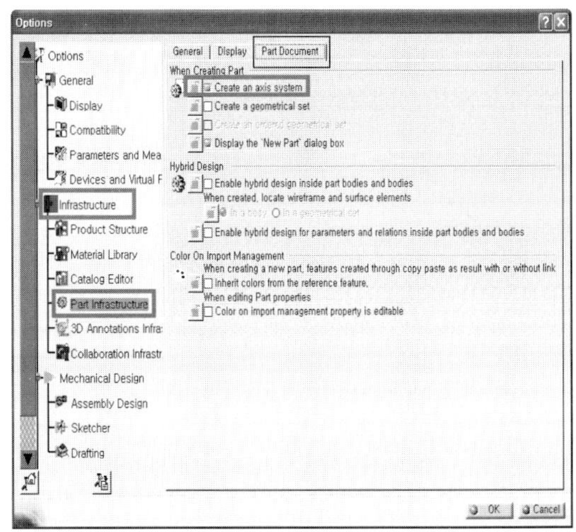

2 PartBody 하나의 Body에 모든 모델링을 하는 방식을 사용한다.

3 yz-plane을 선택하여 스케치로 들어가 스케치 작업을 한다.

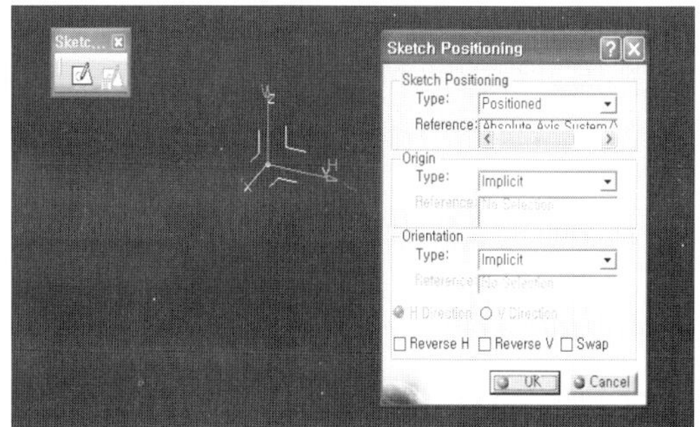

임의의 사각형을 그리고, Constraint를 사용하여 기하학적 형상(수직, 수평, 접함, 대칭 등)을 결정하고 치수를 기입하도록 한다.

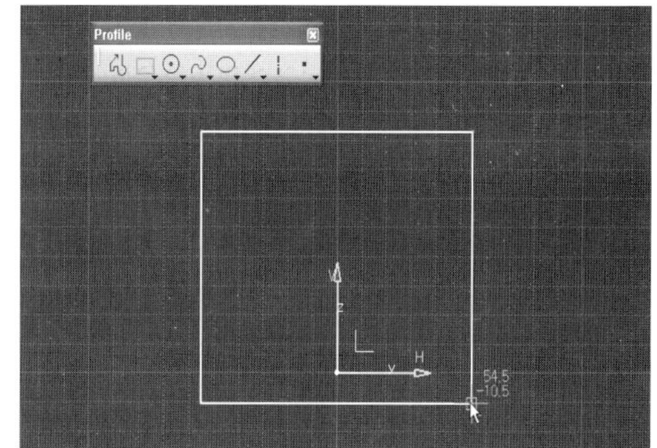

좌우 라인이 서로 대칭이 되도록 한다. 먼저, Constraint 아이콘을 클릭하고 대칭이 될 2개의 라인을 각각 선택한다. 그 다음 오른쪽 마우스(또는 3번 마우스)를 클릭하면 Allow symmetry line이 나타난다. 선택하고 대칭의 중심이 될 V-Direction을 선택하면 된다.

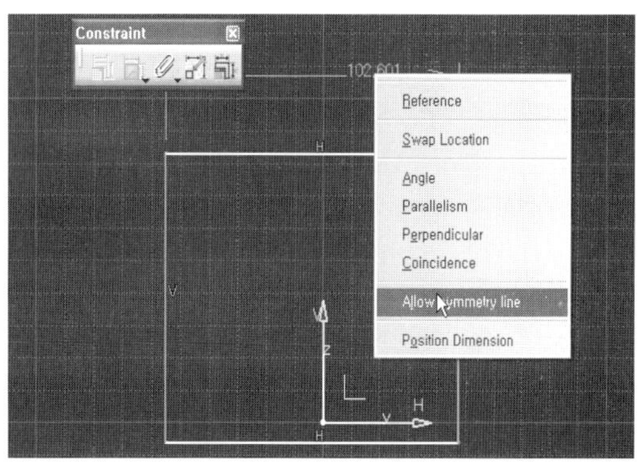

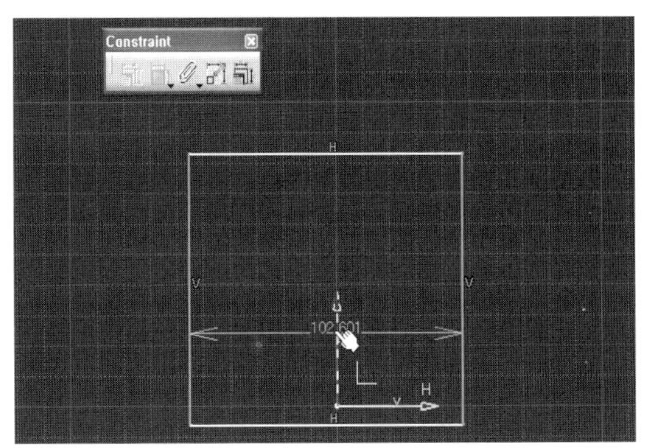

맨 아래 Line과 H-Direction를 서로 선택한 후 3번 마우스를 사용하면 Co-incidence가 나타난다. 그러면 선택을 하면 맨 아래 Line과 H-Direction이 서로 만나는 것을 알 수 있다. Coin-cidence는 각각 서로 만나게 하는 기능을 한다. 결국, 두 개 사이의 거리값이 0이 되는 것이다.

참고로, H는 수평, V는 수직, O은 Coincidence이다.

치수를 뽑아낸다. CATIA의 아이콘들은 더블클릭 상태가 되면 반복 작업을 할 수 있게 된다. 여기서 치수를 뽑아내는 Constraint를 더블클릭한다.

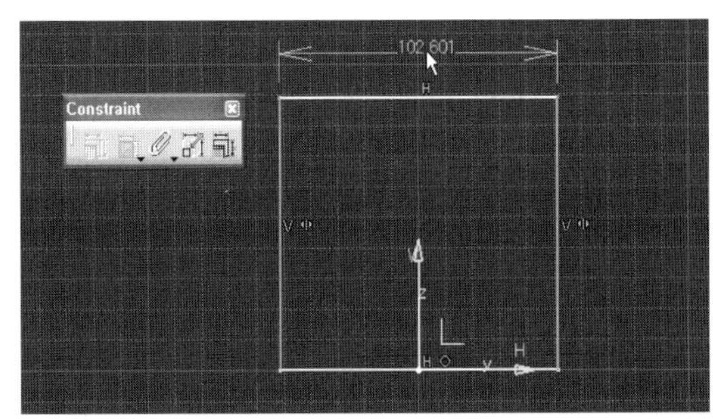

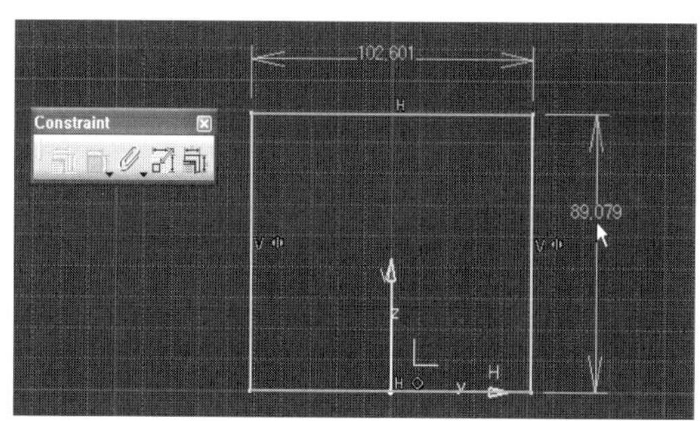

다음은 정확한 치수를 주기 위해서

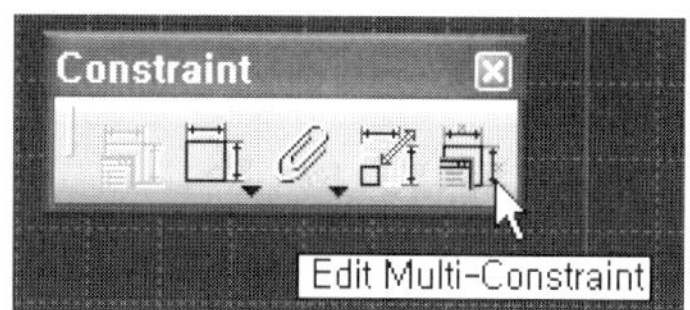

Constraint툴 바의 Edit Multi-Cons-
traint 아이콘을 클릭한다.

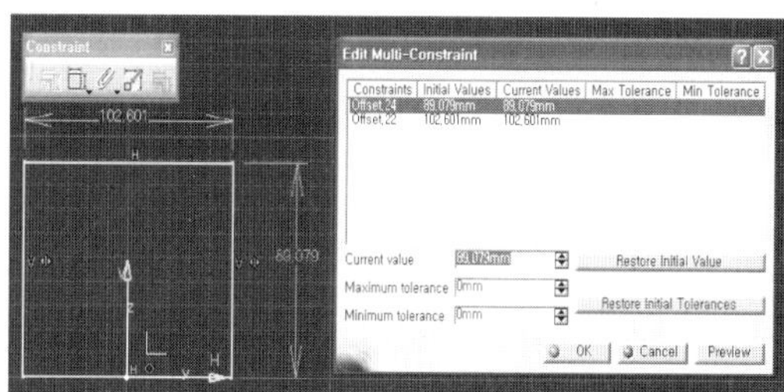

Current value에 도면에 있는 치수를
기입하여 준다.

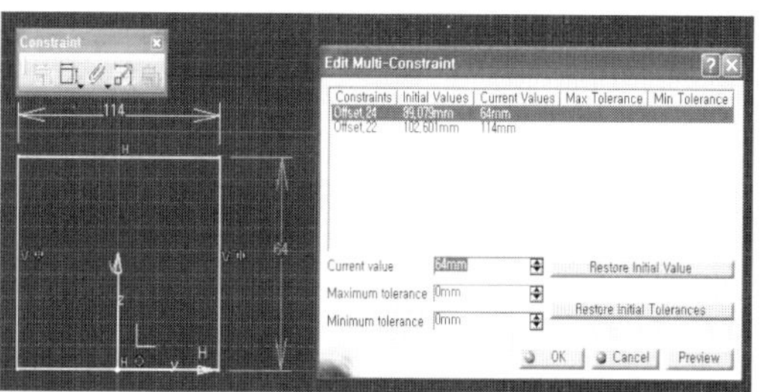

Operation 툴 바의 Corner 아이콘을
클릭하여 라운드(R)를 주도록 한다.

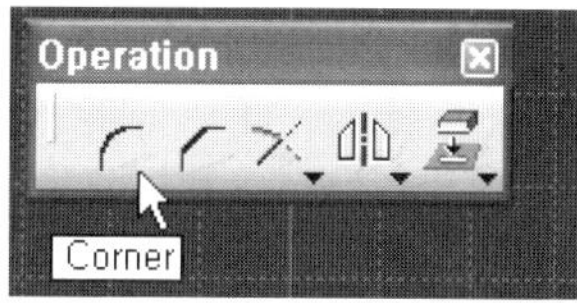

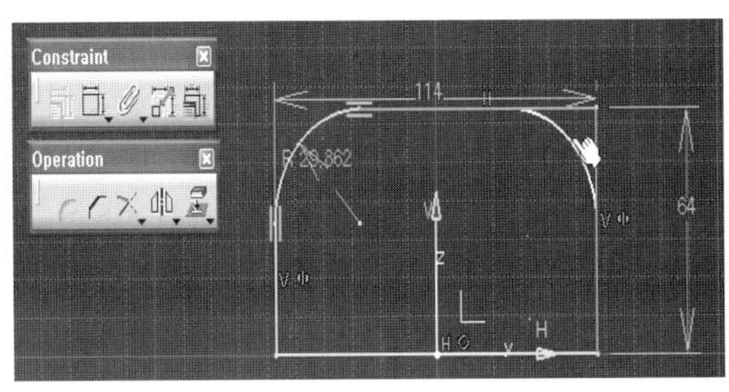

뽑혀진 치수를 선택하여 더블클릭한 후
도면에 있는 치수 19mm을 주도록 한
다.

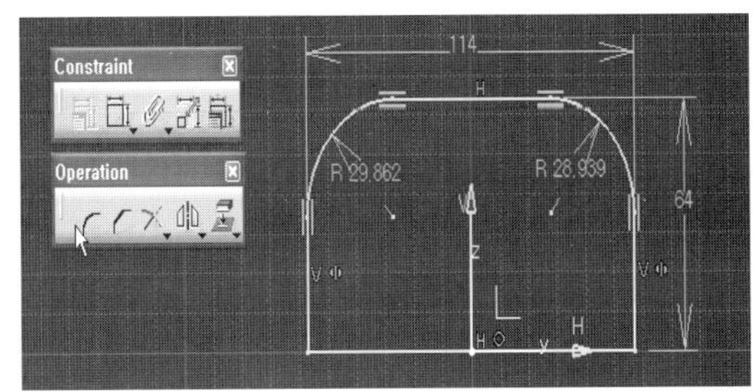

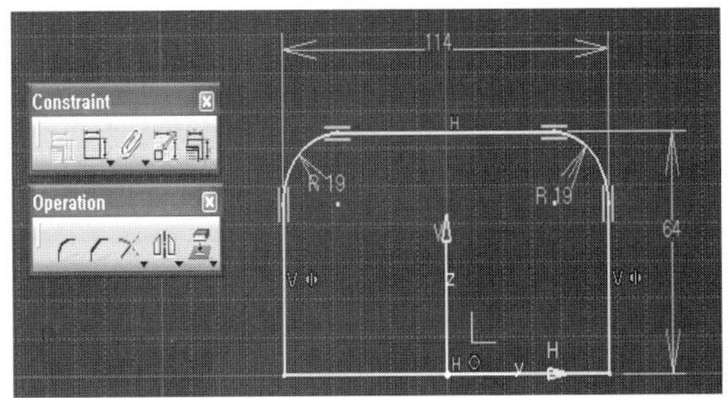

4 스케치를 빠져나가 Pad를 적용한다.
길이는 11mm로 한다.

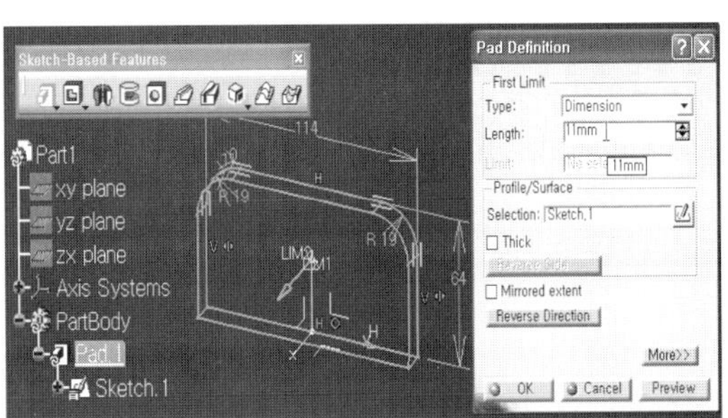

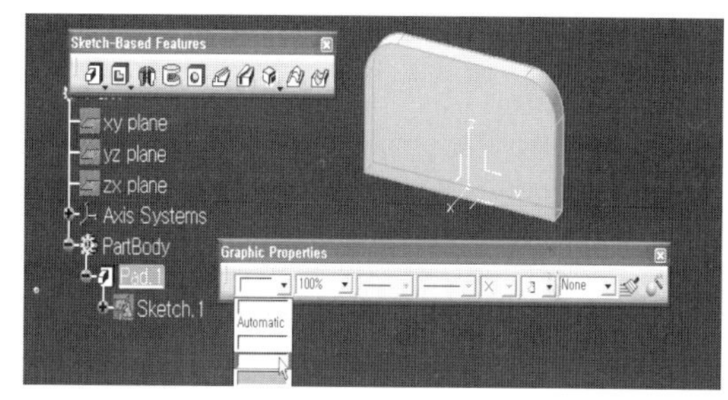

모델링 색깔을 노란색으로 바꾸어 본
다.

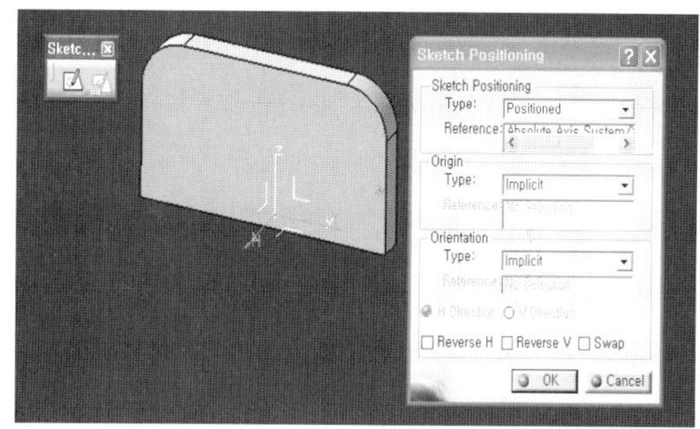

5 xy-plane을 선택하고 스케치로 들어간
다.

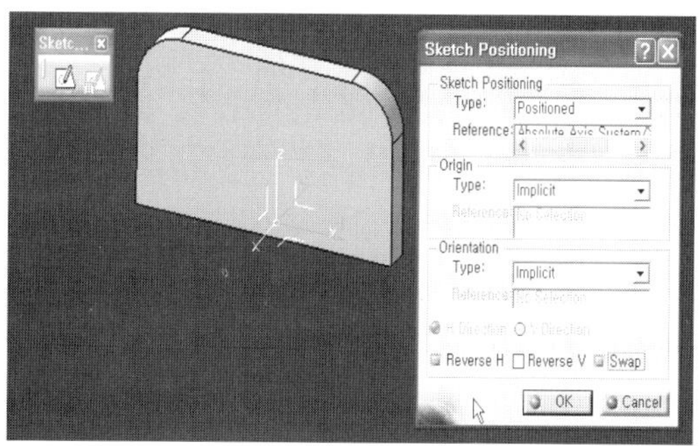

방향성를 변경하여 진입할 수 있도록
한다. Reverse H, Swap를 선택한다.

사각형을 하나 그리고 치수를 부여하도
록 한다.

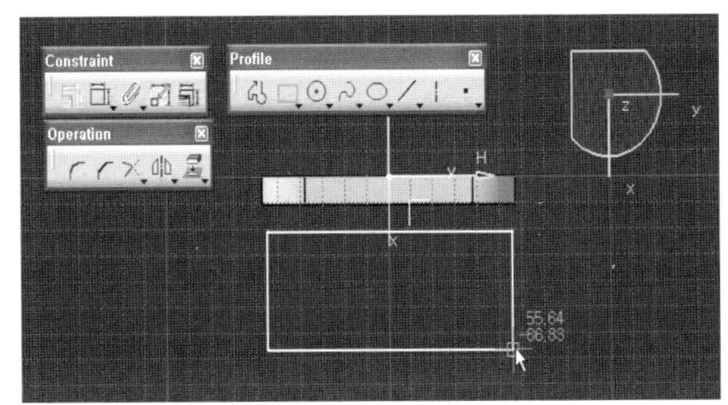

좌우 라인이 서로 V를 중심으로 대칭이
되도록 한다.

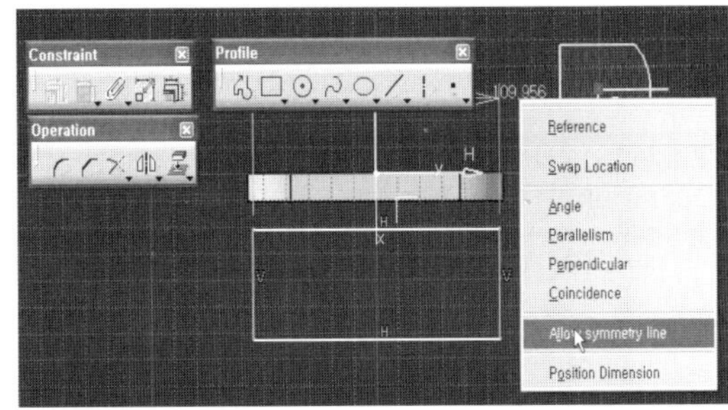

위 라인과 H가 서로 만나 Coincidence
하도록 한다.

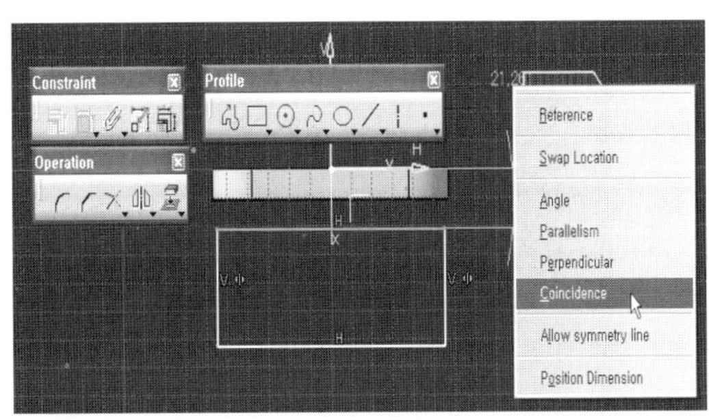

Constraint 아이콘을 사용하여 좌우 상
하 치수를 뽑는다.

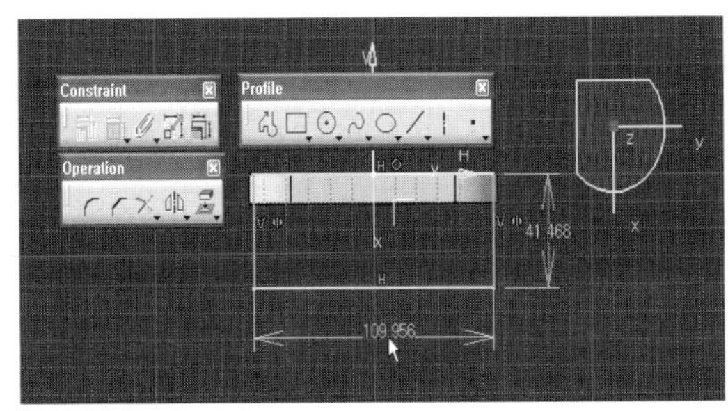

Constraint 툴 바의 Edit Multi-
Constraint 아이콘을 클릭하여 도면에
주어진 치수를 기입하도록 한다.

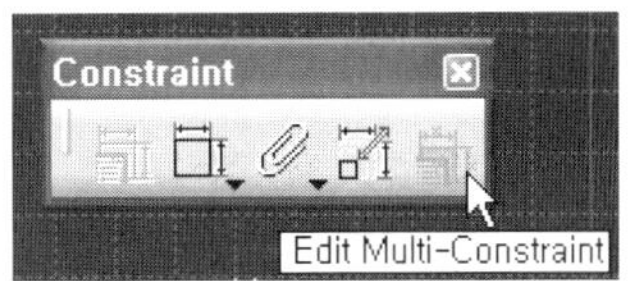

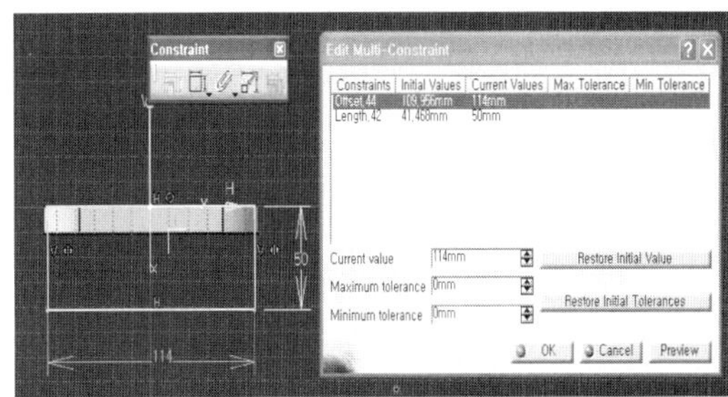

Operation의 툴 바, Corner 아이콘을
사용하여 19mm의 라운드를 주도록 한
다.

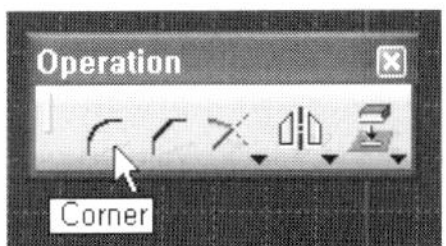

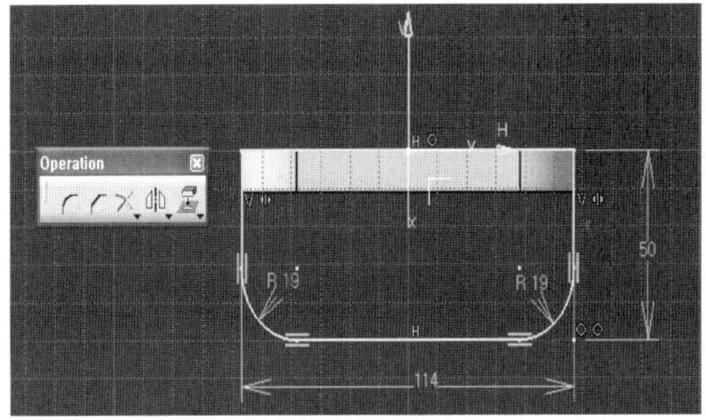

3차원 공간으로 나온 상태이다.
Sketch.2에 Pad 길이는 11mm로 한
다.

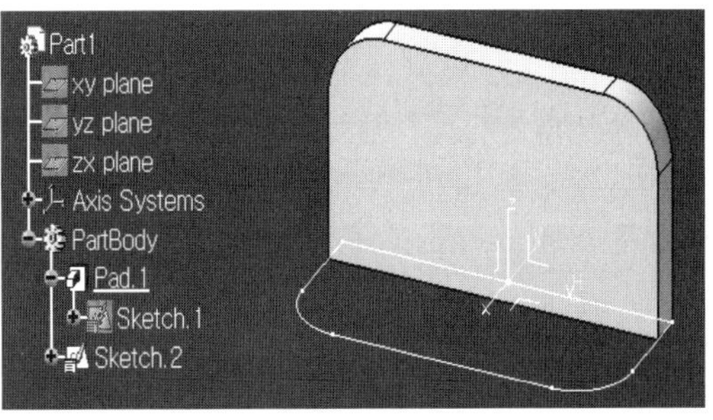

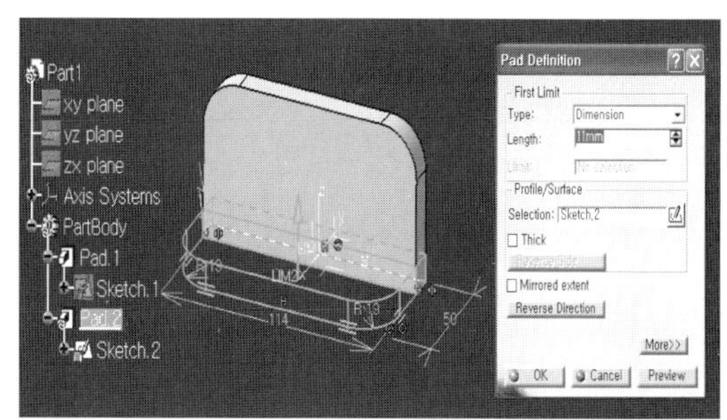

만들어진 Pad.1과 Pad.2에 다른 컬러
를 넣어 보자.

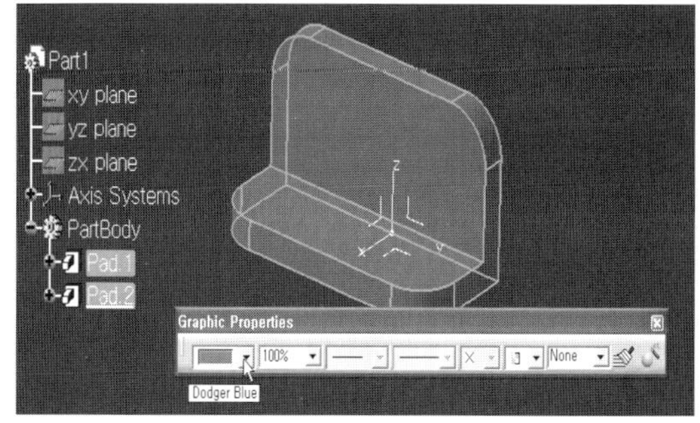

6 zx-plane을 선택하여 또 다른 스케치
하나를 그린다.

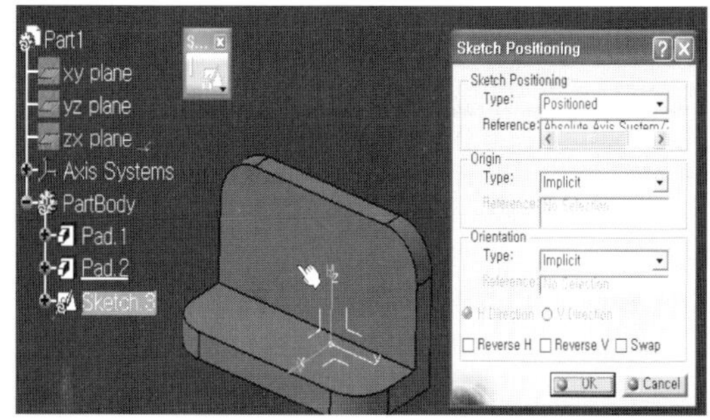

방향을 다음 그림과 같이 변경하여 본
다.

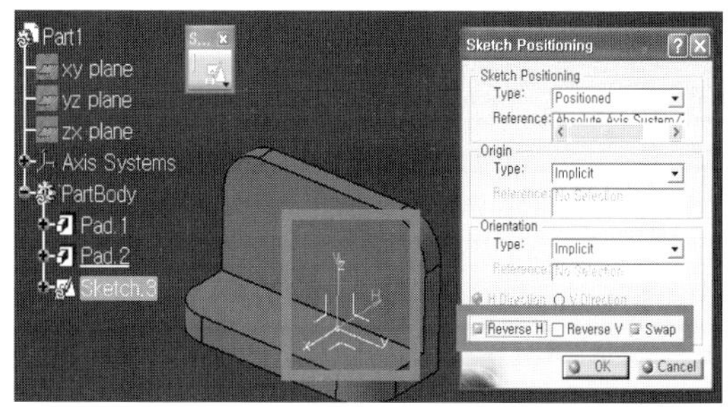

스케치로 진입한 상태에서 임의의 삼각
형을 그린다.

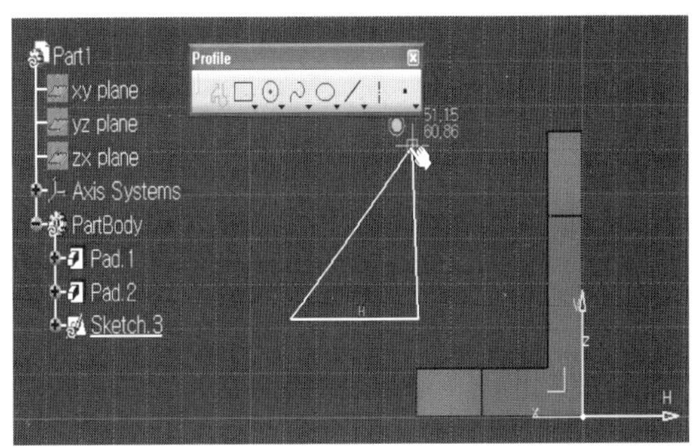

Constraint 툴 바의 Constraint 아이
콘을 사용하여 완전 구속을 한다.

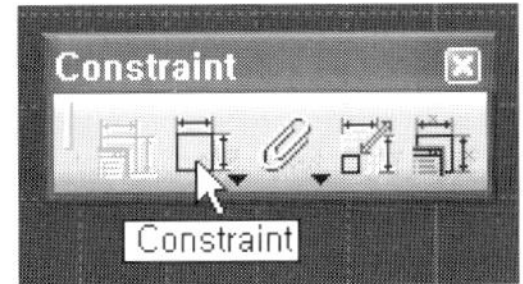

삼각형을 이미 만들어진 Pad와 접하게
한다.

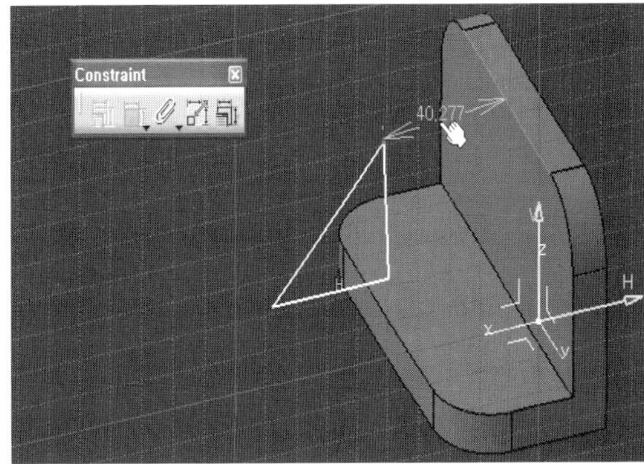

Concidence되도록 한다.

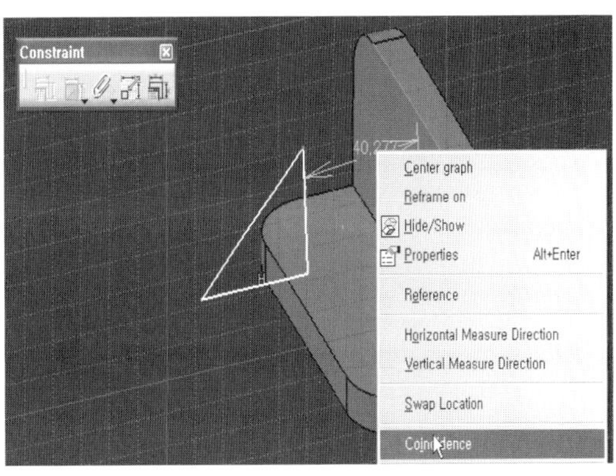

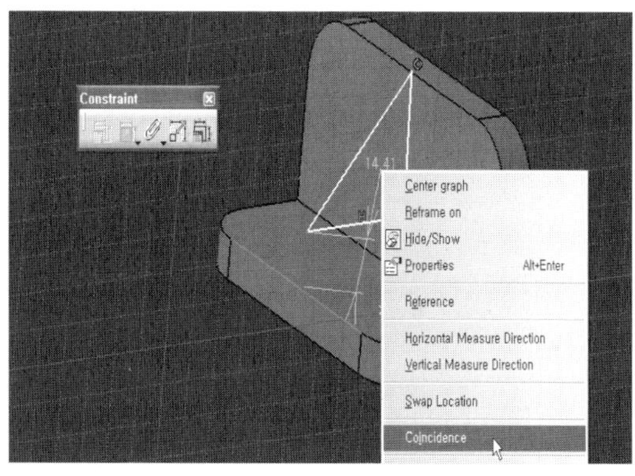

Constraint
Center graph
Reframe on
Hide/Show
Properties   Alt+Enter
Reference
Horizontal Measure Direction
Vertical Measure Direction
Swap Location
Coincidence

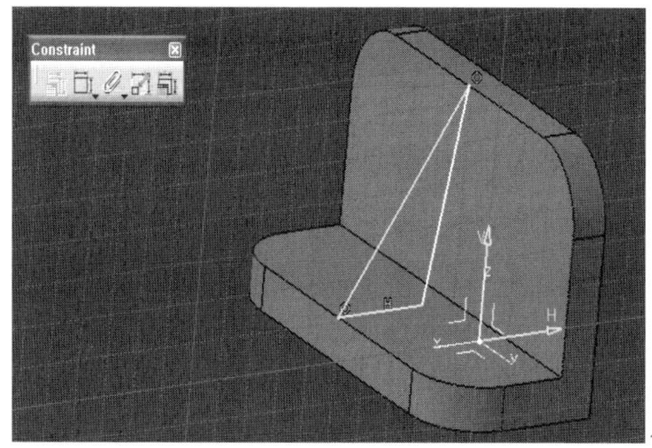

Constraint

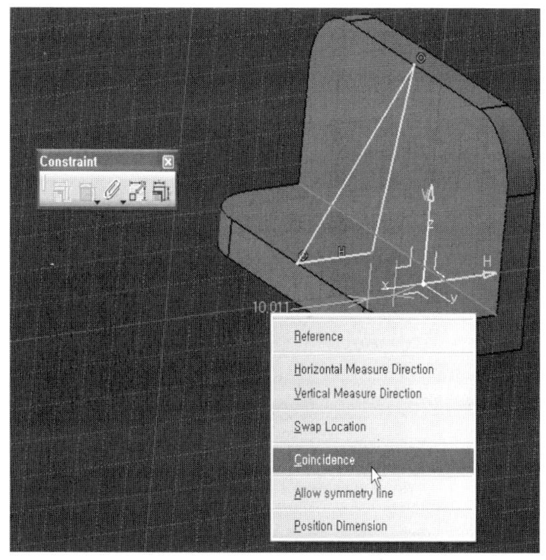

Constraint
Reference
Horizontal Measure Direction
Vertical Measure Direction
Swap Location
Coincidence
Allow symmetry line
Position Dimension

다음 그림은 삼각형 3군데의 모서리가
이미 만들어진 Pad의 모서리와 Coin-
cidence되어 완전 구속이 된 상태를
보여주고 있다.

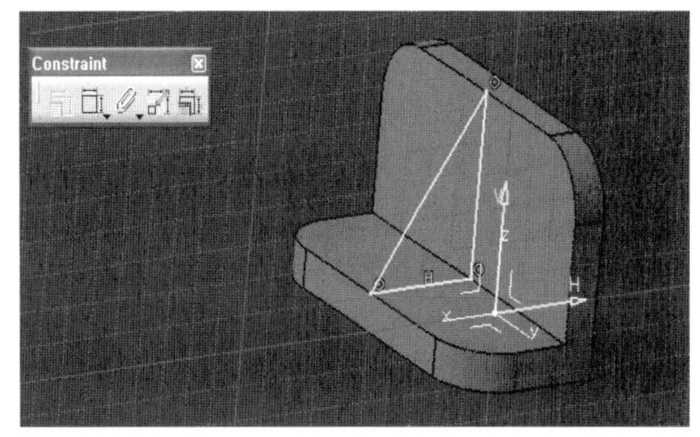

3차원 공간으로 나가 Pad를 한다.
Mirrored extent로 하고 6mm로 치수
를 부여한다. 그러면 양쪽으로 12mm
가 될 것이다.

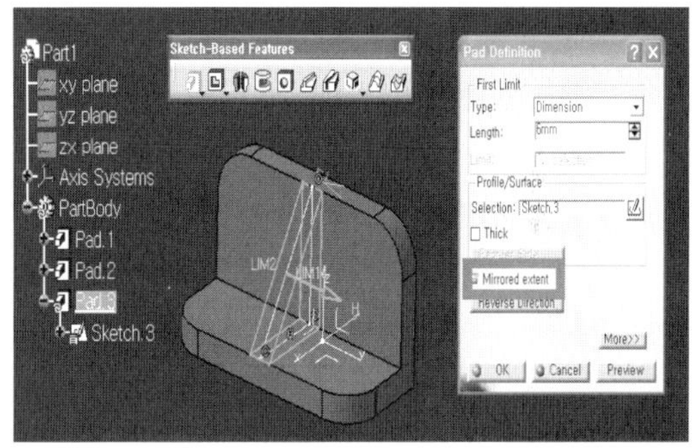

7 Hole을 뚫는 작업을 하도록 한다. 먼저,
yz-plane 평면을 선택하여 스케치로 들
어간다.

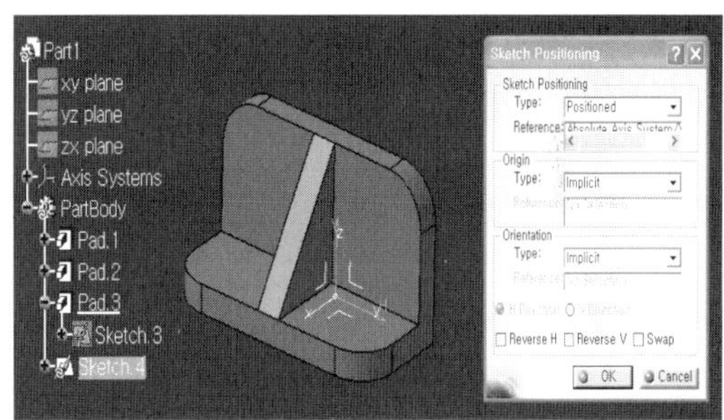

Predefined Profile 툴 바의 Elonga-
ted Hole 아이콘을 사용한다.

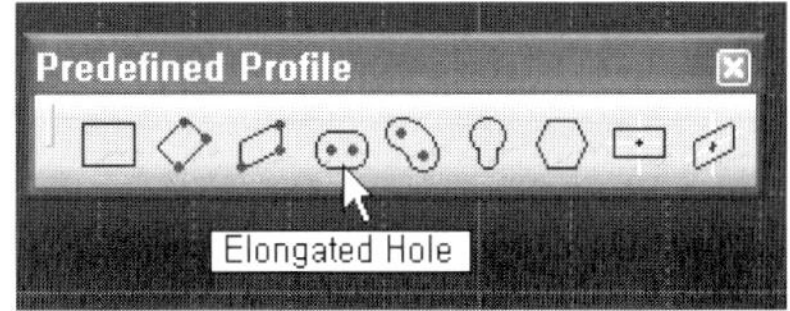

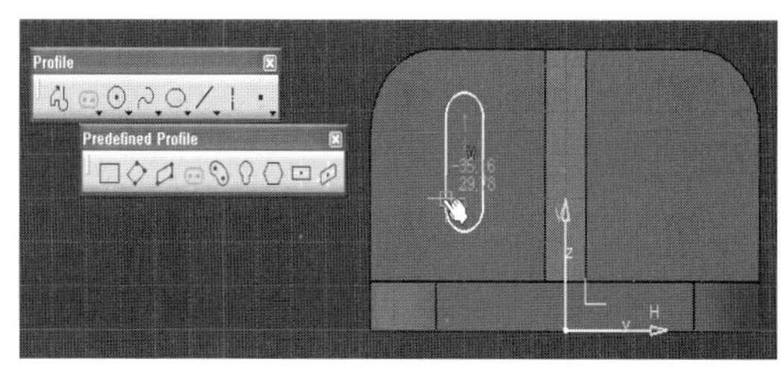

완전 구속 작업을 하도록 한다.

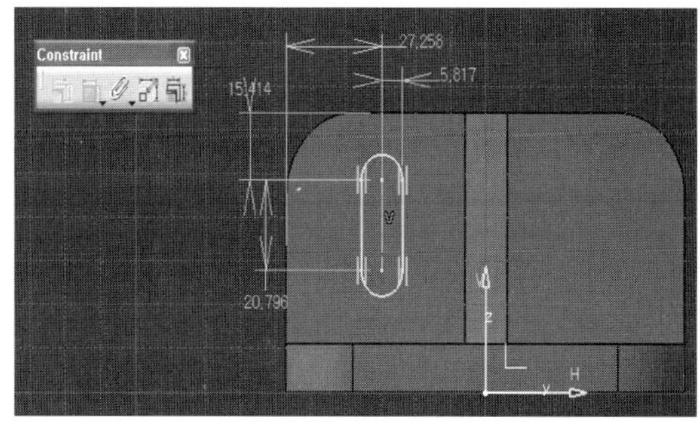

다음은 도면에 주어진 치수를 부여하도
록 한다.

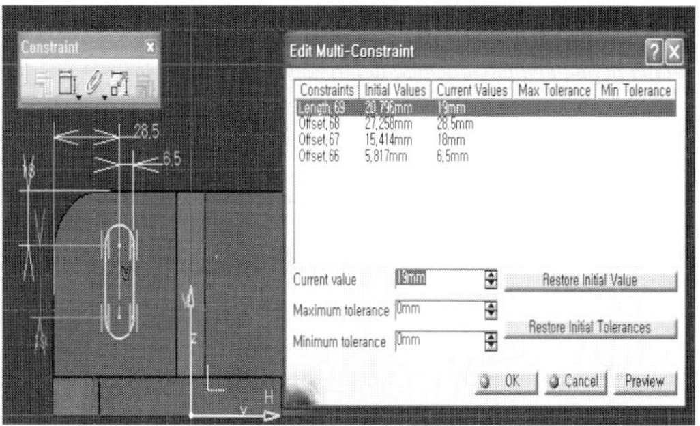

이 형상이 두 개인데 서로 대칭이기 때
문에 Operation 툴바의 Mirror 아이콘
을 사용하도록 한다.

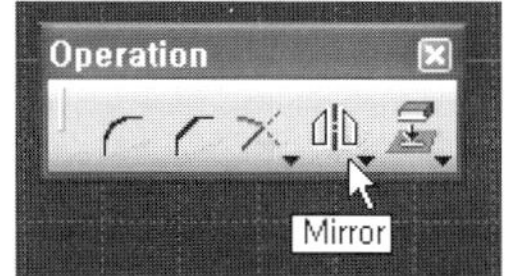

Mirror 아이콘을 선택하고 대칭으로 만
들 형상을 선택한다. 그 다음 대칭이 될
축을 선택하도록 한다.

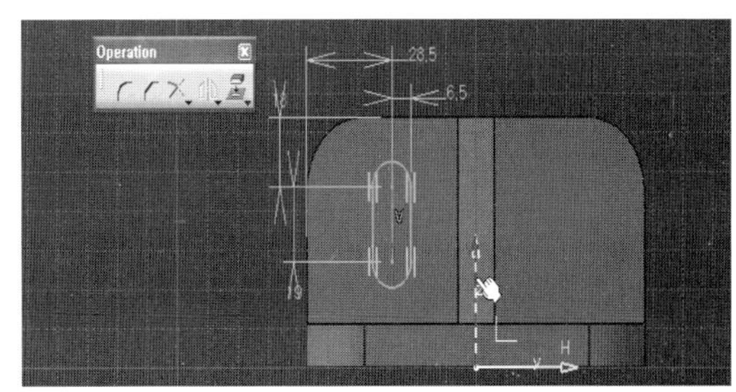

다음은 대칭이 된 결과물이다. 3차원
공간으로 빠져나간다.

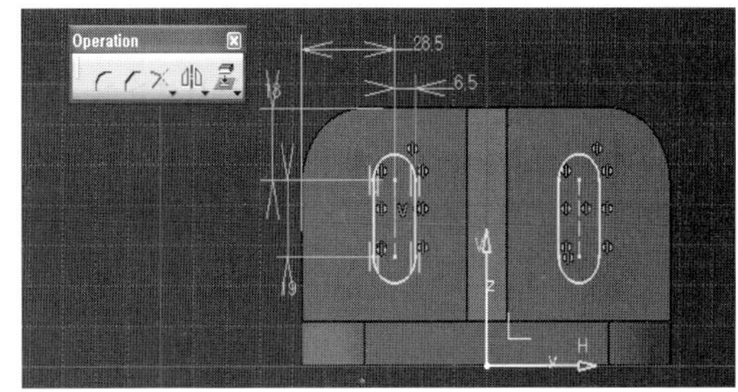

8 만들어진 스케치로 Pocket 작업을 한
다.
Mirrored extent로 하고 36mm 정도
로 두께 11mm 이상이 되도록 충분히
치수를 주도록 한다.

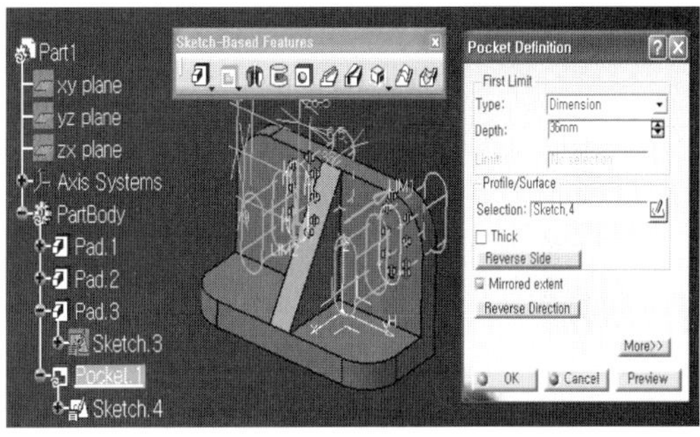

Pocket을 한 상태의 결과물이다.

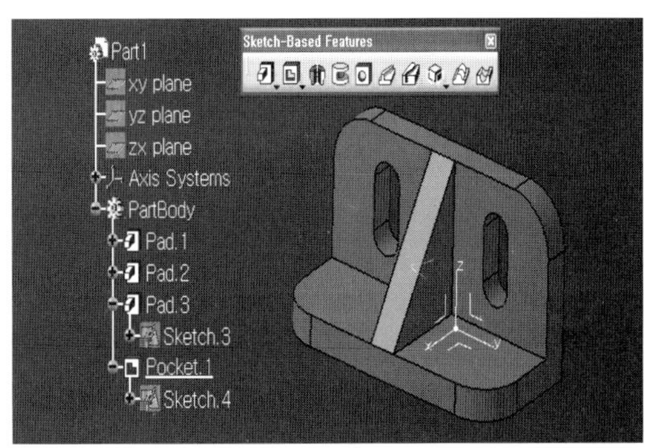

9 마지막으로, 반지름 6.5mm의 Hole 4
개를 뚫는 작업이다.
xy-plane을 선택하여 스케치 작업을
한다. 스케치 진입 방향성은 다음 그림
과 같이 한다.

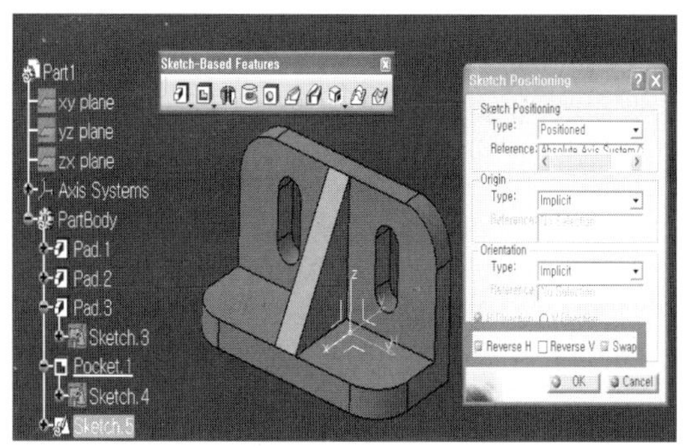

임의의 2개의 원을 그린다.

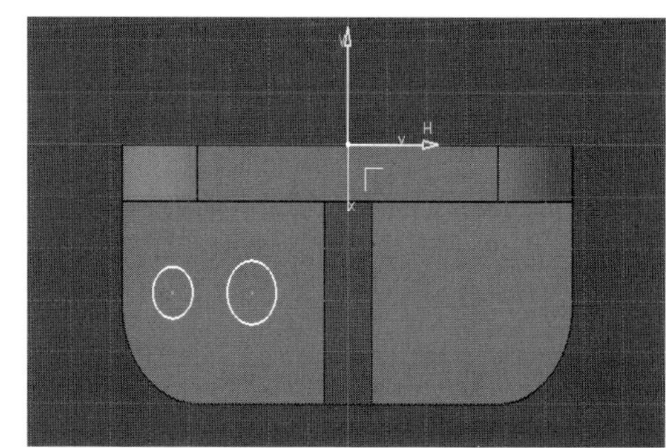

도면에 주어진 치수로 완전 구속을 한
다.

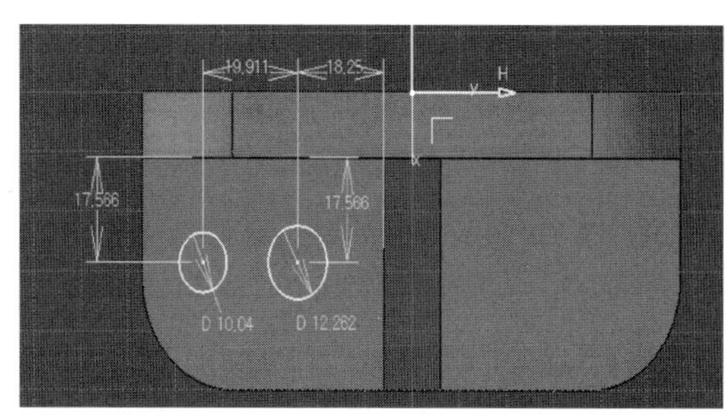

도면 치수로 기입한다.

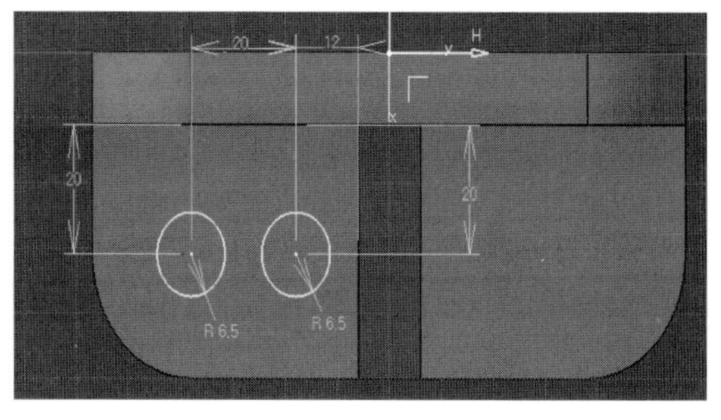

2개의 나머지 원은 대칭이므로, Mirror
아이콘을 사용한다.

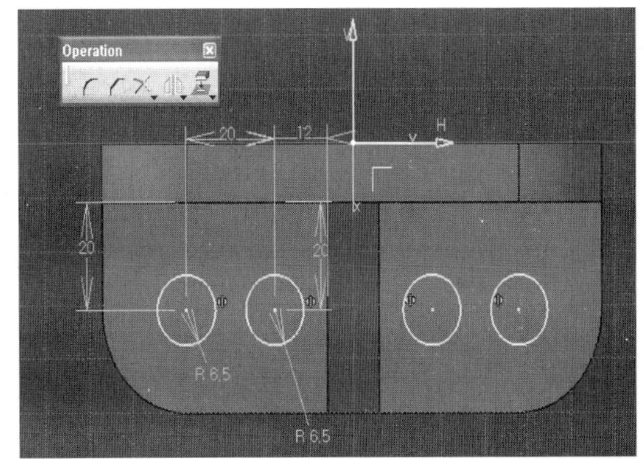

3차원 공간으로 나와 Pocket 작업을
한다.

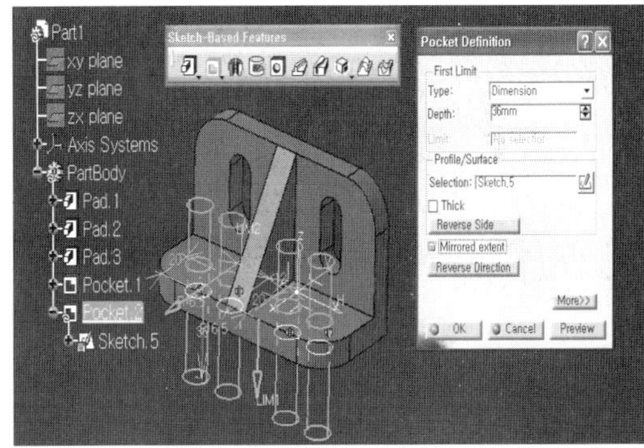

다음은 최종 완성된 결과물이다.

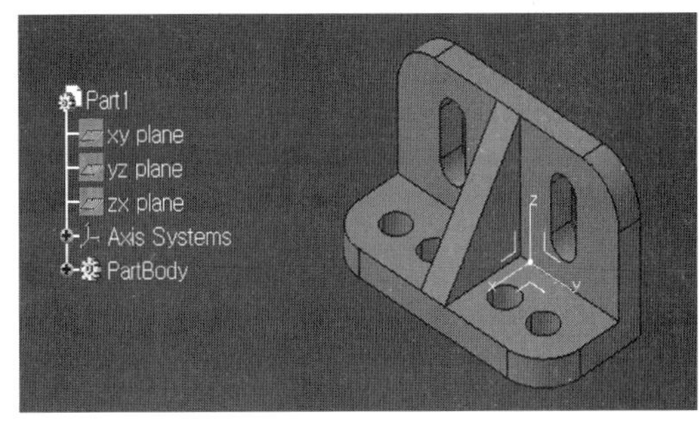

PartDesign 따라하기 예제 2 (등급 : 초중급)

아래 도면을 기준으로 하여 PartDesgin 모델링을 해보도록 하자.

가장 쉬운 부분부터 시작하여 CATIA 사용방법을 점진적으로 넓혀 가는 것이 더 바람직하다.

2.1   예제 도면

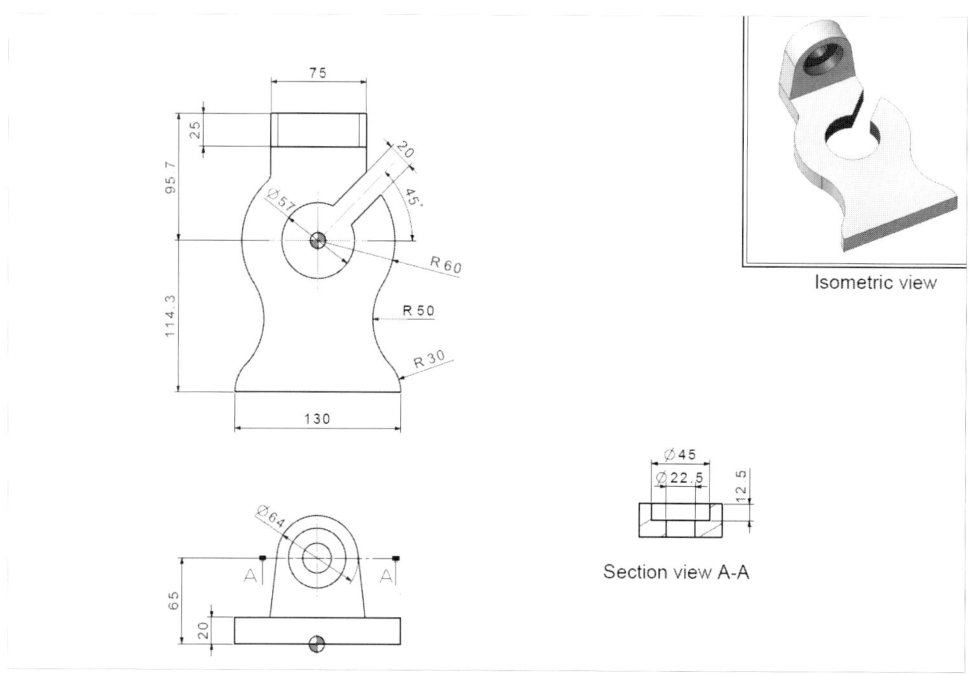

본 도면에서 가장 많이 사용하는 기능은 스케치 작업과 Pad이다. 실제로 Pad는 모델링에서 상당히 많이 사용하여야 한다.

2.2 예제 도면에 의한 모델링 따라하기

1) xy-plane을 선택하여 스케치 작업을 시작한다.

Positioned Sketch을 사용하여 원하는 방
향으로 스케치로 들어간다. 방향성은 그림
을 참조하기 바란다.

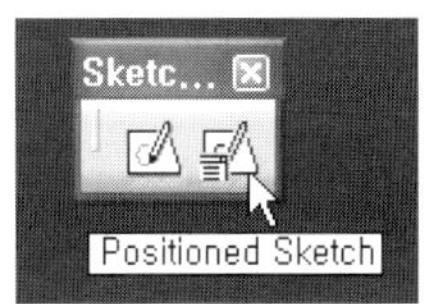

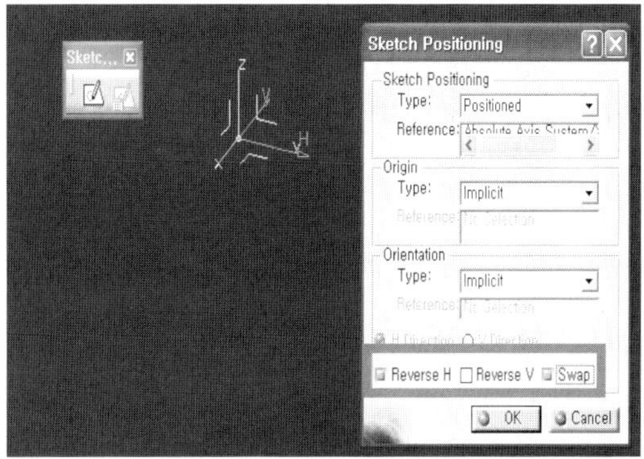

스케치 작업을 한다. 다음 형상을 스케치로
만든다.

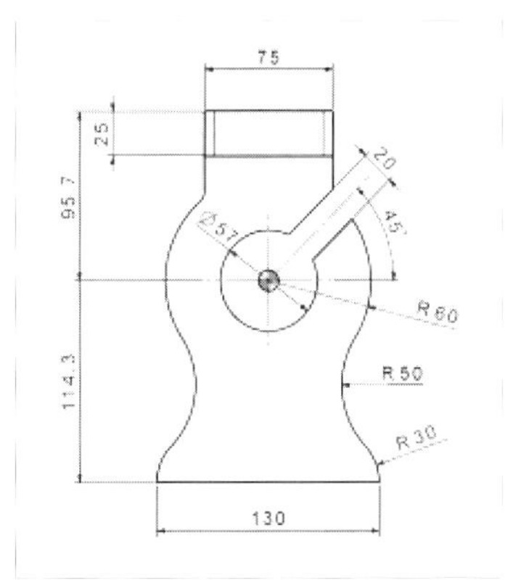

1 원점을 지나는 2개의 원을 그리고 치수
를 부여한다.

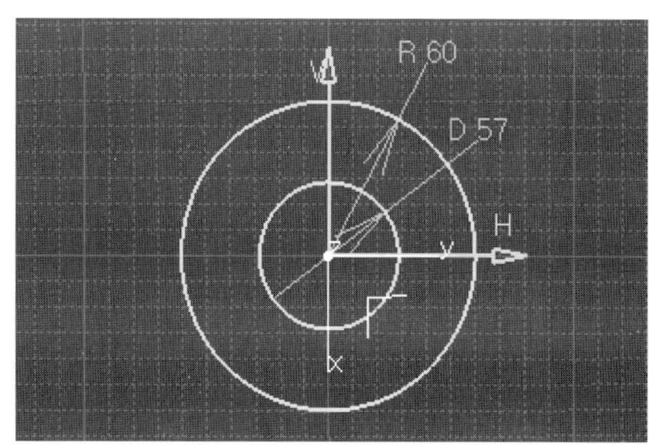

2 95.7mm 위로 떨어져 있으면 길이가
75mm인 라인을 그린다.

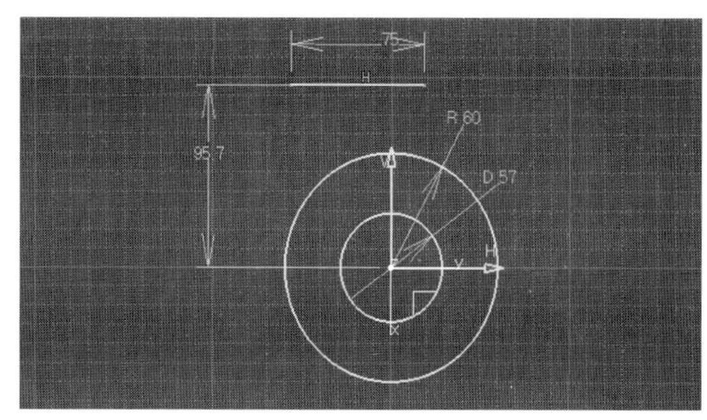

3 이 라인이 V로부터 좌우 대칭이 되도록
한다.

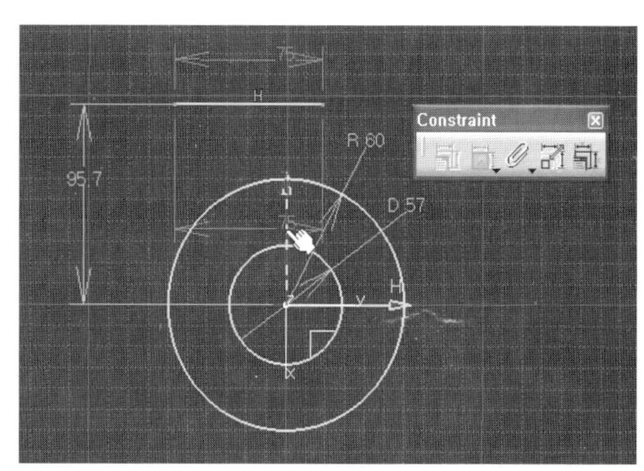

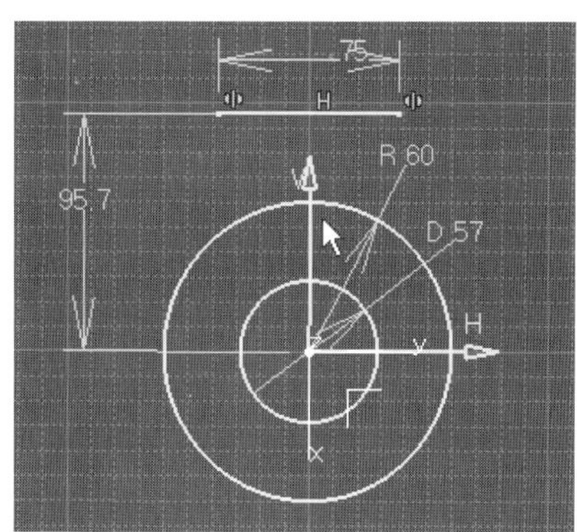

4 같은 방식으로 아래로 114.3mm 떨어
져 있으며, 길이 130mm인 라인을 그
리고 V로부터 좌우 끝점이 서로 대칭이
되도록 한다.

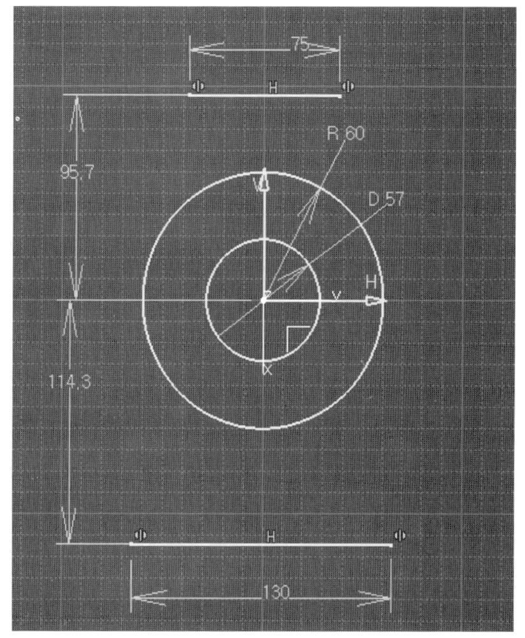

5 나머지 부분을 그린다.
다음 부분의 원호 일부를 그릴 때는 주
의해야 한다. 130mm 라인 선상에서
시작하여 라인 끝점을 시작으로 하여
그리는 것이 좋다.

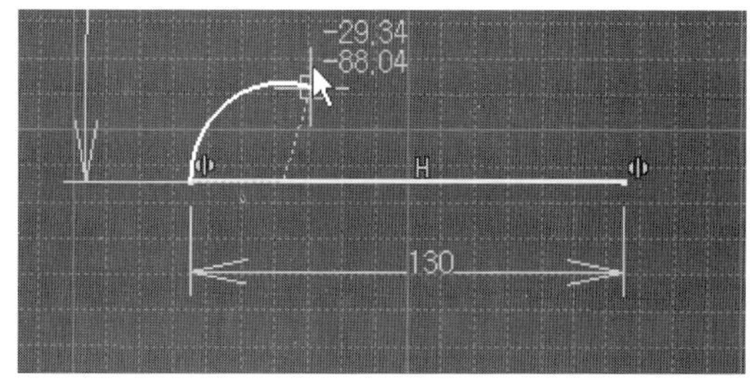

6 R30mm 치수를 부여한다.

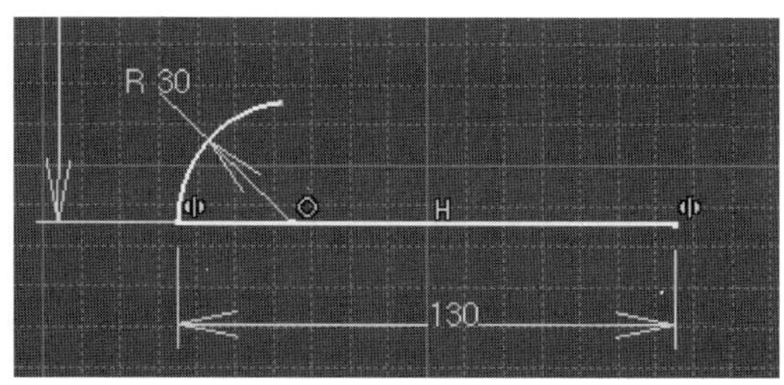

7 Mirror를 사용하여 대칭으로 한다.

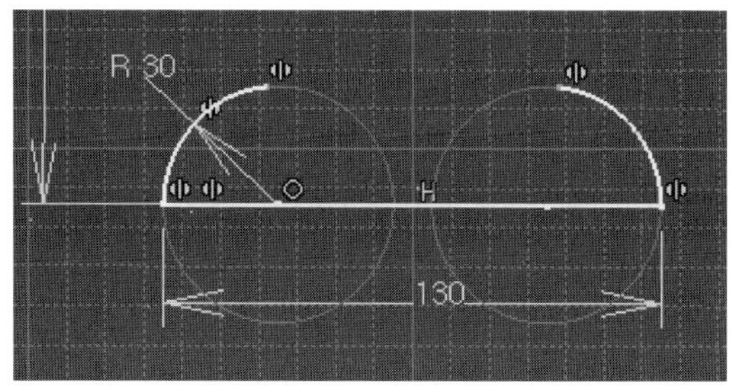

8 R50mm 부위의 원호를 그린다.
Circle 툴 바의 Arc를 사용하여 원호를
그린다.

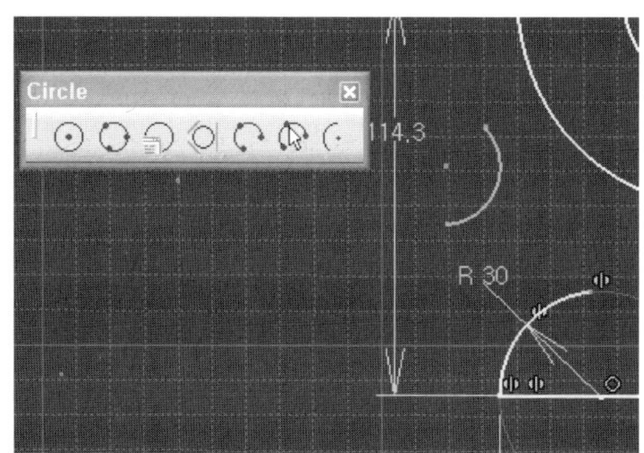

9 Tangnecy시켜 형상을 완성한다.

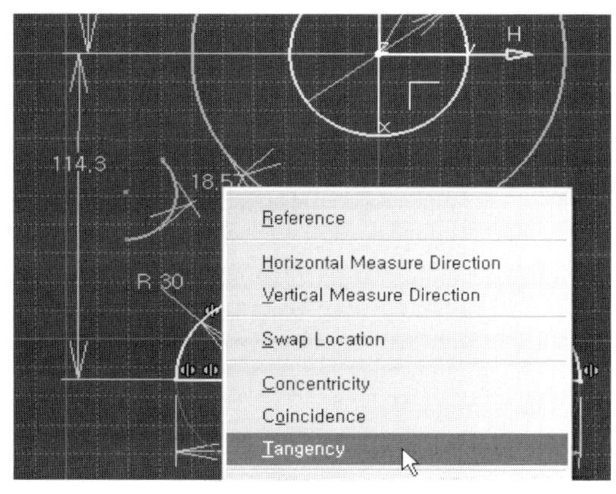

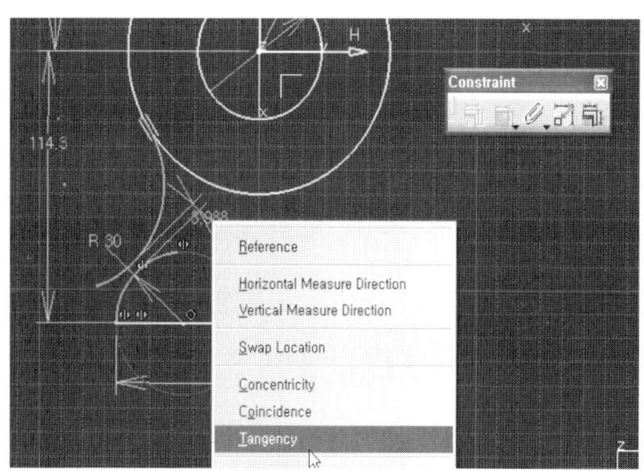

10 주어진 치수인 R50mm를 부여한다.

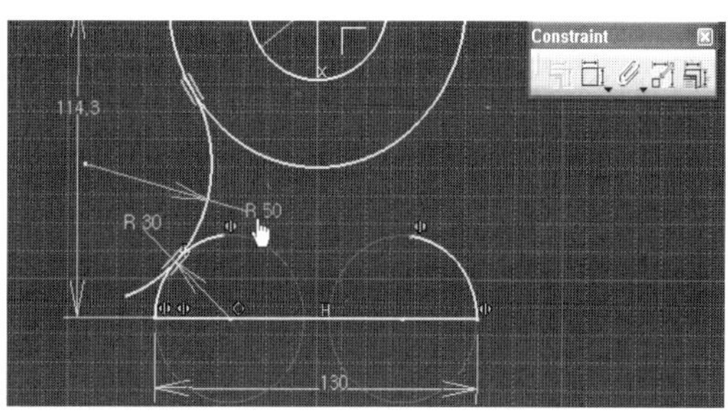

11 대칭으로 하여 나머지 원호를 완성한다.

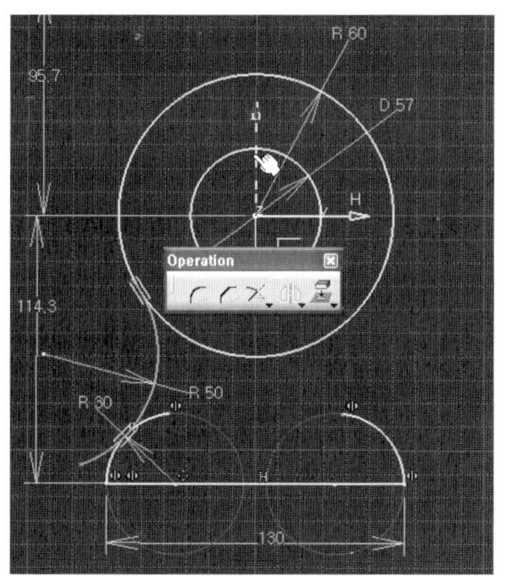
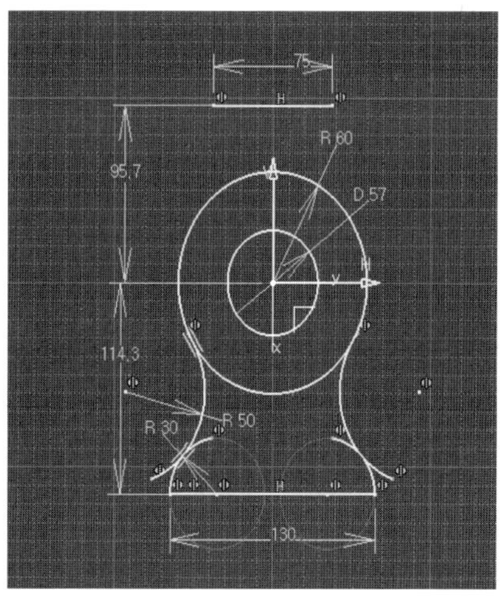

12 나머지 부분을 모두 완성하도록 한다.
맨 위 라인에서 수직으로 두 개의 라인
을 원호와 만나게 만든다.

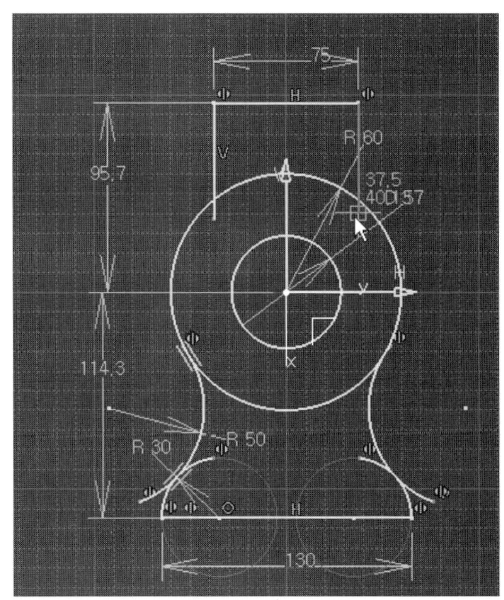

13 원점에서 45도의 보조선을 만든다.

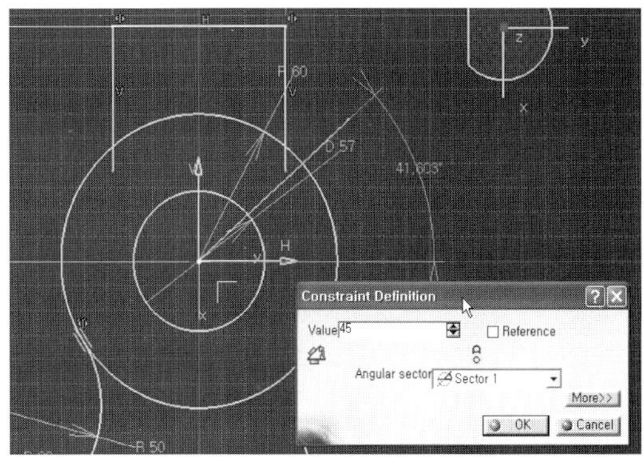

14 보조선은 점선으로 Sketch tools의
Construction/Standard Element를
사용하여 만든다.

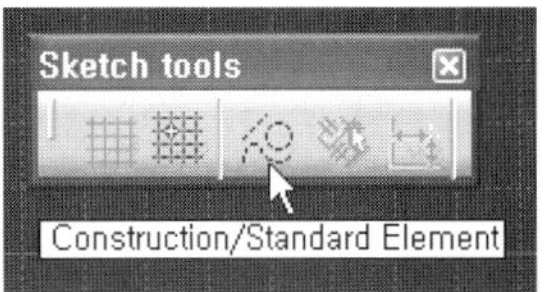

15 다음은 보조선을 기준으로 거리값이 각
각 10mm offset된 라인을 Operation
툴 바의 offset 아이콘을 사용하여 만든
다.

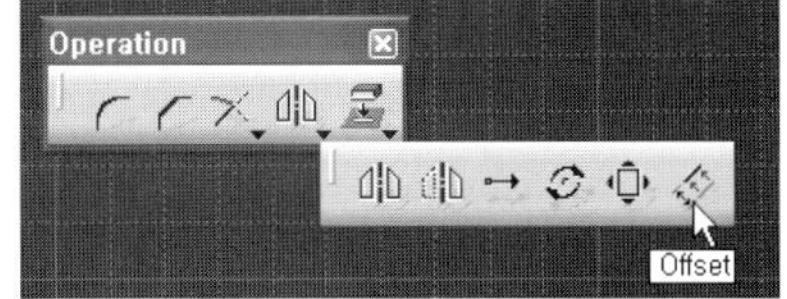

16 양쪽으로 만들려면 Sketch tools 툴 바의 옵션을 선택하여 사용하면 된다. 다음 그림의 사각박스 안에 있는 것이 그 옵션이다.

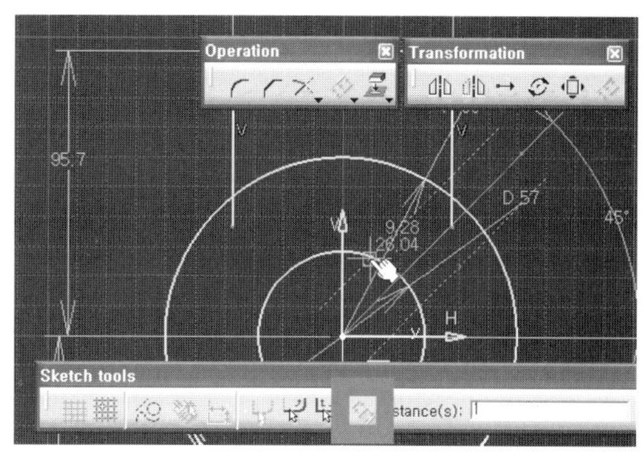

17 마지막으로 Operation 툴 바의 Quick Trim 아이콘을 사용하여 불필요한 라인이나 커브를 지우도록 한다. 아이콘을 더블클릭하여 반복 사용하는 것이 편리할 것이다.

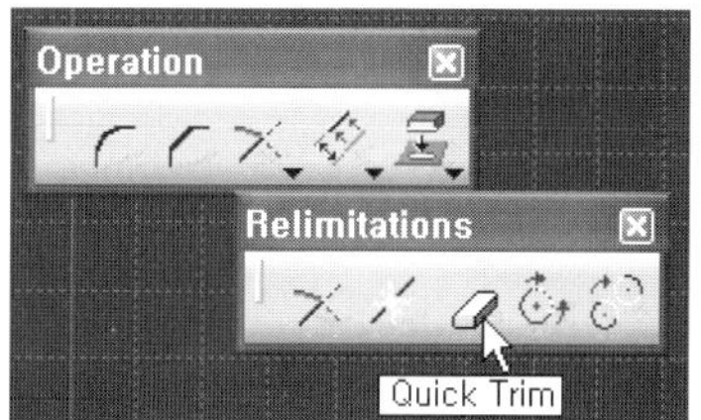

18 완성된 결과물은 다음과 같다. 그러나 보이지 않은 불필요한 부분이 있을 수 있기 때문에 Tools Sketch Analysis 아이콘을 사용하여 문제점을 확인하고 조치하는 것이 좋다.

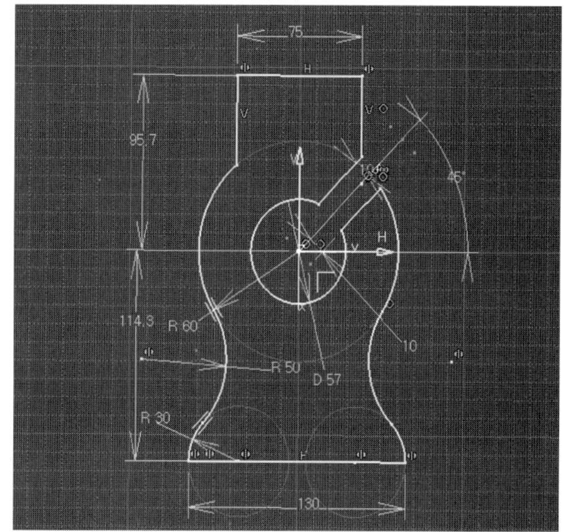

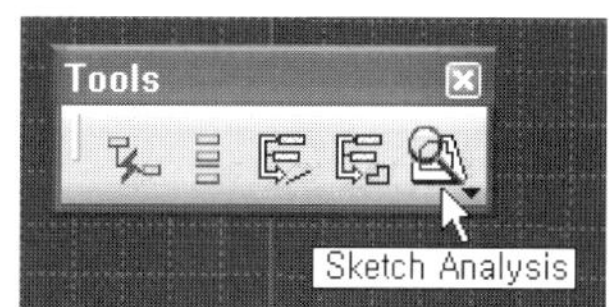

19 분석 결과, Line.14가 독립되어 존재하는 것을 알 수 있다. 그래서 이 부분을 선택한 후, 점선이나 지우개(Quick Trim)로 삭제하는 것이 좋다. 이것을 사용하려면 Line.14를 선택하면, 다음의 Quick Trim 아이콘이 활성화되면 사용한다.

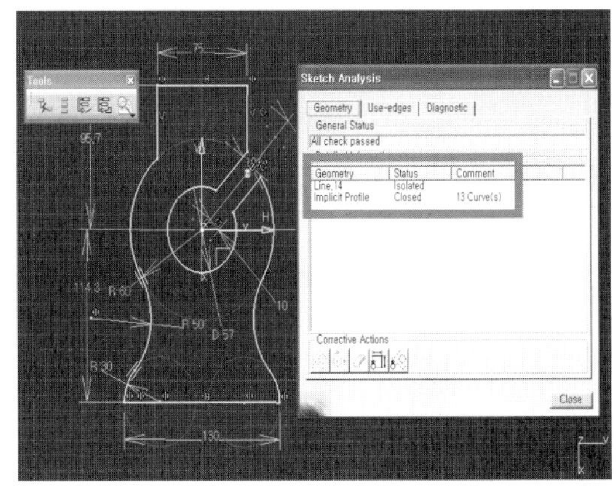

20 불필요한 Line.14가 없어진 것을 확인할 수 있다.

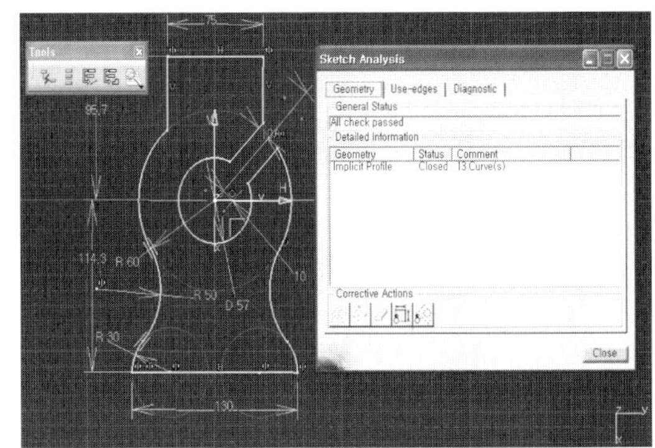

21 다음은 3차원 공간으로 빠져나가 Pad를 20mm로 하여 만든다.

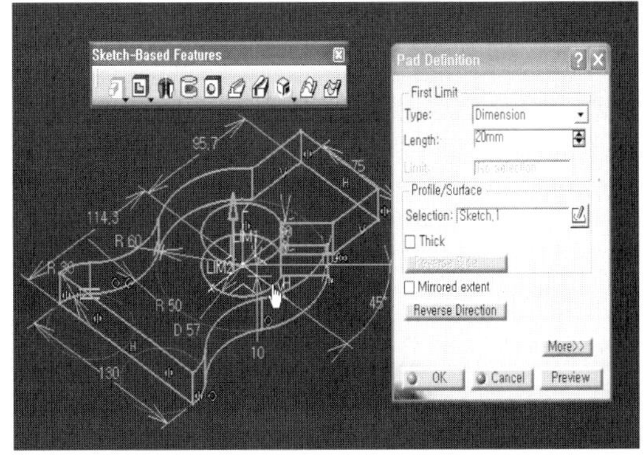

2) 아래의 보이는 면을 선택하여 스케치로 진입하여 작업한다.

1 다음 그림의 V, H가 있는 부분이다.

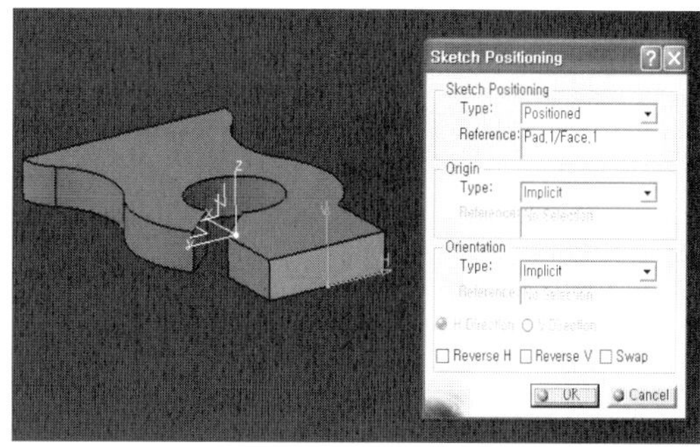

2 원의 중심이 될 수 있는 포인트 하나를 만든다. H에서 65mm 떨어진 거리에 만든다. 그리고 V Direction선상에 만든다.

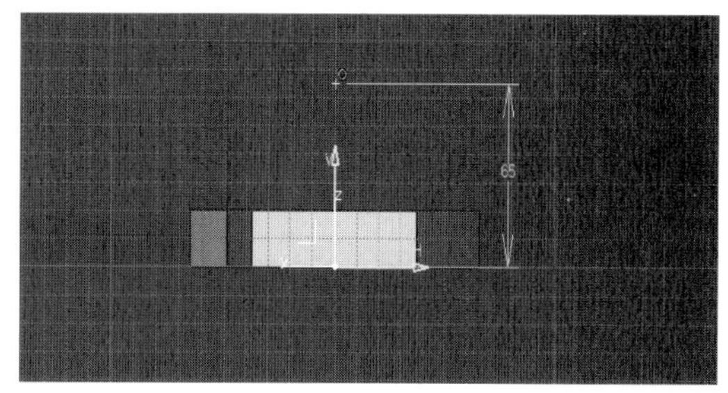

3 만든 중심 포인트를 중점으로 하는 지름 64mm 원을 하나 만든다.

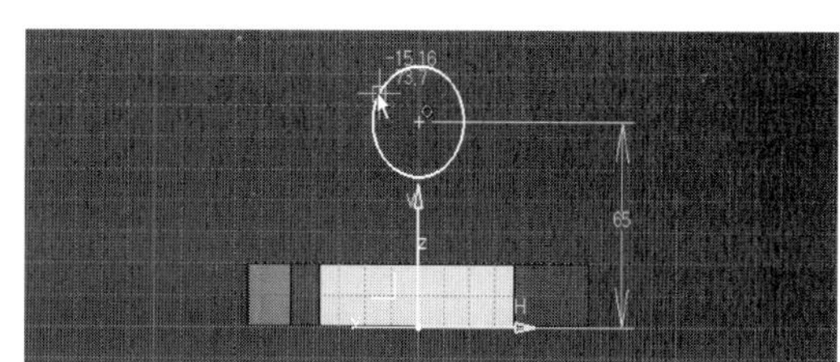

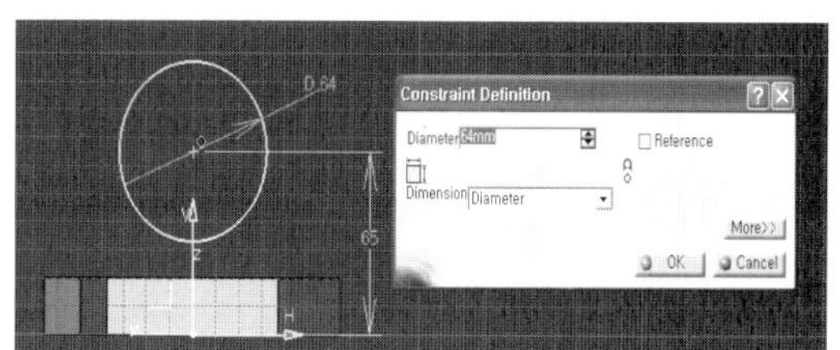

4 기울어진 라인 2개를 만든다. 다음 4각
형 부분을 보면 Tangency가 되게끔 라
인을 그은 것을 알 수 있다. 이렇게 라
인을 만들 때 이런 부분을 고려하여 만
들면 편리하다.

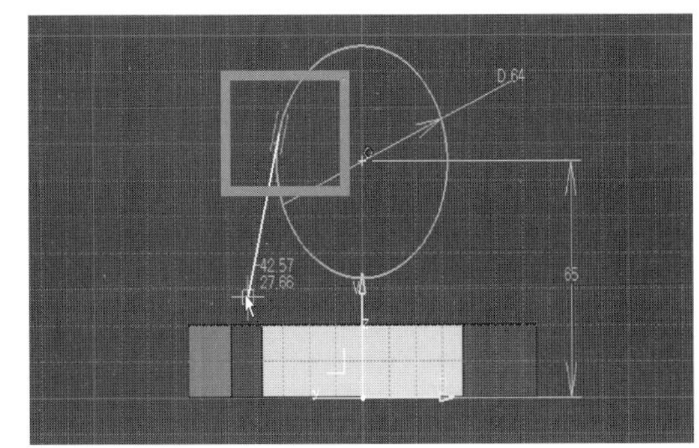

이렇게 라인을 만들 때, 수직/수평/평
행/접점/접선을 만들어 주는 기능을 하
는 것을 CATIA에서는 SmartPick이라
고 하며, 이를 적용하지 않으려고 하면
Shift키를 누르면 된다.

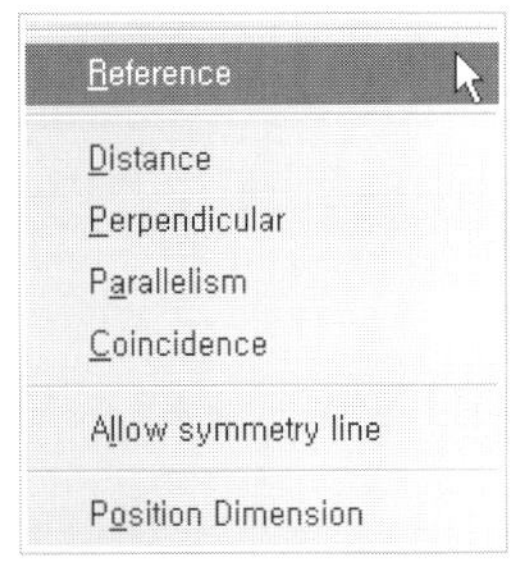

5 이번에는 접하게 만든 라인이 Coinci-
dence하게 해 주어야 한다.

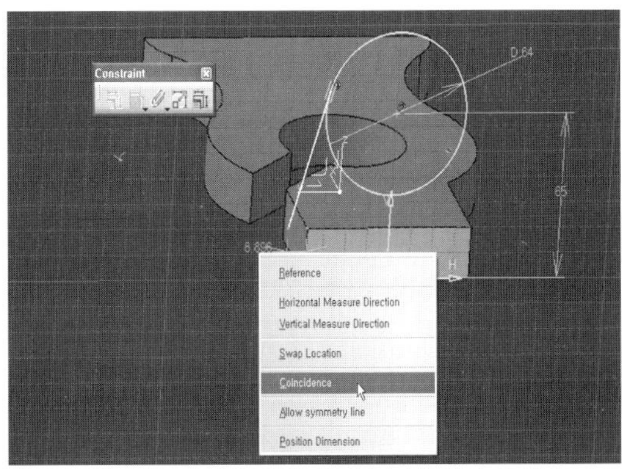

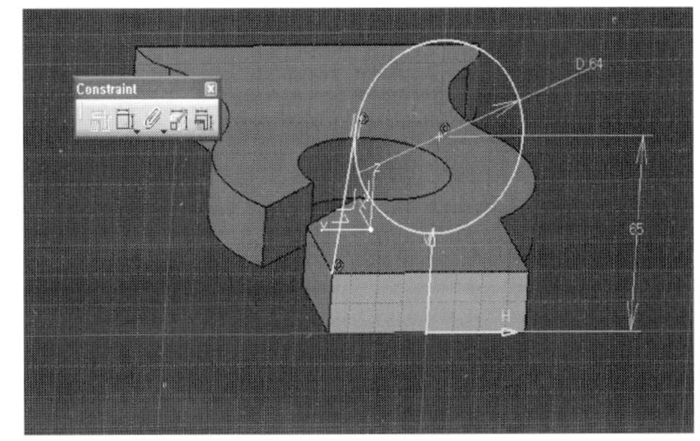

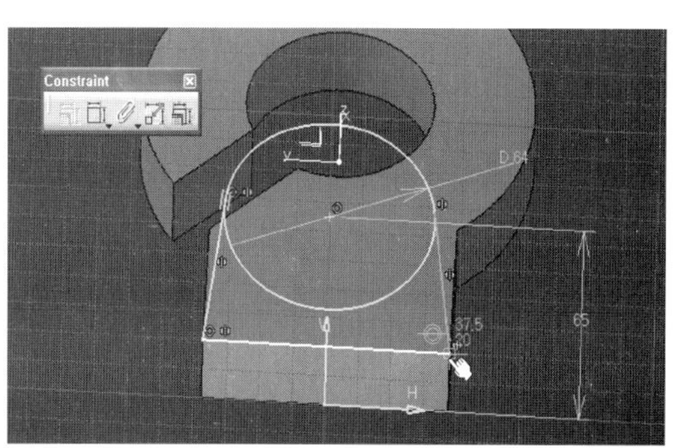

6 만든 라인이 V Direction에 대칭이게
한다.

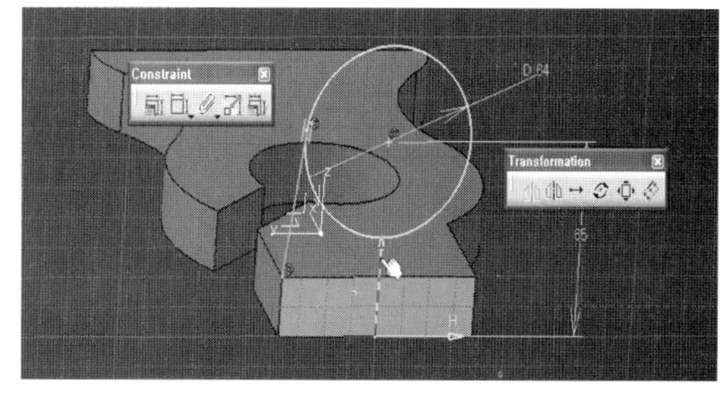

7 폐곡선을 만들기 위해 포인트를 서로 연
결하여 만든다.

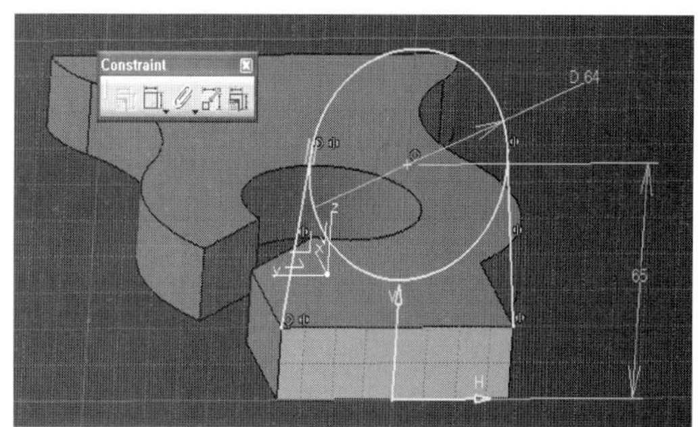

8 불필요한 라인은 없애도록 한다. Quick
Trim을 사용한다.

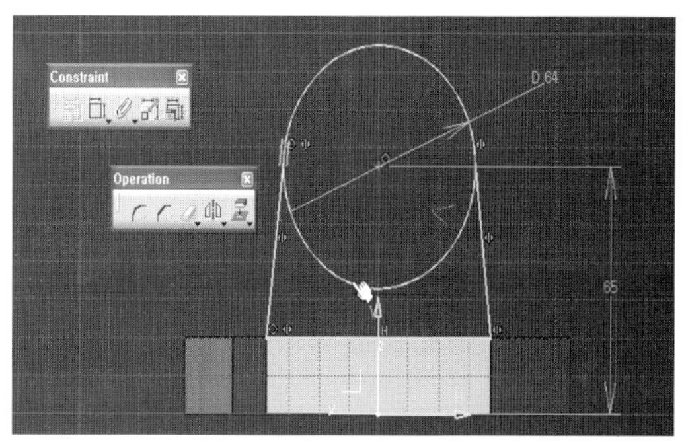

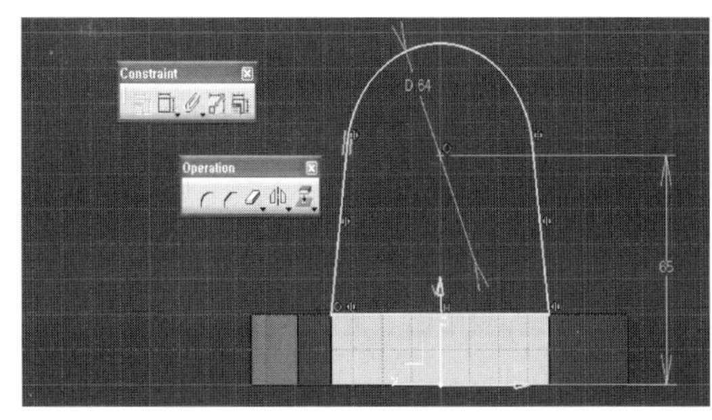

9 Sketch Analysis를 하여 불필요한 포
인트를 없앤다.

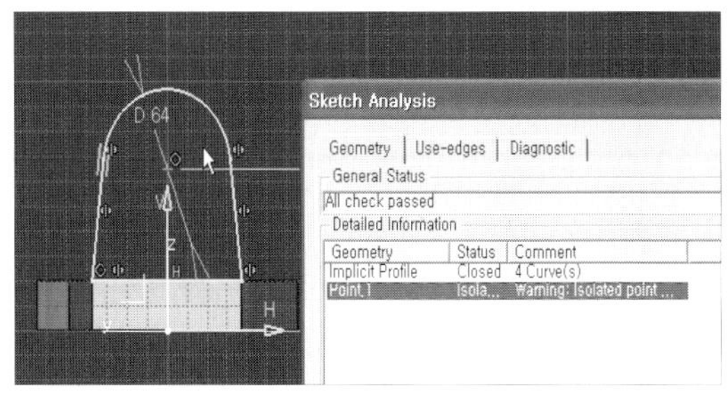

10 3차원 공간으로 빠져나와 25mm Pad
를 한다. 방향이 잘못되어 있으면 Re-
verse Direction를 사용한다.

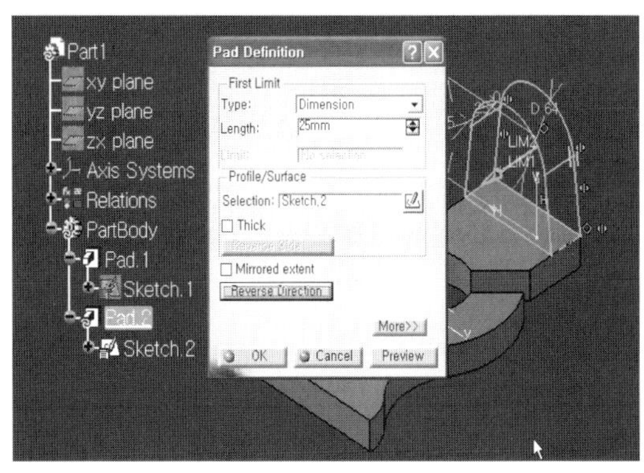

11 다음은 Pad 결과물이다.

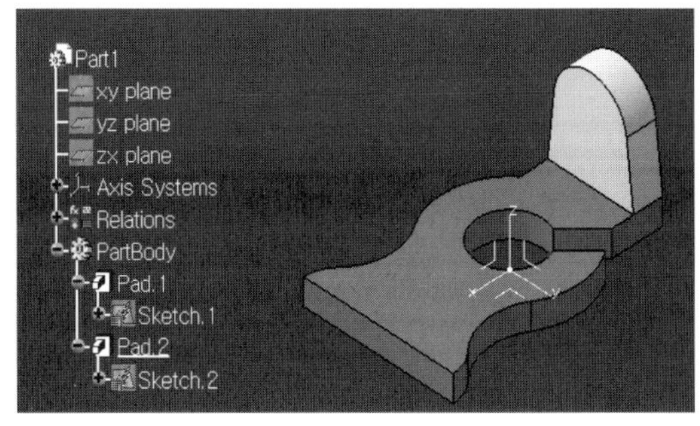

3) 지름 45mm을 만들기 위해 스케치로 진입한다.

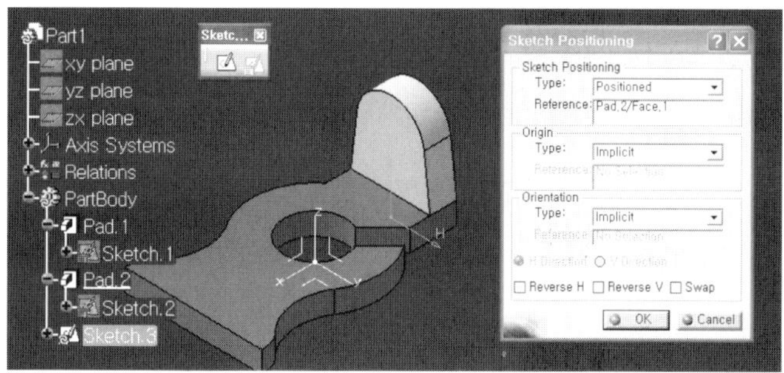

1 원점이 될 포인트를 하나 만든다.
　(65mm 지점)

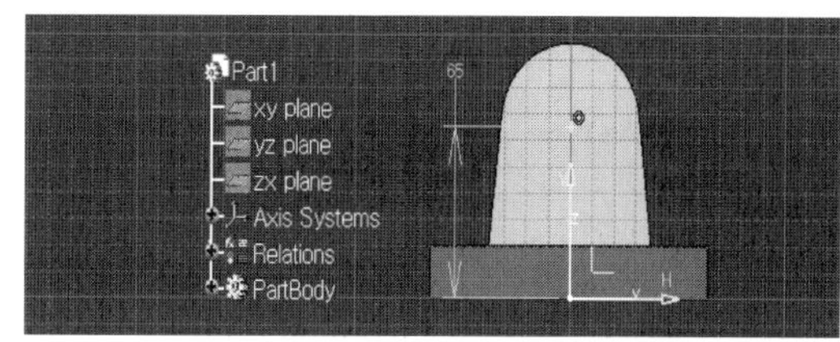

2 지름 45mm 원을 만든다. 불필요한 포
　인트는 Sketch Analysis로 없앤다.

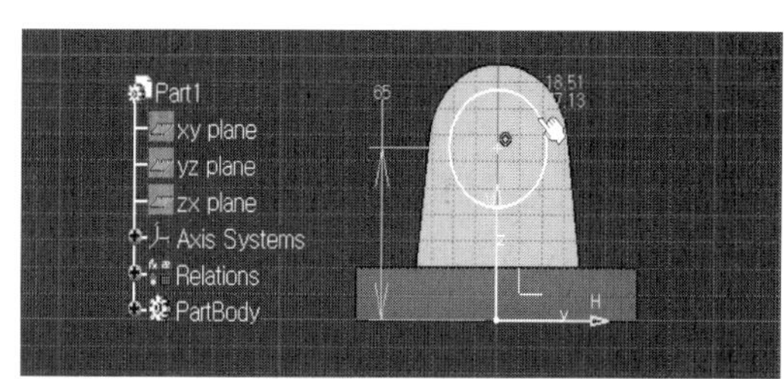

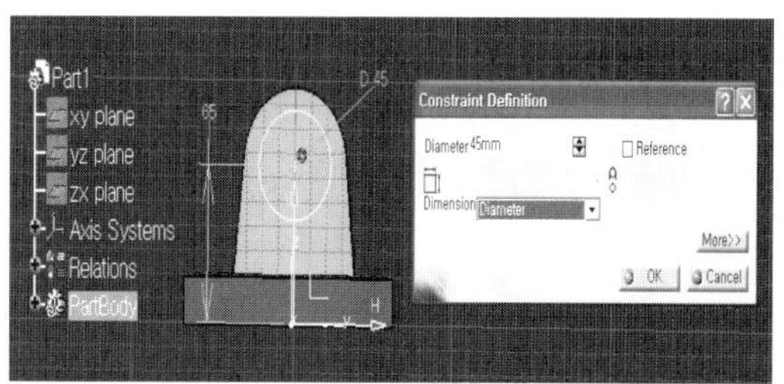

3 3차원 공간으로 나가 Pocket 12.5mm
를 한다.

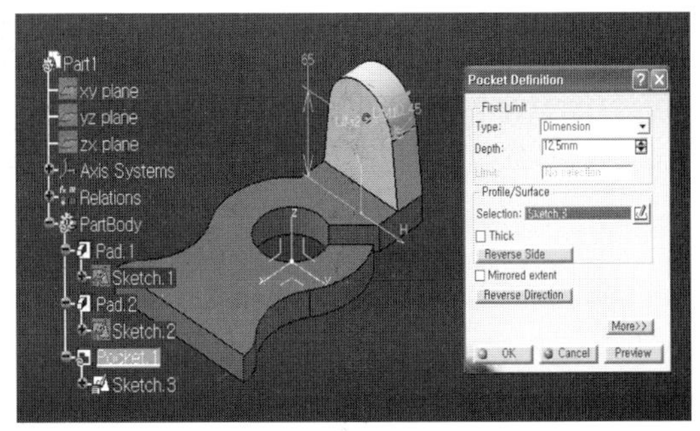

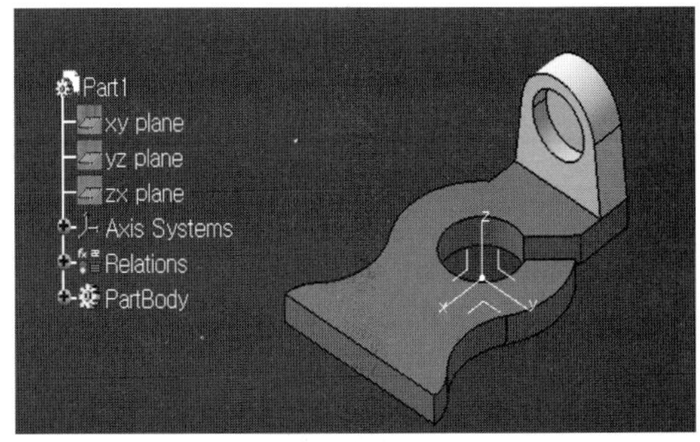

4) 마지막으로 지름 22.5mm를 스케치에서 만든다.

1 스케치로 진입한다. 다음 그림의 사각형
을 참조하여 방향설정한다.

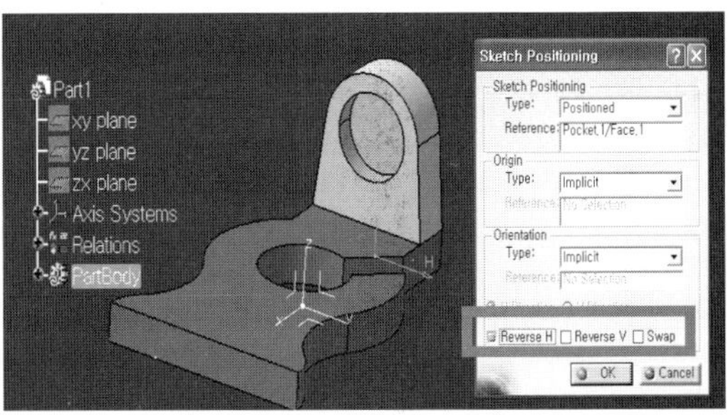

2 다음 그림처럼 스케치 작업을 한다.

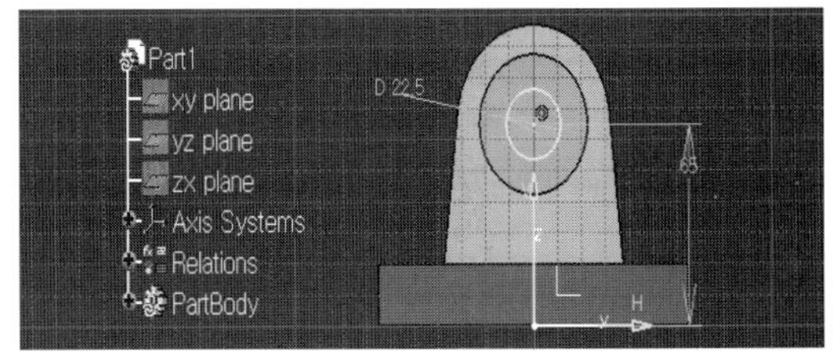

3 3차원 공간으로 나가 Pocket 작업을
한다.

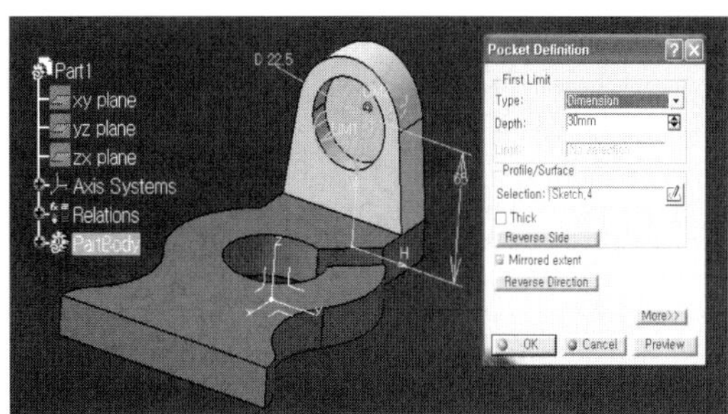

4 다음은 완성된 최종 결과물이다.

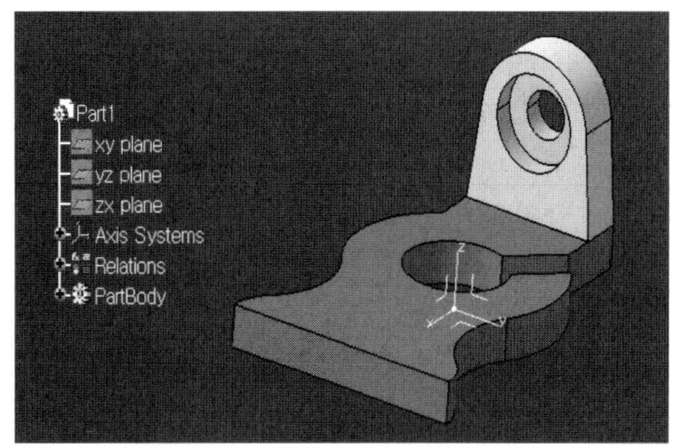

저자와 협의
인지 생략

CATIA V5 PartDesign 기본서

2011년 2월 12일 제1판제1인쇄
2011년 2월 19일 제1판제1발행

저 자 이　재　한
발행인 나　영　찬

발행처 **기전연구사**

서울특별시 동대문구 신설동 104의 29
전 화 : 2235-0791/2238-7744/2234-9703
FAX : 2252-4559
등 록 : 1974. 5. 13. 제5-12호

정가 15,000원